中国传统建筑解析与传承

THE INTERPRETATION AND INHERITANCE OF TRADITIONAL CHINESE ARCHITECTURE

浙江卷

Zhejiang Volume

中华人民共和国住房和城乡建设部 编

Ministry of Housing and Urban-Rural Development of the People's Republic of China

中国建筑工业出版社

审图号：GS(2016)303号
图书在版编目(CIP)数据

中国传统建筑解析与传承　浙江卷／中华人民共和国住房和城乡建设部编．—北京：中国建筑工业出版社，2015.12
ISBN 978-7-112-18856-7

Ⅰ．①中…　Ⅱ．①中…　Ⅲ．①古建筑-建筑艺术-浙江省　Ⅳ.①TU-092.2

中国版本图书馆CIP数据核字（2015）第299676号

责任编辑：唐　旭　李东禧　陈仁杰　张　华　李成成
书籍设计：付金红
责任校对：李欣慰　党　蕾

中国传统建筑解析与传承　浙江卷
中华人民共和国住房和城乡建设部　编
*
中国建筑工业出版社出版、发行（北京西郊百万庄）
各地新华书店、建筑书店经销
北京方舟正佳图文设计有限公司制版
北京顺诚彩色印刷有限公司印刷
*
开本：880×1230毫米　1/16　印张：13¼　字数：376千字
2016年9月第一版　2016年9月第一次印刷
定价：128.00元
ISBN 978-7-112-18856-7
(28123)

总　序

Foreword

几年前我去法国里昂地区，看到有大片很久以前甚至四百年前建造的夯土建筑，也就是干打垒房子，至今仍在使用。20世纪80年代，当地建设保障房小区时，要求一律建造夯土建筑，他们采用了现代夯土技术。西安科技大学的两位老师将这种技术引入国内，在甘肃、河北等多地建了示范房。现代夯土技术的改进点在于科学配比土与石子、使用模板和电动器具夯筑，传承了夯土建筑的优点，如造价低、节能保温，弥补了缺陷，抗震性增强，也美观，颇受农民的好评。我对这个事例很感兴趣并悟出一个道理，做好传承关键要具备两种精神：一是执着，坚信许多传统能够传承、值得传承。法国将传统干打垒房子当作好东西，努力传承，而我国虽然是生土建筑数量最多的国家，但今天各地却都视其为贫穷落后的标志，力图尽快消灭；二是创新，要下力气研究传统的优点及缺点，并用现代技术克服其缺点，赋予其现代功能，使传统文明成果在今天焕发新的生命力。这两方面的功夫我们都不够。

文明古国的中国，在实现现代化的进程中，只有十分自信、满腔热情地传承了优秀传统文化，才能受到全世界的尊重。建筑是一个民族生存智慧、工程技术、审美理念、社会伦理等文明成果最集中、最丰富的载体，其传承及体现是一个国家和民族富强与贫弱的标志。改变今天建筑缺失传统文化的局面，我们需要重新认识我国传统建筑文化，把握其精髓和发展脉络，挖掘和丰富其完整价值，探索传统与现代融合的理念和方法。2012年，住房和城乡建设部村镇建设司组织了首次传统民居全国普查，编纂了《中国传统民居类型全集》，其详细、准确、系统地展示了我国传统民居的地域性。在此基础上，2014年又启动了“传统建筑解析与传承”调查研究，这是第一次国家层面组织的该领域的大型调查研究，颇具价值：

价值一，它是至今对我国传统建筑文化最全面、最系统的阐释。第一，本次调查研究地域覆盖广，历史挖掘深，建筑类型多。31个省（市、区）开展了调查研究，每个省的研究也都覆盖了全域；一些省对传统建筑文化的追溯年代突破了记录；建筑类型不仅涵盖了官式建筑、庙宇、祠堂等，更涵盖了各类代表性民居。第二，更加注重从自然、人文、技术、经济几条主线解析传统建筑文化，而不是拘泥于建筑本身；不但阐释了传统建筑的物质形体，而且阐释了传统建筑文化的产生机制。第三，研究体例和解析维度保持了基本一致，各省都通过聚落格局、建筑群体与单体、细部与装饰、风格与装修对传统建筑进行解析。通过解析，大大丰富和提升了对我国传统建筑文化精髓的认识，如：中国传统建筑与自然相适应，和谐共生，敬天惜物；与生存实际相适应，容纳生产生活；与社会伦理相适应，井然有序；与发展相适应，灵活易变，是模块化的鼻祖。第四，内在形式统一，体现了中华文明的持久性和一致性；木结构等技术高度成熟，体现了中华民族的智慧；丰富的地区差异，体现了中华文化的多样性。一些研究基础较差的省，第一次对传统建筑有了全面认识；一些研究基础较好的省，又深化了认识。可以说，这次全面调查研究是对中国传统建筑文化的一次重新认识。

价值二，也是更重要的价值，它是就如何传承传统建筑文化、如何实现传统与现代融合这一难题，至今所进行的广泛深入的探索。第一，提出了更为本质、更具指导意义的传承理论和原则，如建筑文化的三大传承主线：自然、人文、技术；“形”的传承、“神”的传承、“神形兼备”的传承；适应性传承、创新性传承、可持续性传承等理论；坚持挖掘地域文化与建筑的关联性，坚持寻找并传承其最有价值和生命力的要素，坚持与时代发展相接轨等原则。第二，提出了更具操作性的传承方法和要点，如建筑肌理、应对自然环境、空间变异、建造方式、建筑材料、符号特征六方面的传承方法。第三，收集、展示、分析了近代以来大量的现代建筑探索传承的案例，既包括比较成功的，也包括比较失败的，具有很好的参考意义。同时也提出了应防止的误区。

价值三，唤起了对传统建筑文化的空前热情。通过这次研究，各地建设部门更加重视传统建筑文化的传承工作了，这将有利于扭转当前我国城乡建设缺乏传统文化的局面。在学术界，不仅老专家倾力投入，新参与的专家学者也越来越多，而且十分积极。过去研究传统建筑的专家学者与从事设计的建筑师交流不多，通过这次研究，两个群体融合到了一起，不仅有利于传承的研究，更有利于传承的实践。有的老专家说，等了几十年，终于等到国家组织这项工作了。

探索传统建筑文化与现代建筑的融合是难度极大的挑战，永远在路上。虽然本次调查研究存在着许多不足和局限，但第一次组织全国专业力量努力探索的成果，惠及当今，流芳百年，意义非凡，不仅具有中国意义，也具有世界意义。在此，谨向为成就这一大业，辛勤无私付出并作出卓越贡献的所有专家学者、建筑师和技术人员、各地建设部门领导和职工，表示衷心的感谢和崇高的敬意。此外，我还深深感受到，组织实施全国范围的、具有历史意义的调查研究，是其他组织和个人难以做到的，是中央部委必须承担的重要职责，今后还要多做。

住房和城乡建设部总经济师 赵晖

2016年9月

编委会

Editorial Committee

浙江卷编写组：

组织人员：江胜利、何青峰

编写人员：王　竹、于文波、沈　黎、朱　炜、浦欣成、裘　知、张玉瑜、陈　惟、贺　勇、杜浩渊、王焯瑶、张泽浩、李秋瑜、钟温歆

北京卷编写组：

组织人员：李节严、侯晓明、杨　健、李　慧

编写人员：朱小地、韩慧卿、李艾桦、王　南、钱　毅、李海霞、马　泷、杨　滔、吴　懿、侯　晟、王　恒、王佳怡、钟曼琳、刘江峰、卢清新

调研人员：陈　凯、闫　峥、刘　强、李沫含、黄　蓉、田燕国

天津卷编写组：

组织人员：吴冬粤、杨瑞凡、纪志强、张晓萌

编写人员：洪再生、朱　阳、王　蔚、刘婷婷、王　伟、刘铧文

河北卷编写组：

组织人员：封　刚、吴永强、席建林、马　锐

编写人员：舒　平、吴　鹏、魏广龙、刁建新、刘　歆、解　丹、杨彩虹、连海涛

山西卷编写组：

组织人员：郭廷儒、张海星、郭　创、赵俊伟

编写人员：薛林平、王金平、杜艳哲、韩卫成、孔维刚、冯高磊、王　鑫、郭华瞻、潘　曦、石　玉、刘进红、王建华、武晓宇、韩丽君

内蒙古卷编写组：

组织人员：杨宝峰、陈　彪、崔　茂

编写人员：张鹏举、彭致禧、贺　龙、韩　瑛、额尔德木图、齐卓彦、白丽燕、高　旭、杜　娟

辽宁卷编写组：

组织人员：王晓伟、胡成泽、刘绍伟、孙辉东

编写人员：朴玉顺、郝建军、陈伯超、周静海、原砚龙、刘思铎、黄　欢、王蕾蕾、王　达、宋欣然、吴　琦、纪文喆、高赛玉

吉林卷编写组：

组织人员：袁忠凯、安　宏、肖楚宇、陈清华

编写人员：王　亮、李天骄、李之吉、李雷立、宋义坤、张俊峰、金日学、孙守东

调研人员：郑宝祥、王　薇、赵　艺、吴翠灵、李亮亮、孙宇轩、李洪毅、崔晶瑶、王铃溪、高小淇、李　宾、李泽锋、梅　郊、刘秋辰

黑龙江卷编写组：

组织人员：徐东锋、王海明、王　芳

编写人员：周立军、付本臣、徐洪澎、李同予、殷　青、董健菲、吴健梅、刘　洋、

刘远孝、王兆明、马本和、王健伟、卜　冲、郭丽萍

调研人员：张　明、王　艳、张　博、王　钊、晏　迪、徐贝尔

上海卷编写组：

组织人员：孙　珊、胡建东、侯斌超、马秀英

编写人员：华霞虹、彭　怒、王海松、寇志荣、宿新宝、周鸣浩、叶松青、吕亚范、丁建华、卓刚峰、宋　雷、吴爱民、宾慧中、谢建军、蔡　青、刘　刊、喻明璐、罗超君、伍　沙、王鹏凯、丁　凡

调研人员：江　璐、林叶红、刘嘉纬、姜鸿博、王子潇、胡　楠、吕欣欣、赵　曜

江苏卷编写组：

组织人员：赵庆红、韩秀金、张　蔚、俞　锋

编写人员：龚　恺、朱光亚、薛　力、胡　石、张　彤、王兴平、陈晓扬、吴锦绣、陈　宇、沈　旸、曾　琼、凌　洁、寿　焘、雍振华、汪永平、张明皓、晁　阳

安徽卷编写组：

组织人员：宋直刚、邹桂武、郭佑芹、吴胜亮

编写人员：李　早、曹海婴、叶茂盛、喻　晓、杨　燊、徐　震、曹　昊、高岩琰、郑志元

调研人员：陈骏祎、孙　霞、王达仁、周虹宇、毛心彤、朱　慧、汪　强、朱高栎、陈薇薇、贾宇枝子、崔巍懿

福建卷编写组：

组织人员：苏友佺、金纯真、许为一

编写人员：戴志坚、王绍森、陈　琦、李苏豫、王量量、韩　洁

江西卷编写组：

组织人员：熊春华、丁宜华

编写人员：姚　赯、廖　琴、蔡　晴、马　凯、李久君、李岳川、肖　芬、肖　君、许世文、吴　靖、吴　琼、兰昌剑、戴晋卿、袁立婷、赵晗聿

山东卷编写组：

组织人员：杨建武、张　林、宫晓芳、王艳玲

编写人员：刘　甦、张润武、赵学义、仝　晖、郝曙光、邓庆坦、许丛宝、姜　波、高宜生、赵　斌、张　巍、傅志前、左长安、刘建军、谷建辉、宁　荞、慕启鹏、刘明超、王冬梅、王悦涛、姚　丽、孔繁生、韦　丽、吕方正、王建波、解焕新、李　伟、孔令华

河南卷编写组：

组织人员：陈华平、马耀辉、李桂亭、韩文超

编写人员：郑东军、李　丽、唐　丽、吕红医、黄　华、韦　峰、李红光、张　东、陈兴义、渠　韬、史学民、毕　昕、陈伟莹、张　帆、赵　凯、许继清、任　斌、郑丹枫、王文正、李红建、郭兆儒、谢丁龙

湖北卷编写组：

组织人员：万应荣、付建国、王志勇

编写人员：肖　伟、王　祥、李新翠、韩　冰、张　丽、梁　爽、韩梦涛、张阳菊、张万春、李　扬

湖南卷编写组：

组织人员：宁艳芳、黄　立、吴立玖

编写人员：何韶瑶、唐成君、章　为、张梦淼、姜兴华、李　夺、欧阳铎、黄力为、张艺婕、吴晶晶、刘艳莉、刘　姿、熊申午、陆　薇、党　航

调研人员：陈　宇、刘湘云、付玉昆、赵磊兵、黄　慧、李　丹、唐娇致

广东卷编写组：

组织人员：梁志华、肖送文、苏智云、廖志坚、秦　莹

编写人员：陆　琦、冼剑雄、潘　莹、徐怡芳、何　菁、王国光、陈思翰、冒亚龙、向　科、赵紫伶、卓晓岚、孙培真

调研人员：方　兴、张成欣、梁　林、林　琳、陈家欢、邹　齐、王　妍、张秋艳

广西卷编写组：

组织人员：吴伟权、彭新唐、刘　哲

编写人员：雷　翔、全峰梅、徐洪涛、何晓丽、杨　斌、梁志敏、陆如兰、尚秋铭、孙永萍、黄晓晓、李春尧

海南卷编写组：

组织人员：丁式江、陈孝京、许　毅、杨　海

编写人员：吴小平、黄天其、唐秀飞、吴　蓉、刘凌波、王振宇、何慧慧、陈文斌、郑小雪、李贤颖、王贤卿、陈创娥、吴小妹

重庆卷编写组：

组织人员：冯　赵、揭付军

编写人员：龙　彬、陈　蔚、胡　斌、徐干里、舒　莺、刘晶晶

四川卷编写组：

组织人员：蒋　勇、李南希、鲁朝汉、吕　蔚

编写人员：陈　颖、高　静、熊　唱、李　路、朱　伟、庄　红、郑　斌、张　莉、何　龙、周晓宇、周　佳

调研人员：唐　剑、彭麟麒、陈延申、严　潇、黎峰六、孙　笑、彭　一、韩东升、聂　倩

贵州卷编写组：

组织人员：余咏梅、王　文、陈清鋆、赵玉奇

编写人员：罗德启、余压芳、陈时芳、叶其颂、吴茜婷、代富红、吴小静、杜　佳、杨钧月、曾　增

调研人员：钟伦超、王志鹏、刘云飞、李星星、胡　彪、王　曦、王　艳、张　全、杨　涵、吴汝刚、王　莹、高　蛤

云南卷编写组：

组织人员：汪　巡、沈　键、王　瑞

编写人员：翟　辉、杨大禹、吴志宏、张欣雁、刘肇宁、杨　健、唐黎洲、张　伟

调研人员：张剑文、李天依、栾涵潇、穆　童、

王祎婷、吴雨桐、石文博、张三多、
阿桂莲、任道怡、姚启凡、罗　翔、
顾晓洁

西藏卷编写组：

组织人员：李新昌、姜月霞
编写人员：王世东、木雅·曲吉建才、格桑顿珠、
群　英、达瓦次仁、土登拉加

陕西卷编写组：

组织人员：胡汉利、苗少峰、李　君、薛　钢
编写人员：周庆华、李立敏、刘　煜、王　军、
祁嘉华、武　联、陈　洋、吕　成、
倪　欣、任云英、白　宁、雷会霞、
李　晨、白　钰、王建成、师晓静、
李　涛、黄　磊、庞　佳、王怡琼、
时　阳、吴冠宇、鱼晓惠、林高瑞、
朱瑜葱、李　凌、陈斯亮、张定青、
雷耀丽、刘　怡、党纤纤、张钰曌、
陈　新、李　静、刘京华、毕景龙、
黄　姗、周　岚、王美子、范小烨、
曹惠源、张丽娜、陆　龙、石　燕、
魏　锋、张　斌
调研人员：王晓彤、刘　悦、张　容、魏　璇、
陈雪婷、杨钦芳、张豫东、李珍玉、
张演宇、杨程博、周　菲、米庆志、
刘培丹、王丽娜、陈治金、贾　柯、
陈若曦、干　金、魏　栋、吕咪咪、
孙志青、卢　鹏

甘肃卷编写组：

组织人员：刘永堂、贺建强、慕　剑
编写人员：刘奔腾、安玉源、叶明晖、冯　柯、
张　涵、王国荣、刘　起、李自仁、
张　睿、章海峰、唐晓军、王雪浪、
孟岭超、范文玲
调研人员：王雅梅、师鸿儒、闫海龙、闫幼峰、
陈　谦、张小娟、周　琪、孟祥武、
郭兴华、赵春晓

青海卷编写组：

组织人员：衣　敏、陈　锋、马黎光
编写人员：李立敏、王　青、王力明、胡东祥
调研人员：张　容、刘　悦、魏　璇、王晓彤、
柯章亮、张　浩

宁夏卷编写组：

组织人员：李志国、杨文平、徐海波
编写人员：陈宙颖、李晓玲、马冬梅、陈李立、
李志辉、杜建录、杨占武、董　茜、
王晓燕、马小凤、田晓敏、朱启光、
龙　倩、武文娇、杨　慧、周永惠、
李巧玲
调研人员：林卫公、杨自明、张　豪、宋志皓、
王璐莹、王秋玉、唐玲玲、李娟玲

新疆卷编写组：

组织人员：高　峰、邓　旭
编写人员：陈震东、范　欣、季　铭、
阿里木江·马克苏提、王万江、李　群、
李安宁、闫　飞

主编单位：

中华人民共和国住房和城乡建设部

参编单位：

北京卷： 北京市规划委员会
北京市勘察设计和测绘地理信息管理办公室
北京市建筑设计研究院有限公司
清华大学
北方工业大学

天津卷： 天津市城乡建设委员会
天津大学建筑设计规划设计研究总院
天津大学

河北卷： 河北省住房和城乡建设厅
河北工业大学
河北工程大学
河北省村镇建设促进中心

山西卷： 山西省住房和城乡建设厅
山西省建筑设计研究院
北京交通大学
太原理工大学

内蒙古卷： 内蒙古自治区住房和城乡建设厅
内蒙古工业大学

辽宁卷： 辽宁省住房和城乡建设厅
沈阳建筑大学
辽宁省建筑设计研究院

吉林卷： 吉林省住房和城乡建设厅
吉林建筑大学
吉林建筑大学设计研究院
吉林省建苑设计集团有限公司

黑龙江卷： 黑龙江省住房和城乡建设厅
哈尔滨工业大学
齐齐哈尔大学
哈尔滨市建筑设计院
哈尔滨方舟工程设计咨询有限公司
黑龙江国光建筑装饰设计研究院有限公司
哈尔滨唯美源装饰设计有限公司

上海卷： 上海市规划和国土资源管理局
上海市建筑学会
华东建筑设计研究总院
同济大学
上海大学

江苏卷： 江苏省住房和城乡建设厅
东南大学

浙江卷： 浙江省住房和城乡建设厅
浙江大学
浙江工业大学

安徽卷： 安徽省住房和城乡建设厅
合肥工业大学

福建卷：福建省住房和城乡建设厅
厦门大学

江西卷：江西省住房和城乡建设厅
南昌大学
江西省建筑设计研究总院
南昌大学设计研究院

山东卷：山东省住房和城乡建设厅
山东建筑大学
山东建大建筑规划设计研究院
山东省小城镇建设研究会
山东大学
烟台大学
青岛理工大学
山东省城乡规划设计研究院

河南卷：河南省住房和城乡建设厅
郑州大学
河南大学
华北水利水电大学
河南理工大学
河南省建筑设计研究院有限公司
河南省城乡规划设计研究总院有限公司
郑州大学综合设计研究院有限公司
郑州市建筑设计院有限公司

湖北卷：湖北省住房和城乡建设厅
中信建筑设计研究总院有限公司

湖南卷：湖南省住房和城乡建设厅
湖南大学
湖南大学设计研究院有限公司
湖南省建筑设计院

广东卷：广东省住房和城乡建设厅
华南理工大学
广州瀚华建筑设计有限公司
北京建工建筑设计研究院

广西卷：广西壮族自治区住房和城乡建设厅
华蓝设计（集团）有限公司

海南卷：海南省住房和城乡建设厅
海南华都城市设计有限公司
华中科技大学
武汉大学
重庆大学
海南省建筑设计院
海南雅克设计有限公司
海口市城市规划设计研究院
海南三寰城镇规划建筑设计有限公司

重庆卷：重庆城乡建设委员会
重庆大学
重庆市设计院

四川卷：四川省住房和城乡建设厅
西南交通大学
四川省建筑设计研究院

贵州卷：贵州省住房和城乡建设厅
贵州省建筑设计研究院
贵州大学

云南卷：云南省住房和城乡建设厅
昆明理工大学

西藏卷：西藏自治区住房和城乡建设厅
西藏自治区建筑勘察设计院
西藏自治区藏式建筑研究所

陕西卷：陕西省住房和城乡建设厅
西建大城市规划设计研究院
西安建筑科技大学
长安大学
西安交通大学
西北工业大学
中国建筑西北设计研究院有限公司
中联西北工程设计研究院有限公司

甘肃卷：甘肃省住房和城乡建设厅
兰州理工大学
西北民族大学
西北师范大学
甘肃建筑职业技术学院
甘肃省建筑设计研究院
甘肃省文物保护维修研究所

青海卷：青海省住房和城乡建设厅
西安建筑科技大学
青海省建筑勘察设计研究院有限公司

宁夏卷：宁夏回族自治区住房和城乡建设厅
宁夏大学
宁夏建筑设计研究院有限公司
宁夏三益上筑建筑设计院有限公司

新疆卷：新疆维吾尔自治区住房和城乡建设厅
新疆佳联城建规划设计研究院
新疆建筑设计研究院
新疆大学
新疆师范大学

目　录

Contents

上篇：浙江传统建筑地域特色的形成与特征

第二章　浙江传统建筑地域特色的形成背景

第三章　浙江传统建筑的四大分区: 区别与联系

下篇：浙江当代地域性建筑实践诠释

前　言

Preface

追溯上千年的历史，浙江作为我国最为发达的省份之一早已是不争的事实。浙江作为江南地区的富饶之地，其特有的环境与气候优势使得农耕经济获得迅速提升。京杭大运河及浙东运河的开凿和贯通，进一步促进了运河两岸经济的发展，加强了浙江省内各地及与外界的往来联系，逐渐涌现出一大批富庶的城镇。特别是南宋时期在临安（今杭州）的建都，提升了浙江在全国的地位和经济重心。由此通过长期的发展所形成的城市风貌、建筑形制及其地域特征都呈现出浙江的文明发展历程。总观浙江省域，可从四个方面体现浙江传统地域建筑的特征。一是族群构成决定了建筑的基本类型，形成堂室之制、庭院之制；二是高温多雨的气候条件决定了建筑的基本特征，包括干阑式、穿斗架等；三是农业范式辐射出建筑的分布格局，如跟山走、跟水走、跟着田地走；四是儒雅、发达的文化条件孕育出了传统建筑内省品质、崇饰居的文化特色。

纵观浙江城市建设历程，自民国之后，外来文化的涌入，地域文化受到一定程度的冲击。特别是新中国成立以后，随着现代化的发展，浙江建筑的地域性被进一步瓦解，呈现与外界相一致的趋同。纵观浙江地区现当代建筑创作的历程，大致可分为1949年建国以前的现代地域性探索、20世纪50~70年代的民族主义风潮、80~90年代的折衷地域化风潮、新世纪以来地域性建筑多元化探索四个主要阶段。虽然地域性在逐渐丧失，但每个阶段都对如何保持本地文化脉络，呈现地域性特征等做了不懈的努力。由于设计师对待地域建筑的视角不同，有的注重形式，有的着眼于空间，也有人偏好地域性的材料和建构技术的应用，其地域性特征取向各异，形式丰富。

近年来，无论是国内风起云涌的城镇化建设还是国际“全球化”大背景的影响，都使得中国建筑文化发生了不同于传统的转向，地域性建设的程度变得越来越弱，甚至背道而驰。由此所带来的问题已引起政府和百姓的高度关注，城市与建筑领域，文化趋同与多元化、建筑与环境的可持续发展、建筑的地方性传承与创新等都成为现今讨论的焦点。而同时美丽中国与城乡建设的愿景、新型城镇化的建设热潮为地域建筑的传承与创新提供了良好的研究契机。本书致力于以城乡建设中地域风貌的传承与品质化的提升为导向，从理论和实践两个层面为切入点，归纳了地域建筑特色形成的机理，分析了地区性建筑创作中的地域性策略问题，构建了浙江省地域建筑创作的管控与引导框架、方法与技术体系。

本书共分八章，第一章作为本书的绪论部分，重点阐述了本书研究的背景、意义、目的及研究视角。第二、三、四章共同组成本书的上篇，系统论述了浙江传统建筑地域特色的形成与特征。其中第二章主要从自然环境、人文环境和技术渊源三大方面阐述了浙江传统建筑地域特色的形成背景；第三章将浙江传统建筑分为四大分区，深入分析了其相互的区别与联系——浙北传统建筑：隽雅秀逸、浙东传统建筑：尚古尊礼、浙西传统建筑：敦宗睦族、浙南传统建筑：简朴自然；第四章从浙江传统聚落、公共建筑（宗祠）、传统民居三个层面对浙江传统建筑的地域特征进行解读，体现了浙江传统建筑的四大特征，即族群构成决定了建筑的基本类型、高温多雨气候条件决定了建筑的基本特征、农业范式辐射出建筑的分布格局、儒雅发达的文化条件孕育出传统建筑的文化特色。第五、六、七章共同组成本书的下篇，对浙江近现代及当代地域性建筑实践做了系统的诠释。其中第五章概述了浙江地区现当代建筑创作历程；第六章阐释了浙江地域性建筑特征的生成语境；第七章着重归纳了浙江当代地域性建筑创作取向分析，包括具象建筑语言模仿、抽象建筑语言转换、形式与空间的回应、表皮与材料的地域性隐喻、文化与象征的地域性表述、地域性秩序与肌理脉络、地域空间路径与游览、针对“微观场地”的空间布局、回应气候条件的建筑特征、结构与构造技术的地域性建构十类创作取向。第八章是本书的末章，通过归纳浙江当代建筑地域性实践存在的问题与误区，提出传承的原则与策略，阐释浙江现代地域建筑风貌的管控要点，指出了浙江建筑地域性实践的方向。

虽然本书包含了研究组专家多年来研究浙江地域建筑的思考，在成书过程中进行了深入的调查、踏勘和寻访，但限于个人的见解和认知水平，定有不少纰漏和错误，十分期望在出版后得到同行及读者的批评指正。

第一章　绪论

伴随着快速的城市化进程，中国的城市发生了巨大而深刻的变化，城市的更新也以更大的规模、更宽的涉及面以及更快的速度进行着，盛况空前。同时，诸如环境污染、人情淡漠、归属感降低等消极因素也相应产生。在此影响下，城市与建筑领域，文化趋同与多元化、建筑与环境的可持续发展、建筑的地方性传承与创新等成为学者们研究的热点问题，并以此促成关于建筑创作与建设“传承”议题的空前讨论。

第一节 背景（问题实质）

一、“全球化”影响下的中国建筑文化转向

20世纪以来，现代科学技术与工业文明的迅速发展以及高速交通体系的建立促使信息、资本、技术、商品等流通要素可以在更大范围并以更快速度在不同区域间流动。不同地区的人们之间的交流、沟通变得更加频繁和顺畅。全球化进程大大影响了中国的经济转型，同时也加快促使了中国建筑发生转型。

该转型首先发生在建造技术领域，现代建筑技术、材料等物质要素极大方便和拓展了中国建筑功能和类型，推动了中国建筑品质的提高，并使建筑空间更加灵活自由及舒适。同时，该转型也发生在了建筑文化领域，郑时龄认为：“20世纪80年代出现的全球化是一个以西方世界的价值观为主题的话语领域。”[①]西方建筑文化价值观通过“现代建筑”、“后现代建筑”等形式进入中国，并不断弱化中国传统建筑文化的审美价值。在此背景下，浙江省作为中国经济最发达、文化历史最悠久的区域，如何在全球化背景下，保持原有文脉，同时做到建筑创作的创新，是一个值得思考的问题。

二、美丽中国与城乡建设的愿景

2012年11月8日，党的十八大提出：“把生态文明建设放在突出地位，融入经济建设、政治建设、文化建设、社会建设各方面和全过程，努力建设美丽中国，实现中华民族永续发展。”这是美丽中国首次作为执政理念被提出，也是中国建设五位一体格局形成的重要依据，是推动新一轮城乡建设与发展的重要契机。美丽中国，旨在探索“环境之美、时代之美、生活之美、社会之美、百姓之美”的现代化城乡建设模式，为推进城乡建设、构建和谐社会提供有效的范式。生态文明与美丽中国紧密相连，建设美丽中国，核心就是要按照生态文明要求，通过生态、经济、政治、文化及社会建设，实现生态良好、经济繁荣、政治和谐、人民幸福。

因此，本书将“美丽”解读为，不仅从形式与空间、秩序与肌理、材料与构造等方面体现城市的“集体记忆”，更能够有效反映经济发展、政治革新、社会进步、建造技术成熟，或发生的某些特殊事件，能够得到人的观念认同的一种物质形态与精神文明传承的一种状态。在此背景下，纵观浙江省在“美丽中国”号召下的城乡建设，可以发现，其在“中国美丽乡村行动”中始终走在前列。如浙江省安吉县抓住本土特征，先后打造“中国竹乡”、“全国第一个生态县”和“中国美丽乡村”，并制定了严格、精细的“中国美丽乡村”创建内容及标准，对纳入“中国美丽乡村”年度创建计划实行百分制考核，按分数高低确定精品村、重点村和特色村，提供了浙江省乡村创作与建设传承的范例。

浙江省近年来还开展了一系列的城乡规划和社会主义新农村建设工程，包括由省委、省政府提出，省建设厅主持的“千村示范万村整治工程”（简称“千万工程”）和“百家设计研究单位，千名设计研究人员下基层帮扶新农村建设工程”（简称“百千工程”）；省科技厅立项的村庄空间形态演变与规划关键技术、“公共产品供给研究”；省社会科学联合会以“古村落保护”为主题的文化工程系列，也包括了农村社区建设调查研究系列，理论层面上和实践层面取得了显著成绩。

三、审视新型城镇化的建设热潮

在全球经济一体化的新形势下，中国社会经济发展一直保持了快速前进的新局面，综合国力与工业化、城镇化及城乡一体化的建设取得了辉煌的成就。过去10年中国经

① 郑时龄. 全球化影响下的中国城市与建筑[J]. 建筑学报,2003,2:7.

历了世界上最大规模的城镇化过程，城镇化发展大体经历了顺利与超速、倒退与停滞、快速与稳定等6个阶段。[①]总体上实现了城镇化的快速发展。2012年中国国内生产总值（GDP）已达到51.9万亿元，成为全球仅次于美国的第二大经济实体，全国城镇化水平也达到了52.6%，达到了发展中国家中等以上水平。[②]1980年，刚刚改革开放之初，中国百万人口以上的特大城市仅有15个，1990年达到31个，2012年则达到65个，成为世界上特大城市、超大城市最多的国家。[③]这些重大成就实现的历史进程，实质上是中国城市建设用地、人口规模与空间扩展的过程。一方面，工业化、城镇化全面推动了中国经济和社会的巨大发展，并在很大程度上改善了城乡人民的生活水平和住房条件；另一方面，在那些无序发展的城市化过程中，吴良镛院士认为，人口猛增、土地失控、农田被吞噬、水土资源日渐退化，我们付出了高昂的代价，环境祸患正威胁着我们当前的生存空间。[④]城镇化问题是当代中国社会经济发展重大的综合性课题，涉及国民经济如何协调发展，达到一个新的现代化和谐社会发展的根本问题；也涉及中国新型城镇化的理论与实践问题，以及资源环境合理利用与长远保护的可持续发展问题。

2012年中央经济工作会议首次正式提出“把生态文明理念和原则全面融入城镇化全过程，走集约、智能、绿色、低碳的新型城镇化道路”，并将之确立为未来中国经济发展新的增长动力和扩大内需的重要手段。

然而在快速的城镇化热潮背后，也存在一系列的误区。首先是错误理解“城乡统筹”概念，将城乡统筹理解为将农村变为城市、将农村集体用地变为城乡建设用地或“去农村化”。

这种建设思路一方面认为城乡统筹即将农村变为城市，主张城市是村庄发展的唯一目标和样板，进而盲目地实施“村改城”计划，导致村非村、城非城和乡村风貌丧失；另一方面，认为城乡统筹即是将农村集体用地转为城乡建设用地，进而通过规划区划定、行政区划调整等方式将农用地转为工业和居住用地，导致农村传统生活方式遗失、自然环境遭到破坏并侵占基本农田，以致威胁生态格局及粮食安全。再有甚者可能激进地赞同“去农村化”，认为城乡统筹即是将城乡用地统一按照城市发展模式开发，将农民就地变为市民，其结果将激化城乡建设与生态基底保育的矛盾，乃至造成严重的社会问题。

第二个误区是错误地理解“城乡公共服务均等化”概念。认为城乡公共服务均等即乡村公共服务的配置标准、项目内容与类型、设施规模和数量应与城镇相同。比如认为乡村应和城镇一样设立博物馆、会展中心、体育中心等大型文化体育设施，或认为乡村应效仿城镇配备三甲医院、大型福利中心等，进而导致乡村公共财政运营压力巨大、公共服务设施空置率高、土地浪费和服务质量低下等问题。

第三个误区是片面地理解“产业转型与升级”概念。一方面认为产业转型即从传统依赖资源与低成本劳动力的低端产业向高端产业转化，从高产出一低效益向低产出一高效益转变，奉行高新技术手段和高知识人才，进而盲目追求不符合本地实际情况的先进制造业、高端装备制造业和高新技术产业等，导致本地陷入目标产业引进困难、传统产业倒闭、地区失业率提高、经济发展停滞、公共服务质量降低、社会矛盾激化、城市衰败等一系列恶性循环过程；另一方面，认为产业升级即标志着产业链条向中上游迈进、放弃下游产业，进而导致地区产业结构失衡、产业间关联度降低、趋同化现象严重、城镇间恶性竞争、经济倒退等严重问题。

第四个误区是肤浅地理解“低碳环保”理念。一方面认

① 方创琳,刘晓丽,蔺雪芹.中国城市化发展阶段的修正及规律性分析[J].干旱区地理,2008(7): 512-523.
② 姚士谋,李广宇,燕月等.我国特大城市协调性发展的创新模式探究[J].人文地理,2012,05:48-53.
③ 段进军,姚士谋,陈明星等.中国城镇化研究报告[M].苏州:苏州大学出版社,2013.
④ 吴良镛.建筑学的未来[M].北京:清华大学出版社,1999.

为低碳即降低碳需求和碳供给，如拉闸限电、限制机动车数量和私家车出行以降低碳排放，忽视新型城镇化的民生内涵实现，进而增加经济发展与低碳环保间的矛盾；另一方面，理想化地主张环保即大面积植树造林，导致“种树容易养树难”，没有从源头上解决生态环境压力。

第五个误区是极端地理解“集约紧凑”概念。错误地认为集约紧凑即代表着高密度使用、高强度开发和高层建筑盛行，一则导致城乡开发容量大大突破环境承载力、“卧城”和“鬼城”不断出现、房地产市场泡沫破裂；二来导致城市可识别性下降、城市千篇一律与特色丧失、城乡环境质量大幅下降、经济社会发展长期倒退等问题。

第六个误区是未全面理解“质量型城镇化”的概念。一方面认为新型城镇化意味着看重质量、放弃速度，进而导致短期内城镇化水平停滞、城镇财政支撑困难；另一方面，想当然地认为所有城镇均已达到质量型城镇化阶段，进而导致新型城镇化长期内生动力不足、质量提升缓慢，乃至城市破产。

四、解决“传统与传承”问题的宏观政策导向

在解决“传统与传承”问题时，宏观政策的导向与策略对于控制较大范围内的建筑创作与建设尤为重要。控制性技术导则的研究和制定，其内容不论从其外在对城市风貌建设的重要意义，还是内在对生活品质的反映，都有别于一般的城市建设的环境研究与景观管理。在编制的过程中，必须遵循导则内容与实际工程操作之间的应用规律，选择定性与定量的表达形式，建立相对固定的规范化的原则，形成多元交叉的调控方法，并通过一系列设计图则的意象表达，设置适合城市风貌营造可操作的动态模式。导则的内容应依据国内外城市的整治、更新经验，将城市风貌营造的导则内容与城市空间结构相衔接。规范化的建设依据与制度化的景观调控是明确城市定位、寻找发展特色、挖掘形象潜力、避免建设低效的必然条件。

五、建筑创作中两极化的“传统与传承”误区

目前浙江省乃至全国都普遍存在着“趋同”与“千城千面”两极化的建筑创作与建设误区。“趋同现象”一直是我国城乡建设的无奈。这种趋同的惯性造成了城市建设的千篇一律和特色丧失。而片面的“布景化运动”，更加有可能侵蚀原有的城市地域文化和自然特色。现阶段对于具有地域特征、文化特色的城市形象的重组与营建，应不再只限于对单一的形象体系研究，而是逐步开始重视内在的城市意象的结构体系，突破对城市景观表皮界面的研究，深入城市空间肌理、地域文脉等要素进行探索，这样就更需要把特征的塑造实现规范化的引导。

与此相反，为了塑造所谓的特色，浙江省很多城市建设又自上而下地陷入另一种误区，挖空心思地追求千城千面或一城一貌。尤其是“化妆式”的建筑设计，追求奇特、标新立异的形式翻新，丧失城市应该具有的本真，使其内在品质变得低下。

六、城乡建设中传承地域风貌的提升需要品质化的把握

在城市建筑体验过程中，人们往往很自觉地关注能够强烈刺激心理感知的“显性意象”类形象元素，容易忽略更深层次的空间结构、设施配置等基本品质要素对形成城市意象的潜移默化作用。从意象结构的角度来看：一方面，整个城市风貌意象的真实水平不仅仅由景观亮点组成，而风貌意象对城市各要素的综合反映程度，是标志着一个城市品质真实承载量的决定因素。提升内在品质，必须注重对内在机制的分类控制和把握。另一方面，用于整体性城市风貌的系统控制，相对显性风貌意象要素的表达，更加远离浮躁功利目的，更加贴近城市内涵与地域特色，实实在在地与生活品质紧密联系，在服务公众的同时，真正地展示一时一地的城市形象。

第二节　意义与目的

一、意义

本书的理论意义为：首先，揭示地域建筑特色与形成机理之间的关系。城市地域建筑特色的表现形式、特征及规律与其生态环境、生活方式与社会关系、产业发展等因素密切相关，本课题通过对相关因素的梳理和分析，揭示城市地域建筑特色与形成机理之间的关系，厘清外在表象与内在机制的关系，并将其作为后续研究的理论基点，有助于城市地域建筑相关研究。

其次，本书建构的地域建筑特色营造的分析和编制框架将对未来建筑创作与建设提供较大的指导价值。本书通过建构一个清晰完整的分析和编制框架，旨在指导类似城市地域建筑风貌特色营造规划设计与建设实践，将城市建筑风貌的特征及规律、影响机制、规划设计技术方法等整合入框架之中。

本书的实践意义为：首先，本书的发表将提升地域建筑创作与建设中的品质。建筑创作与建设需在整体城市意象架构内，本课题以"建筑传承"为导向，通过建立审批、运转、长效管理机制，通过恰当的法规和政策引导，尊重和保护城市空间所赖以生存和演化的自然生态环境，考察城市地域风貌的发展和演变，通过解读城市"集体记忆"，探讨当代浙江地域建筑"传承"的创作模式，整体把控和提升地域建筑创作与建设的品质。

其次，重塑地域建筑的场所精神，传承地域建筑文脉。通过本研究，将大大改善城市空间功能，营造人们交往的空间场所，增强人们对场所的认同，促进城市精神文明。寻求城市地域特征和历史遗存，利用基址与环境、意义与象征、秩序与肌理、形式与空间、材料与构造几个层面载体，梳理城市自然、文化脉络，实现地域精神发展的可持续性。

再次，本书具有地区性案例实证的样本意义。浙江省城市地域经济在全国范围内具有先发优势，而经济发展与地域风貌建设息息相关，先发的另一方面会变成"摸索"、"冒险"的劣势。因此，以浙江省案例实证为样本来探索城市地域风貌特色营造对于长三角区域乃至全国来讲具有一定的借鉴意义。

二、目标

首先，本书将从理论层面归纳地域建筑特色形成的机理。浙江城市建筑风貌与特色带有显著的地域特征，其形成的机理因其地理区位、自然环境、产业结构和文化传承的差异而各不相同。且在历史人文语境下，浙江城市建筑在不同时期又表现出不同的地域特性，但不同时期的建筑地域性演进历程及特征表现又缺乏整体性、系统性研究。本课题目标之一是从理论层面对浙江不同时期的城市建筑地域性演进历程进行研究，梳理浙江省城市建筑地域性演进的整体脉络，归纳其特征及其相互关系，建立城市地域建筑风貌研究的理论基础。

其次，从实践层面揭示地区性建筑创作中的地域性的策略问题。浙江城市发展建设的快节奏与当前规划设计滞后的矛盾日益突出，尽管政策和资本对于城市规划建设的投入与日俱增，但由于缺乏科学技术与方法体系的指导，城市地域风貌建设凸显出越来越多的社会与环境问题。本课题基于多年来的实践总结，揭示浙江城市地域风貌营造中的规划设计问题，引导我们重新审视中国目前的城市建筑建设模式，探索建筑传承的科学路径。

再次，构建地区地域建筑创作的管控与引导框架、方法与技术体系。城市地域风貌特色营造是个系统工程，本书以城市风貌特色及其机理的理论为基础，结合当前实践层面的规划设计问题，以系统方法论将各元素及其相互关系整合成城市地域风貌特色分析框架，并针对今后的规划需求和示范需要完成风貌特色编制内容体系。

第三节　概念界定

民族建筑、乡土建筑、传统建筑与地方建筑（地域建筑）概念相近，那么这几个相关概念又有什么具体区别呢？

民族建筑：建筑民族性在我国通常与“中国固有形式”、“坡屋顶”等特定建筑风格联系在一起，对建筑民族性的探讨从20世纪20年代开始由来已久，在特殊的历史时期，具有上升到政治和国家层面的特殊含义。近年来对建筑民族性的讨论逐渐隐退。从概念本身而言，建筑民族性是“突出种族因素的作用，因信仰习惯所产生的建筑属性”。

乡土建筑：“乡”指城市外的农村地区，“土”指土壤、泥土、田地。费孝通先生曾在著名的《乡土中国》中用“乡土本色”来解释中国社会的基层。在这种乡土文化里，世代定居是常态，迁徙是变态。定居的结果导致了人所需要的空间和土地的结合，从而诞生了根植于土地的乡土社会和乡土建筑。《世界乡土建筑百科全书》中指出了“乡土建筑”的几个基本特征：本土的、匿名的（即无名者，没有建筑师设计），自发的，民间的（非官方的），传统的、乡村的等，这些限定概括了乡土建筑的基本内涵。由此，“乡土建筑”即是指土生土长的建筑，是产生于原始聚落，特别是乡村地区，孕育于一个相对封闭的文化或方言区内，出自当地民间工匠之手创造的原创建筑。乡土建筑侧重于民间建筑、乡村聚落建筑，反映的是朴实的平民文化、农耕文化、乡土文化等。

传统建筑：传统有传递、传授、流传、延续等多种含义。传统是指惯例的、口传的、由历史沿袭下来的事物，如思想、道德、风俗、艺术、制度等。由此，传统建筑是由历史与文化传承下来的特定的建筑，这种建筑的有形空间在一些无形的要素作用下表现出整体的协调，其营造方式、空间形态、艺术风格、装饰手法等都沿袭着某种相同的模式与范本。传统建筑的涵盖面较广，主要侧重过去的、历史的建筑形制，反映的是历史文脉与地方文化的传承。

地方建筑和地区（域）建筑：地区意为开敞地区，地域意为版图、领地等，而区域意为地域、地带等。从各自的基本含义看，地方、地区、地域、区域等没有太大的差别，需要视研究对象和分布范围确定它的确切意义。地方不强调区域边界，以点盖面，强调特征性和风格性；地区一般指行政区域，地域范围较广，可指超越行政区域的更广阔范围，区域是一个统称的概念，范围可大可小。因此，地方建筑或地区建筑均是指与一个特定区域的自然、经济和社会文化相关联的建筑。不管地方的，还是地区的，既包括过去，也包括现在和将来。

表1-3-1概括了几个相近词汇的关联性和差异性。

相关概念辨析 表1-3-1

民族建筑	乡土建筑	传统建筑	地方建筑和地区（域）建筑
强调民族因素的作用，因信仰习惯产生建筑属性	强调乡土因素的作用，因风土人情产生建筑属性	强调人文因素的作用，因文化条件产生建筑属性	强调人文和空间因素，因文脉条件和自然条件产生建筑属性

注：作者自绘

综上所述，民族建筑和乡土建筑都是传统建筑，而传统建筑不一定都是民族建筑和乡土建筑。乡土建筑的域限较小，地方建筑的域限较大。根据地理学的区域概念，区域具有一定的范围和界限，区域又具有一定的体系结构形式，即具有分级性的特点，地区建筑和地域建筑则可统称为区域建筑，地区建筑为行政区域建筑层次建筑，地域建筑为超越行政区域层次建筑。本书的研究对象为意义最广的地域建筑。

吴良镛对“建筑地域性”做了一般性的定义：“（建筑）地域性指最终产品的生产和产品的使用一般都在消费的地点上进行，建筑一经建造就不能移动，形成相对稳定的居住环境，这一环境又具有渐变和发展的特征”。①建筑地域性的一般性定义肯定了建筑与地点的联系，从广义来讲，一切

① 吴良镛.广义建筑学[M].北京:清华大学出版社,1989:27.

建筑均有地域性。邹德侬进一步指出：建筑地域性突出空间因素的作用，强调因自然条件而产生的建筑特质。由此可以看出：建筑地域性突出空间因素的作用，强调因自然条件而产生的建筑特质。由此可以看出，地域性是建筑受到自然条件影响而产生的基本属性，其概念本身侧重于建筑与自然条件的联系。

地域性是建筑的本质属性之一。是否所有的建筑都是地域建筑呢？答案是否定的。因为在传统的“人地一建筑”的静态和谐关系中，人们为适应所在地域的自然与人文环境而创造了特定的建筑，因而产生了世界各地五彩缤纷的地域建筑，从传统的意义上讲，建筑是地域性的。但随着现代社会全球化和一体化的发展趋势出现，建筑所具有的地点性，不都完全体现其地域性。我们所看到的千城一面，全球一面的现象，即是说所有的城市、所有的建筑都太相像了。而且，虽然地域建筑产生于特定的地理空间，但不是所有的地域建筑都出现在原生的地理空间里，也不是在这个特定的地理空间内的建筑都是该地域建筑。因此，地域建筑是与所在地域的自然生态、文化传统、经济形态和社会结构之间密切关联的特定建筑。具体来讲，地域建筑应该满足如下的条件：

地域性——具有特定的地理空间或地域单元；

普遍性——在该地域普遍存在并具有相当的规模和密集程度；

关联性——与所在地域的自然与人文环境密切关联和谐共生。

根据地域建筑的概念，以广东骑楼为例，考察骑楼的基本特征，看其是否具备以上几个条件。首先，骑楼分布于我国东南沿海的广东、广西、海南、福建、台湾等省及东南亚地区，尤以广东最为著名，成为广东城镇最具有代表性的建筑形式之一，而在北方城镇则少有出现，故骑楼具有强烈的地域性特征；其次，骑楼在广东许多城镇分布广，规模大，密集度高，是主要的城镇景观。而在江西、上海等地虽有骑楼分布，但仅在个别城市及个别街道出现，不成规模，也不构成主要景观，故骑楼在广东地区具有明显的普遍性的特征；第三，骑楼是为适应南方湿热多雨的气候，解决用地紧张的矛盾，满足人们生活习惯和价值观念需求的结果，因而骑楼又具有了地域建筑的关联性。

富有特色的地域建筑和聚落形态，展示着地域的文化品质、价值取向与自然情调，是所在地域最显著，最具有代表性的人文景观，也可以说地域建筑是人类创造出来的、与所在地域的自然与人文环境相适应的特定的文化景观。

第四节　视角

一、认识论和方法论问题

一般而言，建筑的“地域性”包含以下几个方面：（1）地理环境的地域性；（2）文化的地域性；（3）经济发展的地域性。当我们从实践层面来思考地区性建筑这一问题时，必须对以下几个问题进行深入思考。首先，这种区域性的界定以什么作为基准？是行政的，还是地理的，或是文化的？这一问题非常重要，因为范围的确定直接关系到地区性得以成立的共性特征是否能够建立起来。其次，这一“共性特征”是人为 “制造”出来，还是在时间的流逝中逐渐形成的？前者必然因其人为的痕迹而在各要素间呈现一种分离的特征，只有后者方有可能具有一种内在的有机性。第三，就具体的地区性建筑实践而言，除了以形式或符号来体现以外，还有什么别的途径来探求所谓地域建筑的“精神”呢？

本研究中，浙江的地域建筑特征是以行政区划为地域依据；同时，在地区性的层面上，形成并能够留存下去的气质为地区性建筑核心的气质或流传于乡土时代，当时固定生活的区域相对封闭，核心价值与特征能够在较长时间缓慢而自由地形成。因此，本研究将从传统建筑入手展开浙江地域建筑风貌特色研究。然而，首先遇到的问题就是浙江传统范围内还存在的建筑特征的历史性、地域性和差异性。考虑到本研究目标不是探究传统建筑的原真性或古建保护，所以在以后研究中考虑模糊时代的差别，而将采集的地域特征的可识别性和民众认同作为衡量标准，这将对指导实践更为有效，并且进一步深化对地域建筑内涵的多维解释，弱化形态因素。

二、研究范围和侧重点

本书研究范围为浙江省域范围，尤其是具有传统人居环境特性区域；研究侧重点强调传统地域建筑有关形式特征语义的内容讨论，以及现代地域建筑批判地域主义的探讨。

第一，本书将探究浙江建筑地域特征和传承方式的认识论（基本理论）问题。如果说现代乡土建筑的地域特征尚可辨认的话，那么城市建筑的特征则可谓难以捉摸，然而许多城市的建筑形象也有其地域轨迹可寻。探究建筑地域特色的认识论就是要在可持续发展的角度上力图建立科学认识城市建筑特征的理论依据及评价准则。本部分将从基址与环境、意义与象征、秩序与肌理、形式与空间、材料与构造、机制与管理六部分建构认识论体系，全面探索浙江建筑地域特征和传承方式。

第二，本书将对浙江传统建筑地域特征进行研究，并将其作为本书核心内容之一。本部分将提炼浙江传统地域建筑的布局、形态、造型、细部等区别于其他地域的明显特征及共性。首先基于地域建筑传承的思路，从自然环境特征（如地形、地貌、气候、物产）、人文环境特征（如历史沿革、方言、社会思想、地域经济发展），以及建造技术渊源（如匠作技艺、工匠流派等）三方面归纳浙江传统建筑的形成机理、分布格局、基本类型，以及基本特征；然后从聚落—公共建筑—民居三个层面，分析浙江传统建筑的空间形态、分布格局、形成机制、建造技术等，建构完整的浙江省传统建筑地域特征体系。

第三，本书将提出浙江现代建筑地域特征传承创作与建设策略，并将其作为本书核心内容之一。本部分将首先从当代建筑风土观的内涵属性、地域化创作的生成语境两方面探讨浙江当代建筑地域性特征的生成机制；进而从固定原型—具象模仿（如仿古建筑，包括形式模仿、技艺模仿、风貌表征）、固定原型—抽象转换（如传统元素的抽取、解析与再读）、多元原型—意象隐喻（材料、肌理、尺度的创造性表达）三方面提取浙江当代建筑地域化创作的语言要素取向，从场地布局、特意形态、脉络肌理提取“地域”的建筑场域表述取向，以及从日照条件、通风条件、降水条件提取回应气候条件的建筑特征取向，针对性挖掘浙江当代建筑地域性实践存在的问题及误区，创新性提出地域性实践方向和策略，并在认识论基础上提出对建筑形态包括体量、空间、色彩、细部造型等处理的具体建筑传承导引和管控机制。

本章小结

在“全球化”的大背景影响下，中国建筑文化发生了不同于传统的转向，城市与建筑领域，文化趋同与多元化、建筑与环境的可持续发展、建筑的地方性传承与创新等成为现今热点问题。此外，美丽中国与城乡建设的愿景、新型城镇化的建设热潮为传统建筑的传承与创新提供了良好的研究契机。于是如何解决“传统与传承”问题的宏观政策导向，并解决在当代建筑创作中两极化的“传统与传承”误区成为其中的关键，从而更好地把握城乡建设中传承地域风貌提升需要的品质化。

本章提出了本书的理论意义为：首先，揭示地域建筑特色与形成机理之间的关系；其次，本书建构的地域建筑特色营造的分析和编制框架将对未来建筑创作与建设提供较大的指导价值。其实践意义为：首先，本书的发表将提升地域建筑创作与建设中的品质；其次，重塑地域建筑的场所精神，传承地域建筑文脉；再次，本书具有地区性案例实证的样本意义。从而达成三方面的目标：一是从理论层面归纳地域建筑特色形成的机理；二是从实践层面揭示地区性建筑创作中的地域性的策略问题；三是构建地区地域建筑创作的管控与引导框架、方法与技术体系。

本书以浙江省域为研究范围，尤其是具有传统人居环境特性的区域，重点强调传统地域建筑有关形式特征语义的内容讨论，以及现代地域建筑批判地域主义的探讨。包括探究浙江建筑地域特征和传承方式的认识论（基本理论）问题，从基址与环境、意义与象征、秩序与肌理、形式与空间、材料与构造、机制与管理等六方面建构认识论体系。本书核心内容分上下两篇：上篇对浙江传统建筑地域特征进行研究，从自然环境特征、人文环境特征、建造技术渊源三方面进行归纳，并从聚落—公共建筑—民居三个层面进行分析，建构完整的浙江省传统建筑地域特征体系；下篇提出浙江现代建筑地域特征传承创作实践取向，探讨浙江当代建筑地域性特征的生成机制，提取浙江当代建筑地域化创作的语言要素取向、场域表述取向、回应气候取向等。

上篇：浙江传统建筑地域特色的形成与特征

第二章　浙江传统建筑地域特色的形成背景

一方水土养一方人，同时也孕育了一个地方的传统建筑。每个地方的传统建筑都是在一个比较长的历史时期慢慢形成的，受到各地的自然条件和人文环境的影响，形成独特的建筑营造技术传统。由于这样一种相应性，传统建筑的地域特色总是和自然条件与人文环境相关。我们在讨论某个特定地区的传统建筑的地域特色时，首先要分析的就是它的自然和人文背景，以及与它直接相关的营造技术传统。浙江是一个位于东南沿海的省份，土地面积不大，但是地形却比较复杂，从北部的平原到中部的丘陵，再到南部的山地，整体西南高、东北低。域内河道较多，尤其是北部平原，水网密布，这些自然条件都深刻地影响了浙江传统建筑的地域特色。除了地形地貌和水系，气候条件也对建筑特色的形成影响很大，降水量和屋面坡度直接相关，而每年影响浙江的台风更是给沿海地区的聚落选址和建筑设计都带来了很大的影响。浙江文化发达，科举鼎盛，宗族繁荣。这些也都深刻影响了浙江传统建筑。正是在这种自然和人文条件的孕育下，形成了浙江传统建筑的地域特色。

第一节　自然环境

一、地形地貌

浙江位于中国东南沿海，北接上海、江苏，南连福建，西与江西、安徽相连，东临东海，在北纬27° 12 ' ~31° 31 ' 和东经118° 00 ' ~123° 00 ' 之间。土地面积10.55万平方公里，是中国面积较小的省份之一。浙江境内最大的河流是钱塘江，因江流曲折，称之江，又称浙江，浙江省也因此得名。

山地和丘陵占浙江省总面积的70.4%，平原和盆地占23.2%，河流和湖泊占6.4%，所以有“七山一水二分田”之说。整体地势由西南向东北倾斜，呈阶梯状分布有山地、丘陵和平原，大致可分为六个地形区，浙南中山区、浙西丘陵中山区、浙中丘陵盆地区、浙东盆地低山区、浙北平原区和沿海丘陵平原区。①因为山地多，平原少，山地地形复杂多样，小气候条件多变，所以在农林渔牧资源丰富的同时，也带来了各地因地制宜，随形就势的城镇与村落，建筑顺应地形布置，形成很多与地形条件相适应的颇具特色的传统建筑，在不同地区有不同特色。浙江的海域辽阔，海岸线曲折，岛屿众多，因而也形成了许多独特的海岛建筑。

二、水系

浙江的水系发达，地表径流非常丰富。由于浙江的地势西南高东北低，主要河流也大多从山区发源，向东或东北流入东海或者太湖。集水面积在1500平方公里以上的河流有7条，分别是钱塘江、瓯江、椒江（灵江）、甬江、苕溪、飞云江、鳌江。这些水系带来了丰饶的河谷平原，也带来水运交通、农业灌溉等便利，从而影响经济文化区的形成，我们常常看到同一流域中的传统建筑风格往往比较近似。钱塘江是全省第一大江，有南北两源，北源新安江，南源兰江，均发源于安徽省休宁县，全长668公里，流域面积5.56万平方公里。主要支流有乌溪江、金华江、新安江、分水江、浦阳江和曹娥江等，流经浙西、浙中、浙北大部分地区，对浙江影响最大。另外还有许多湖泊，如太湖（与江苏共享）、杭州西湖、嘉兴南湖、宁波东钱湖、绍兴东湖等。水系的发达也给浙江民居带来了很多亲水特质，在浙北平原的湖荡地区，水乡大屋极富特色。在浙南山区，也有许多跨溪而建的廊桥，临溪而筑的民居，形貌独特。

三、气候

浙江的气候湿润，四季分明。位于亚热带中部，年平均温度15℃~18℃。 每年7～8月份最热，7月份全省平均气温27℃~30℃，最热月日平均气温32℃，1~2月份最冷，平均气温2℃~7℃，平均气温在10℃以下的天数浙北约102~130天，浙南约100天，全年无霜期都在9个月以上，南部可达11个月，全年日照时数在800~2200小时之间。年平均雨量1100~2000毫米，全年降雨天数140~170天，雨量季节分配不均匀，在6～7月的梅汛期，降雨量在300～700毫米之内，其次是8～9月的台汛期，降水量在200～300毫米之间。空气湿度较大，年平均相对湿度为80%左右，夏季大于冬季，尤其是梅雨季节湿度更大。季风显著，平时风力不大，年平均风速1.3～3.6米/秒，主导风向为东南风，夏秋之交常有台风，对沿海影响很大。由于这种气候条件，浙江传统建筑一般都争取良好的日照和通风，注意防水、防潮，海岛和沿海地区还非常注意抗风。

四、物产

浙江有山地、丘陵和平原，因而木、石等建筑材料比较丰富，取土烧砖也很便利。早在秦汉时期，浙江人民就会开山取石、建窑烧砖了。当时砖还主要用于墓葬。据《绍兴

① 简明浙江地理教程: 32.

市志》载，今绍兴县漓渚、马鞍、福全以及上虞市江山、新昌县城郊、嵊州市浦口等地发现的墓葬中都出土有纪年砖。产品以青灰色长方砖为主，还有楔形砖、刀形砖、斧形砖等。南朝，砖窑发展，仅漓渚一地就发现遗址8座。窑外形有椭圆形、束腰式，窑床离地面深1．6米，窑长3．46米，火门宽30厘米，窑底有火道7条，窑墩6个，有的窑后面还有烟囱。当时属于会稽郡的柯岩已经开始开采石料，永嘉郡青田一带也开始出现石雕。由于这些地方建筑材料，而形成了就地取材的浙江传统建筑特色。我们今天在浙江传统建筑中看到的版筑泥墙、卵石墙、石板墙、块石墙都是当地人民长久以来充分利用地方材料的建筑经验结晶。

第二节　人文环境

一、历史沿革

早在5万年前的旧石器时代，浙江境内就有原始人类“建德人”活动，距今7000年的河姆渡文化、距今6000年的马家浜文化和距今5000年的良渚文化都曾在吴越大地上灿烂过。春秋时期，浙江境内分属吴、越两国；战国时期浙江归楚；秦汉时浙江境内分属会稽等郡；两晋南北朝时期浙江属扬州，是北人南下建立新家的理想之地。唐朝浙江属江南道；五代十国时期属吴越国；北宋属两浙路；南宋分两浙路置两浙东、西二路，东路治越州，以越州、婺州、明州、温州、台州、处州、衢州等属，两浙东路仍治越州山阴县（今绍兴市越城区）。两浙东路辖绍兴、庆元、瑞安三府及婺、台、处、衢四州。元朝江浙属江浙行中书省，为直属中央政府的一级行政区；明朝置浙江承宣布政使司，也是“浙江”作为省名的开始，治所杭州，辖十一府，分别为杭州府、温州府、嘉兴府、金华府、衢州府、严州府、湖州府、绍兴府、处州府、台州府、宁波府，行政区域至此稳定。

在浙江的发展历史中，钱氏吴越国和南宋王朝都建都在杭州，浙江进入了历史上经济、文化最为鼎盛和辉煌的时期，杭州在此时也被称为世界第一繁华大都市。而明代实行两京制，北京为“京都”，南京为“留都”，浙江近邻“南畿”之地，使浙江持续发展成为经济大省和文化学术重地。

二、文化背景

浙江的历史发展过程中，对传统建筑文化产生直接影响的有下列几项文化背景：

（一）文化世家

今天我们看到的一些传统大屋，几乎都是文化世家留下来的。文化世家的特征之一是房屋“大”且传承时间“长”。浙江自永嘉南渡到晚唐，500多年期间，过江的门阀世族（以王、谢、庾、桓四姓为主）和土著门阀（会稽以孔、虞、贺三姓，吴兴以沈姓为主）是朝廷选官的主要对象。中国自开科取士起，科举中试当官的人成为文化世家的主体。浙江自宋朝实行耕读政策后，中举者大增，成为文化世家数量多、密度大的省份，明清是最鼎盛的时期。这些诗书门第文化士族都是累世族居的。如宁波鄞州著名的文化士族宋代有楼氏、丰氏、史氏、郑氏等；明代有杨氏、冯氏、陈氏、张氏、屠氏，慈城为姚氏、杨氏、冯氏、王氏。今天我们看到的这一带大屋，多是这些世家的。

世家还是浙江土地开发和山地村落、山居的开山祖。这得从王、谢二个世家大族讲起，东晋王朝是靠世家大族支撑立国的，其中南下的王、庾、桓、谢四大家族，先后执政80年，他们的政治舞台虽在南京，封地却大多在浙江一带，对浙江土地的开发，尤其是王导、谢安两世家功劳最大。朝廷采用了“侨寄法”，让南下的客户上山樵薪，占山封水，并免纳正常的赋税，这样，便可使南渡的中原人士忘却身在异地，土著则因山林资源开发较迟，和南下的豪族并没有争夺土地的矛盾，华夏文化和吴越文化很快融合。王、谢二家，在浙江逢山开路，遇水造田，为浙江田地开发开了好头，并且在生活居住方式上创新立意，行迹山水，在山里营建别业，建庐隐居，为浙江、中国的居住方式创立了一种新的模式。

（二）科举士人

中国自隋代设立科举制之后，实行了以考试选才任官职，科举成为平民入仕的主要途径，这些通过科举走上仕途、当官发财，以及经商致富的人，是古代“臣庶居室制度”中“居室”的投资主体。

隋、唐五代，中举者多为中原人士。自宋代起，南方人才开始出现重大进展。这首先要归功于宋朝的耕读政策。浙江山清水秀，经济、文化相对较为发达，于是县学、社学、书院蓬勃发展，科举中试者猛增，尤其是南宋，浙江为京畿之地，考取的进士为北宋的3倍多，成为全国进士最多、密度最大的省，被誉为“财赋重区，人文渊薮”。自宋代起，浙江进士总数都名列前茅，如北宋占全国总数的8.6%，而南宋增长到31.7%，明代占15.3%，清代全国进士26848名，浙江占10.5%，总数仅少于江苏（2920名），为全国第二，若以面积密度计，浙江第一。明代 89名状元，浙江20名，全国排名第二；清代112名状元，浙江竟有69人，占状元总数的61%以上。

大屋的数量和分布与科举人士是同构的。浙江科举人士的地域与分布总格局是东北多、西南少（南宋除外，以府计，南宋温州府最多为1107人，占浙江总数的19.2%），尤其是有清一代，90.96%的进士出自杭嘉湖、宁绍。以宁绍为例，姚江两岸的余姚、慈溪、鄞县三地，自明代起，形成了连续300多年的科举、人才（还有商业）金三角，从而产生世代巨肆豪宅金三角现象，留存至今的大型古建筑，仅慈城就达55万平方米，其中清乾隆以前的就达100多处，特别是金家井巷和民族路的东段，这两条都不逾半里的街弄中，竟有6处被定为国家和省重点文保单位。

中国科举还有一个特征是相当多的中举者是来自社会的中下层，据华裔美籍学者何炳棣研究，其中46.7%的进士来自寒微之家。这是浙江为什么到处有优秀古民居，而且农村优秀古民居多于城市的原因之一。

（三）商业、商人

商人，也是浙江大屋的投资主体。发生在浙江春秋吴越时期“范蠡三徙，陶朱公富而有其德”的故事，可以说是中国工商业的源头。隋唐，京杭大运河的开凿，漕运线路之划定，北宋苏杭应奉局的设立，加上浙江山多田少的人口压力，半开放性质的地理环境，都是商贸业的条件和动力。尤其是南宋迁都杭州，京都大兴土木之形势，朝廷高消费的强大需求，以及明代赋役结构的变化（用货币代替以粮为主的赋税制），金花银制的确定，大大促进了商业的兴盛，终于明中叶在全国形成了十大商帮。这十大商帮中，浙江占其二——宁波商帮和龙游商帮。龙游商帮包括衢州府的西安、常山、开化、江山、龙游五县和金华府的汤溪、绍兴府的会稽、山阴县等，这些商帮、执商坛之中达数百年之久。尤其是宁波帮，为上海开埠、中国经济的现代化作出了重大贡献，新中国成立之前（1945～1949年）宁波帮又从上海迁向海外，经港澳台走向世界。

以上是浙江大屋的两大投资主体，商人的地域分布和浙江大屋的分布也是同构的；大屋的规模、式样，又是和商人包括官宦的实力相对应的，如湖州南浔以丝起家，历史上的丝商群体，富可敌国，被人们形象化为“四象八牛七十二条金黄狗”，象指的是家产百万两以上的富豪，“牛”的家产在50万～100万两间，“狗”至少也不能少于30万两。极盛一时的南浔，大户人家的财产总和约在6000～8000万两之间，而19世纪的清朝政府，每年的财政收入也不过只有7000万两上下。史称中国园林首推苏、杨、杭、湖四地，而湖州园林多在南浔。小小的南浔，竟和苏、杭、扬同列，核心就是“商”字。

三、文化精神

荀子说：“不见其事，而见其功，夫是气，谓神。”从这个角度去理解，浙江的人文对传统建筑影响较明显、较直接的有如下几点：

（一）敬贤尊礼

《越中杂识》载：越中皆敬舜，“舜为人子，克谐以孝，其俗至今丞丞是效；舜为人臣，克尽其道，故其俗至今孳孳是蹈……”，浙人对舜禹这两“明君”十分崇敬，上虞、余桃、绍兴都建舜庙，为全国罕见，绍兴建禹陵、禹祠，将舜禹作为文化符号，视为浙江文化历史长河的源头，并且继承了他们的人格和制度。

此外，民间对各种圣人贤哲以及对国家有贡献、为人民做过好事的人物都建有祠庙以纪念，如缙云的黄帝祠，衢州的周王庙，龙游及台州各地的徐偃王庙。还有孔庙、曾子祠、董（仲舒）祠、苏（轼）白（居易）祠、右军（王羲之）祠、欧阳修祠、关帝（关公）庙、岳（飞）庙、诸葛承相祠、平水王（西晋周顗）庙等，这些祠庙加上宗祠、文昌阁等礼仪建筑，和优秀的古民居一道成为聚落风貌的主体。

（二）重文尚古

江南文风之盛甲于天下。北宋庆历年间新儒学运动，浙江省的名家大儒几乎与河南、河北、山东三省的学者总和相等。南宋浙江逐渐成为全国文化教育中心，其时官学有州学、县学、官办书院和小学，浙江有州学11所，县学63所，几乎所有县都有社学，南宋全国著名书院有22所，浙江就有6所，占14%，到了元代发展到62所，名列全国第二。很多地方志都有记载，如“比屋诗礼，冠带如云”（《开庆四明续志》卷一《学校》）。“弦诵之声，往往相闻”（耐得翁《都城纪胜·三教外地门》），足见当时学风之炽。刻书、出版也是学风的表现，南宋全国共有170处刻书地点，浙江名列第一，学风盛行的结果是名家辈出。自宋之后，浙江无论文学、书法、绘画、自然科学都有首屈一指甚至领军人物，学术上、思想上更是辉煌。南宋后期，浙江以陈亮、叶适为代表的浙东学派，几乎成为中国学术思想中心。明末清初，王阳明、黄宗羲等直至清末民国初章太炎等又发展成浙东学派，在经济上提倡事功、实业，为民居的建设奠定了经济基础。

浙人尚古还可从下列二例略知一斑，一是在天井里烧香祭天，这是古代留下来的习俗，《周官·考工记》曰：“周人明堂，东西九筵。”《礼记·正义》，“祀乎明堂，所以教诸侯之孝也。”浙人恪守这一古风，把天井叫作“明堂”。每逢过年过节，家家都要对着明堂里烧香、拜天地，古代的一些风尚、岁时习俗，如贴春联、拜送春牛图、开秧门、踏春、重阳节登高、端午饮雄黄酒，造房子抛梁踏栋等，一些好的古风都继承了下来。二是浙江的学人都以史学为重点，据徐世昌《清儒学案》介绍，江苏、安徽学者以治经为主，浙江学者擅长治史，这虽然和“尚古”是两回事，但反映了浙人尚古的精神。

第三节 技术渊源

一、技术源流

浙江地区的建筑技术源远流长，省内最早的建筑遗迹是在距今5万年左右的旧石器时代，以“建德人”为代表的原始人居住的洞穴。后来经过漫长的发展时期到了公元前7000年左右，已经出现地面建筑。嵊州甘霖镇上杜山村小黄山遗址，在面积约1500平方米的台地上，四周有“回”字形护宅河，台地上有三栋屋基。而到了新石器时代，浙江就已经出现了由相当发达的榫卯建筑技艺营造的干阑式建筑。河姆渡遗址位于浙江余姚，保存了我国建筑中最早使用榫卯结构的实例。这说明在公元前5000年到公元前3300年的新石器时代，浙江就已经有了比较发达的木材采伐、加工和营造房屋的技术。

河姆渡遗址中发掘出大量使用榫卯结构的干阑式建筑遗迹（图2-3-1）。这种建筑的基本做法是：栽桩、架板、支柱、盖顶。主体构件十三排木桩，拟有三栋以上的建筑，宽23米，进深7米，门口还有1米余的前廊，地板高出地面约1米，柱高2.5米以上。椽木承托屋顶，盖茅草、栽桩架板，分高低干阑两种。高干阑建筑打入生土层，有地龙骨（包括横木与竖桩）、竖板和横板，以桩木作基础，上架大小梁（龙骨）承托地板，构成架空的建筑基座，再于上立柱架梁。在河姆渡遗址中发掘的木材建筑构件，除圆桩、方桩、梁、木板、柱外，还有数十件榫卯建筑构件，有柱头榫、柱脚榫、梁头榫、燕尾榫、带有销钉的榫、平身柱上的卯，转角柱上的卯和拼接的企口板等工艺，还有刻花木构件和藤条捆绑梁柱的痕迹（图2-3-2）。

到了战国和秦汉时代，从浙江考古发掘出来的墓葬明器中可以看出当时浙江民居的营造已经形成一定的体例，平面规整，坡屋顶，干阑式建筑较多。1982年发掘的绍兴坡塘306号战国墓出土一件铜质建筑模型，学术界通称之为“坡塘铜屋”（图2-3-3）。铜屋面宽13厘米，进深11.5厘米，通高17厘米。面宽三开间，进深三开间，正面明间稍宽。四角攒尖形顶，顶心立一根八角形断面柱子，柱高7厘米，柱顶卧一鸟，柱各面饰“S”形勾连云纹。屋内有六个乐俑，二女四男，裸体，两人端坐，四人弹奏乐器。这说明浙江民居在战国时期，就形成了前堂后寝制或当中为明堂，两旁为房室（三间或五间）的制度了。龙游县出土的西汉陶屋长立面上开两个窄窗、硬山，大门开在山墙上，门外有小平台。宁波北仑陈华出土的东汉两座釉陶屋，一座正中开门，有门框，门槛较高，门外有窄小平台，悬山。另一座正面开有两个方形门，门槛较高，硬山。这些陶屋的共同特点都是“人”字坡屋顶，盖黏土瓦，平面比较方正，即开间少，都由四根柱支承着，说明这时期气候潮湿，雨量充沛，因此住宅沿用了古老的干阑式。

二、匠作传承

在我国传统建筑木构架的形式上一般认为主要有两种，一是抬梁式木构架（图2-3-4），二是穿斗式木构架（图2-3-5）。也有人提出还有第三种，插梁式木构架（图2-3-6），这种构架一般被认为是抬梁式和穿斗式相混合的一种形式。抬梁式木构架的基本构成原理是由柱承托梁，再由梁承托檩。而穿斗式木构架则是由柱直接承托檩条，由穿把柱串联起来。中国北方以抬梁式木构架为主，而南方以穿斗式木构架为主，而且存在大量混合式构架。

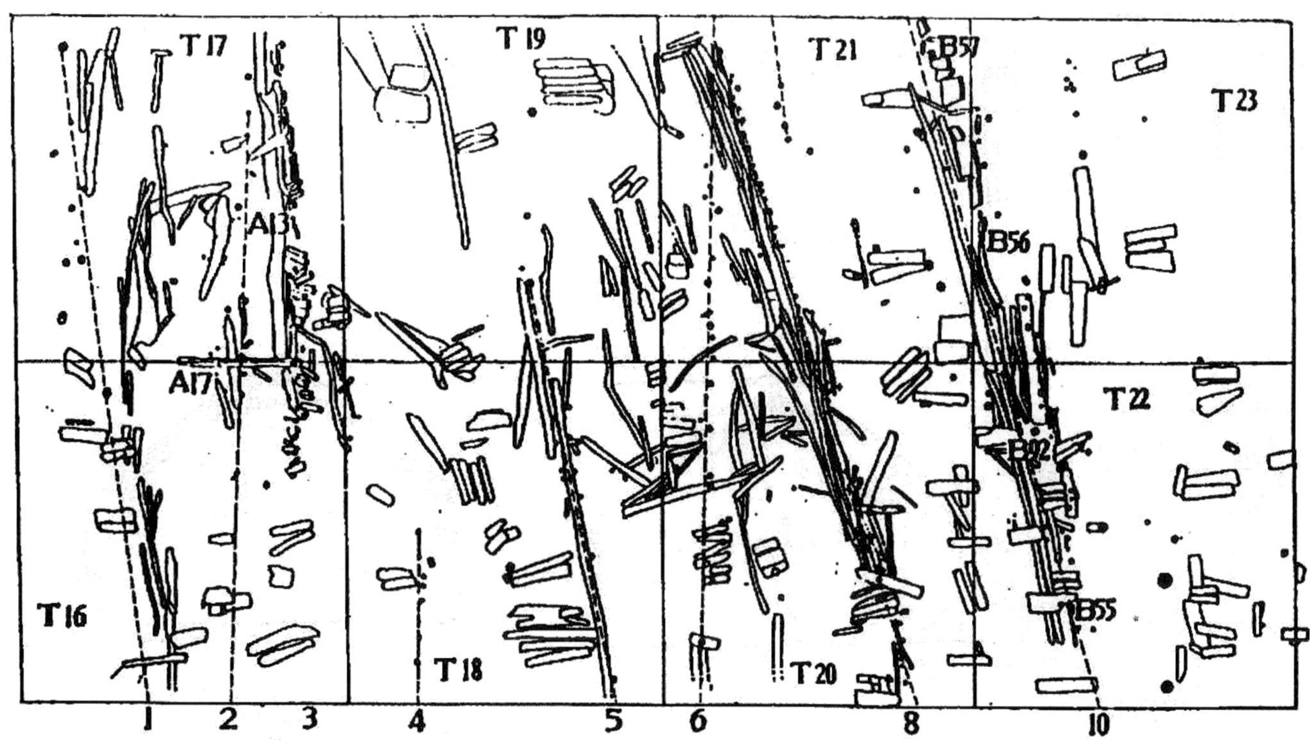

图2-3-1　河姆渡遗址第四文化层干阑建筑平面图（来源：《浙江民居》丁俊清）

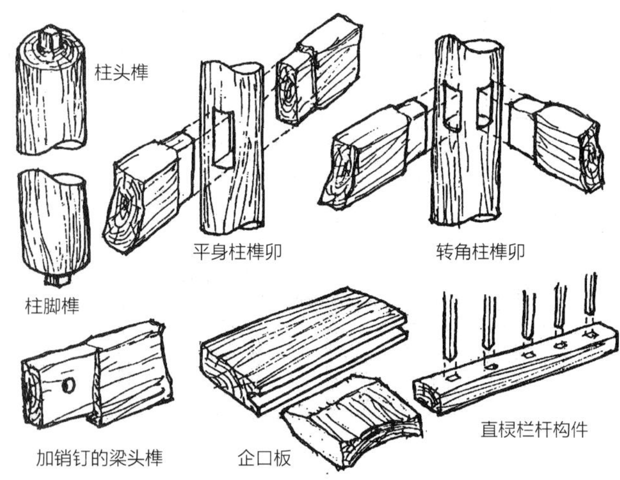

图2-3-2 河姆渡遗址榫卯类型（来源：《浙江民居》丁俊清）

图2-3-3 春秋时期乐伎铜屋（来源：http://img4q.duitang.com/uploads/item/201504/20/20150420H3847_SsEcv.jpeg）

在河姆渡遗址中发现的建筑单体榫——销榫，实际上是一种加强与其他榫结合的辅助性榫。干阑技术往前发展就出现了组合构架，到晚期基本上为穿斗架了。据不少学者的研究，最迟到南朝时期，江南已完成了干阑到穿斗架的过渡。

浙江民居的木构架形式是以穿斗构架为基础，混合了一定抬梁式构架的特性而形成的，不同地区的木构架中抬梁因素的侵入程度不一。总的来说浙北地区木构架中抬梁技术明显，而浙南地区穿斗技术明显，沿海又比山区抬梁技术明显。可以有这样一种推测，浙江地区原生的木构架营造技术是穿斗技术，而经过历史上多次北方移民的迁入，尤其是浙北平原由于太湖和京杭运河的缘故，受北方影响更大，所以穿斗构架中渐渐混合了抬梁构架的因素。

浙江地区经济繁荣，文化发达，工匠数量一直比较多，工艺技术成就也比较高，历史上比较著名的工匠有许多都出自江浙皖赣一带。比如北宋初年的著名工匠喻皓，就是出自杭州。欧阳修《归田录》曾称赞他为“国朝以来一人而已”。“喻皓，宋初杭州都料匠。不食荤茹，性绝巧。端拱二年，开宝寺建宝塔于汴京，喻皓为匠。皓先作塔式以献，每建一级，外设帷帟，但闻椎凿之声。凡一月而一级成，其梁柱龃龉未安者，皓周旋视之，持捷撞击数十，郎皆牢整。自云此可七百年无倾动。凡八年而工竣。惟塔身不正，势倾西北。人怪而问之。皓日：‘京师地平无山，而西北风吹之，不百年当正也。’其用心之精密盖如此。杭州梵天寺建一木塔而动，匠师无可奈何，皓乃基之以逐层布板讫便实钉之，匠师从其言，果不复动。唐人所造之相国寺，皓谓：‘他皆可能为，惟不解卷檐尔!’每至其下，仰而观焉，立极则坐，坐极则卧；求其理而不得。其笃志好学又如此。有木经三卷，四库已不着录，已佚。”[①]很可惜这三卷《木经》没有流传下来，只有沈括《梦溪笔谈》中对这本书有简略介绍。

① 哲匠录:80-81.

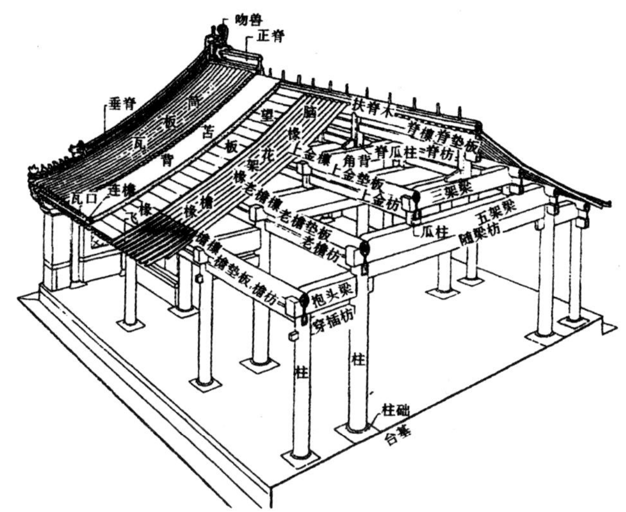

图2-3-4　抬梁式梁架示意图（来源：《中国古代建筑史》刘敦桢）

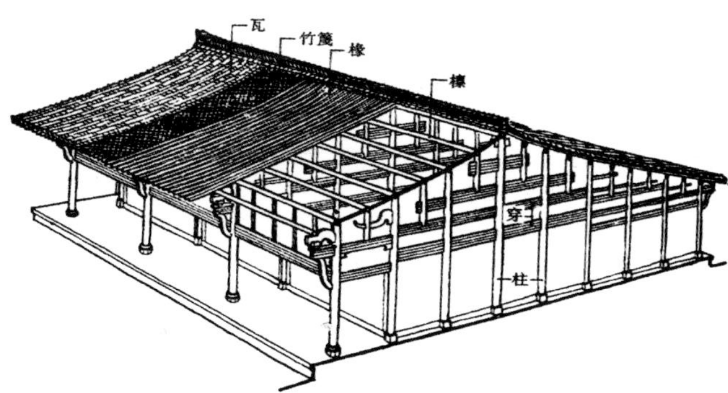

图2-3-5　穿斗式梁架示意图（来源：《中国古代建筑史》刘敦桢）

“营舍之法，谓之《木经》，或云喻皓所撰。凡屋有‘三分(去声)’：自梁以上为‘上分’，地以上为‘中分’，阶为‘下分’。凡梁长几何，则配极几何，以为榱等。如梁长八尺，配极三尺五寸，则厅堂法也。此谓之‘上分’。楹若干尺，则配堂基若干尺，以为榱等。若楹一丈一尺，则阶基四尺五寸之类，以至承拱、榱桷皆有定法，谓之‘中分’。阶级有‘峻’、‘平’、‘慢’三等；宫中则以御辇为法：凡自下而登，前竿垂尽臂，后竿展尽臂，为‘峻道’（荷辇十二人：前二人曰前竿，次二人曰前绦；又次曰前胁，后二人曰后胁；又后曰后绦，末后曰后竿。辇前队长一人曰传唱，后一人曰报赛）；前竿平肘，后竿平肩，为‘慢道’；前竿垂手，后竿平肩，为‘平道’。此之谓‘下分’。其书三卷。近岁土木之工益为严善，旧《木经》多不用，未有人重为之，亦良工之业也。”[①]

清华大学王贵祥教授说：“明初立国南京，主要仰赖江南工匠，永乐移都北京，北京宫苑建设，也以南方工匠为主。明代建筑严谨、工丽、清秀、典雅，颇具江南艺术的风范，只是经过皇家贵胄的渲染，体量宏巨，色彩浓重，则去江南雅谈之风远矣。但其根系，实与江南建筑相近。清续明统。建筑传承上，仍明之旧，由此而推度，则宋代木构建筑，实为后世中国建筑之正统。明清宫苑之盛，殿阁之丽，组群之方式，廊榭之蜿蜒，实滥觞于江南建筑哲匠，绍继于宋代建筑文化。虽然，后世工匠并非依据于宋《营造法式》，但工匠之间口传为碑的技术与艺术，主要根系于江南建筑，则其艺术与技术主旨，仍然是以江南工匠的传承为主的”。[②]

三、工匠流派

浙江工匠众多，建筑业比较发达，工匠技艺高超，自宋代起就对官式建筑产生很大的影响，明代以来影响更大。明代在京的官匠，就以江西、浙江、江苏三地为多。不过明代的制度对人身束缚比较大，除去官府征召外，工匠很难在民间自由流动从事营造活动。大约到明代后期才有些工匠游走四乡从事营造，但是大部分仍然是在本乡本土进行，以开设水木作或做零工的方式。到清代晚期，江南地区营造业日益发达，并且开始受到西方影响引入现代建筑制度，我们可以看到很多资料显示浙江各地重要城市都开始有营造厂成立，以前水木业的行会发展为营造业同业公会，并且有许多工匠到外地去做工甚至开办营造厂，也有外来的营造厂在浙江承揽营造业务。

旧时水木业的工匠组成的行会往往以鲁班殿为中心，鲁

① 中华经典藏书 梦溪笔谈.张富祥译注:196.
② 保国寺古建筑博物馆编，东方建筑遗产 2007年卷:102.

图2-3-6　插梁式梁架（武义某宅）（来源：沈黎 摄）

班殿既是地方工匠崇奉鲁班先师，祈求庇护的地方，也是工匠会商行会事务的地方。杭州的鲁班殿以前在吴山上，在清代仰蘅所撰的《元妙观志》卷四中描述了吴山附近的详细情况。山上的建筑，以省城隍庙为中心，有东岳庙、太岁殿、药王殿、关帝庙、白衣殿、府城隍庙、鲁班殿、火神庙、雷祖殿、财神殿、圣帝殿等。[①]宁波的鲁班殿在海曙区江厦街道天封社区大沙泥街，现在仅在天封公园内天封塔南端草坪，距塔基10余米处遗存石碑三通，该处为原鲁班殿后墙。左首一块，立于光绪九年(1883年)，碑高1.88米，宽1.10米，厚0.13米，碑额"奉宪勒石"，此为木匠告示碑；中间一块立于光绪十二年(1886年)，高2.22米，宽1.14米，厚0.14米，碑额为"勒石永禁"，此为木石泥作告示碑；右首一块碑立于光绪三十年(1904年)，高1.74米，宽0.73米，厚0.12米，此为篾业告示碑：该三通碑反映了当时行会的行规制度。[②]

明清各地工匠人数众多，大多亦工亦农。以义乌市为例，据明万历九年(1581年)颁行的赋役登记册，义乌境内有匠户568户，掌管营造的匠户计98户；清时营造匠户减至50户(清《赋役全书》)。民国时期，义乌出现营造作坊、营造厂。民国36年(1947年)，全县向政府建设科申请填报《浙江省营造业登记申请书》的营造厂共计20家。1949年前，除稠城有几家个体营造厂外，多为散居的泥、木匠。[③]

清末民国时期，赴外地从事营造业人数最多，最有名的是宁绍地区的工匠。他们的大舞台主要在上海。近代上海是一个五方杂处的新城市，开埠以后发展尤其迅猛，大量建设工程的出现使得在上海从事营造业的工匠也数量激增，尤其以江浙地区农村工匠为多。"水木作结帮带有封建行帮性质，他们除了捐建鲁班殿，聚集议事外，还自发成立水木业公所。宁波帮水木作在上海的人最多，最先成立。清代道光三年(1823年)宁波帮水木作公所成立后，参加公所的除了甬籍水木作工匠外，还有上海、绍兴籍工匠。1868年南市硝皮并鲁班殿内水木业公所为了团结各帮工匠、抗衡建筑业受到的冲击，制定了新章程。章程中提到'上海五方杂处，各匠难以分帮'，提出'不论上海、宁绍(帮)各归新殿'，改变过去'造华人屋宇者谓之本帮，造洋屋者谓之红帮，判若鸿沟，不能逾越'的狭隘观念，将各地的水木作工匠组织起来。还规定水木匠及学徒每日工价和饭钱，不准克扣，不准向同业索扰。水木公所逐渐取代了鲁班殿行帮组织，发展成为自律和协调的行业协会组织。""后来由于各帮派在水木公所的利益经常发生冲突，宣统三年(1911年)宁波帮退出公所，于民国7年(1918年)在闸北自行成立浙宁水木公所，沪绍宁水木公所改名为沪绍水木公所。"[④]可见宁波籍工匠和绍兴籍工匠各成帮派，在上海的营造业中占有很重要的地位。据1946年资料的统计，上海营造行业中，上海籍的营造厂只占一半略强，为53.2%，浙江籍(以宁绍帮为主)占25.2%，江苏籍(以香山帮为主)占18.9%，其余各省籍的占2.7%。[⑤]

在上海从事营造业的宁波工匠还由于上海向内地通商

① 王国平.西湖文献集成 附册 海外西湖史料专辑[M].杭州:杭州出版社,2004:178.
② 浙江省文物局.浙江省第三次全国文物普查新发现丛书 摩崖石刻[M].杭州.浙江古籍出版社,2012:132.
③ 黄续,黄斌.婺州民居传统营造技艺[M].合肥:安徽科学技术出版社,2013:172.
④ 娄承浩,薛顺生.老上海营造业及建筑师[M].上海:同济大学出版社,2004:15.
⑤ 汪坦.第三次中国近代建筑史研究讨论会论文集[M].北京:中国建筑工业出版社,1991:121.

口岸的辐射作用，到其他城市去从事营造活动，其中最重要的是武汉和南京。武汉营造业以厂主籍贯不同，自然形成地域性质的派别区域行帮，主要有本地人创办的本帮、广东籍的广帮和以宁波帮为主的江浙帮。本帮是本地人创办，户数最多，但技术比较差，多承担一般性建筑工程，代表厂商有袁瑞泰、汉兴昌、永茂隆、杨汉昌等营造厂。广帮来武汉很早，但代表厂商只有李丽记营造厂。李丽记以优质高价独树一帜，迎合了当时社会上层人士的宁可贵也要好的心理，但其成就无法与宁波籍营造厂相比。以宁波帮为主的江浙帮技术水平最高，影响最大。宁波籍商人开办的营造厂数量虽然在武汉营造厂总数中不占优势，但在承建武汉高档建筑工程中，占有绝对优势。武汉开埠至1949年间兴建各类较大工程有300余座。经对资料的收集和统计，列出规模较大或中等的，以武汉大学建筑规模最大，有承建厂家资料的建筑有107处，其中宁波籍营造厂商承建的建筑有78处，占四分之三。而其中最著名，最有代表性的建筑则几乎都出自宁波帮营造业。他们承建了汉口大部分洋行、银行、工商业建筑。以银行建筑为例，银行建筑是武汉近代建筑典型代表之一，从1865年由外商建成的麦加利银行至1949年建成的永利银行大楼，统计知名银行建筑共25处，其中宁波籍营造厂和设计者参与建造的建筑有18处。[①]

在浙江省内及徽歙地区从事营造活动较多的主要是东阳工匠，也被称为东阳帮。东阳工匠擅长木雕技艺，因而在近现代传统营造业衰落以后发展仍然比较好。“东阳帮”师傅遍布周边各县，如整个浙西及近邻婺州的安徽屯溪、江西婺源和杭州、上海等地。特别是清代中叶东阳木雕得以全面发展与提高，木雕艺人达数千人。清嘉庆、道光年间400多名东阳木匠、雕花匠应召参加北京故宫的修缮。[②]民国初期，东阳帮形成“老师班”，由工头、师傅、普工组成，有的承揽工程，有的开设作坊。1928年，东阳外出谋生的各类工匠有82473人，其中尤以泥木工匠居多，有东阳的“泥木工仓库”之称。[③]近代在杭州从事营造业的工匠就以东阳为多。据《杭州社会生活史》，民国时期“各行帮在杭州经营各有特色，如宁绍帮经营金银首饰，宁波帮还经营水产海鲜，徽州帮经营茶、漆、典当等，理发、浴室业多为扬州帮，打铁补锅多为义乌帮，泥水木匠多为东阳帮，等等。这些行帮在杭州都设有同乡会、同乡会馆等，以加强本籍人的团结，互相帮助解决在外地经商的困难。”[④]

周边地区的工匠也有到浙江来从事营造活动的，主要是安徽、江西和江苏的工匠。近代开始兴起的避暑胜地莫干山，修建那些别墅的工匠主要来自东阳和安庆。浙江东阳籍的杜承棋老人便是当年参与莫干山建筑活动的工匠之一，1933年15岁时随作木匠的父亲来到莫干山，首先在营造厂中作了三年学徒，然后出师，先后在多个营造厂作师傅，具体从事泥水匠，把一块块石头掺和沙泥牢牢砌筑在一起。杜承棋一边修筑新别墅，一边保养老别墅，莫干山上200余幢别墅几乎都印下了他劳作的身影。“当时山上修路筑屋的工程非常浩大，东阳、安庆两处工人倚此为衣食者数逾四千以外（引者注：筑路、割草、建筑工匠共约4000人以上），益以别业（别墅）修建工，资尤难累计，一游一豫之关系民生，观此益信。据郑生孝回忆，山上最鼎盛时，建筑工匠就有2000多人，郑远记营造厂，规模虽不是最大，却也有100多名工匠。郑远记营造厂是当年莫干山营造厂中最成功的一家，当时承建了莫干山近三分之一的别墅建筑。‘郑远记号’由郑生孝的父辈创办，1930年，19岁的郑生孝从安庆老家来到莫干山跟随父亲从业，因此营造厂的开业时间应早于1930年。”[⑤]

苏州著名的匠帮“香山帮”的影响范围主要在太湖流

---

① 宁波市政协文史委员会编.汉口宁波帮[M].北京：中国文史出版社,2009:07.78.
② 黄续，黄斌编著.婺州民居传统营造技艺[M].合肥：安徽科学技术出版社,2013:07.8.
③ 黄续，黄斌编著.婺州民居传统营造技艺[M].合肥：安徽科学技术出版社,2013:07.9.
④ 顾希佳，何王芳，袁瑾著,杭州社会生活史[M].北京：中国社会科学出版社,2011:10.202.
⑤ 李南著,莫干山.一个近代避暑地的兴起[M].上海:同济大学出版社,2011:42.

域，对浙北的影响就比较大。湖州、嘉兴一带的建筑很多出自香山帮之手或者受到香山帮的影响。浙西钱塘江流域与江西和安徽联系比较紧密，徽州商人经过钱塘江和多条古道到达杭州，北上苏州等地行商，徽州的建筑工匠也有到浙江来参与营造活动的。浙南泰顺、景宁、庆元等地与福建接壤，福建寿宁籍的工匠也多有来此参与营造活动。

本章小结

本章从自然环境、人文环境和技术渊源三大方面阐述了浙江传统建筑地域特色的形成背景。

一、自然环境

浙江有“七山一水二分田”之说。整体地势由西南向东北倾斜，呈阶梯状分布有山地、丘陵和平原，大致分为6个地形区。其区域内水系发达，地表径流丰富。这些水系带来了丰饶的河谷平原，也带来水运交通、农业灌溉等便利，从而影响经济文化区的形成，给浙江民居带来了很多亲水特质。浙江的气候湿润，四季分明，季风显著。夏秋之交常有台风，对沿海影响很大。由于这种气候条件，浙江传统建筑一般都争取良好的日照和通风，注意防水、防潮，海岛和沿海地区还非常注意抗风。浙江有山地、丘陵和平原，因而木、石等建筑材料比较丰富，取土烧砖也很便利，由于这些地方建筑材料，而形成了就地取材的浙江传统建筑特色。

二、人文环境

浙江境内文明历史悠久，早在5万年前的旧石器时代，浙江境内就有原始人类“建德人”活动，更有河姆渡文化、马家浜文化和良渚文化曾在吴越大地上灿烂过。在浙江的发展历史中，钱氏吴越国和南宋王朝都建都在杭州，浙江进入了历史上经济、文化最为鼎盛和辉煌的时期，杭州在此时也被称为世界第一繁华大都市。

在浙江的历史发展过程中，文化世家、科举士人、商业和商人三项文化背景对传统建筑文化的产生有直接影响，也展现出浙江文化精神中敬贤尊礼、重文尚古的特质。

三、技术渊源

浙江地区的建筑技术源远流长，早在新石器时代，浙江就已出现了由相当发达的榫卯建筑技艺营造的干阑建筑。到了战国和秦汉时代，浙江民居的营造已经形成一定的体例，平面规整，坡屋顶，干阑式建筑较多。

在匠作方面，浙江民居的木构架形式是以穿斗构架为基础，混合了一定抬梁式构架的特性而形成的，不同地区的木构架中抬梁因素的侵入程度不一。由于浙江地区经济繁荣，文化发达，工匠数量一直比较多，工艺技术成就也比较高，历史上比较著名的工匠有许多都出自江浙皖赣一带，浙江本土形成宁绍帮、东阳帮等帮派，外来工匠也对浙江地区的营造发挥重大作用，如香山帮等。

第三章　浙江传统建筑的四大分区：区别与联系

浙江历史悠久，早在五万年前的旧石器时代就有原始人类活动。新石器时代以后，人类活动更加广泛，留下许多遗址，如河姆渡文化、良渚文化等更是广为人知。不过直到秦汉之前，这里一直被中原华夏民族当作蛮夷之地，从秦汉以后当地原住民和中原地区交往日频，逐渐融入中原文化。秦灭楚以后，在原吴、越国故地置会稽郡。今浙江省境分属会稽郡、鄣郡（部分）和闽中郡（部分）。初唐时浙江属于江南道，后来江南道分成江南东道和江南西道，浙江属于江南东道。乾元元年（758 年）江南东道分为浙江东道和浙江西道，大致以钱塘江为界。从这个时候开始浙江这个名称才开始成为政区名。宋代这一地区的政区划分基本和唐代相同，而今天的浙江省境在明代时才正式形成。浙江地小，族群的融合早就完成，经过历史上多次的北方移民迁徙，浙江的中、大型民居在中国民系中基本上是一个类型，但是由于浙江地形复杂，各地拥有不同的自然地理条件，在长期的社会生产生活中逐渐形成了各地区不同的文化特色，所以浙江各地的传统建筑呈现出既有联系，又有区别的整体面貌。

在研究浙江传统建筑的整体面貌和地区差异的时候，首先要讨论一下浙江传统建筑的地理和文化分区。传统建筑的分区应当结合地理和文化这两大影响因素来进行，而文化因素甚至比地理因素的影响更大。《礼记 · 王制》中讲“凡居民材，必因天地寒暖燥湿，广谷大川异制，民生其间者异俗，刚柔轻重，迟速异齐，五味异和，器械异制，衣服异宜……”。说的就是地理和文化的区域差异。明代游历极广的浙江人王士性，说浙江地域文化可分成“泽国之民”、“山谷之民”和“海滨之民”三种：“杭、嘉、湖平原水乡，是为泽国之民；金、衢、严、处丘陵险阻，是为山谷之民；宁、绍、台、温连山大海，是为海滨之民。三民各自为俗。泽国之民，舟楫为居，百货所聚，闾阎易于富贵，俗尚奢侈，乡缙气势大而众庶小。山谷之民，石气所钟，猛烈鸷复，轻犯刑法，喜习俭素，然豪民颇负气，聚党与而傲缙绅。海滨之民，餐风宿水，百死一生，以有海利为生不甚穷，以不通商贩不甚富，闾阎与缙绅相安，富民得贵贱之中，俗尚居奢俭之半。”这也是把浙江分为三个文化地理分区的最著名观点。据此把浙江传统建筑分成三种：水乡建筑、山地建筑、滨海（含海岛）建筑。

除了三分法以外，还出现过四分法和五分法。四分法把浙江分成四大分区：杭嘉湖地区，宁绍舟地区，金衢严地区，温台处地区。五分法则把浙江分为浙北（杭、嘉、湖），浙东（宁、绍、舟及台州大部），浙西（衢、严和金华的兰溪），浙南（温）和浙中（金华大部和丽水东北部）五个地区。

综合来看，三分法缺少文化、民俗、政区因子，五分法过细，且浙中、浙西民居基本单元和组织家庭生活的模式基本相同，只是开间大小不同而已（另外，该两地的宗祠是基本相同的）。四分法（以传统民居发展鼎盛期的明清时行政区划划分）较符合浙江传统民居形成、发展的历史文化背景和民居的特征（特色）。因此将浙江的传统建筑按四大文化地理分区来分析是较为适宜的，分为东、西、南、北四个区域。

在这四个分区中，不同的自然条件带来了各个地区不同的传统建筑特色。比如浙北平原水网纵横，形成了极富特色的水乡集镇。浙东沿海的滨海环境常常受到台风影响，因而产生了在背风面聚集的海滨集镇和抗风良好的低平石构建筑。浙南山地当中又形成许多利用当地自然建材的版筑泥墙屋。各地不同的人文条件也带来各个地区的一些典型建筑特征，譬如由于“礼”的要求和家庭结构的不同而在不同地区形成了不同形式的民居。浙东和浙西地区聚族而居较多，常常形成鳞次栉比的屋宇房舍，一村一姓一宅。而浙北地区到明清时期以核心家庭为主，大型家族式的宅院就比较少。

第一节 浙北传统建筑：隽雅秀逸

一、自然与社会背景

浙北地区主要指杭嘉湖平原，这个地区北濒太湖，东南是钱塘江和杭州湾，是以太湖为中心的碟形洼地的南半部，地势低平，平均海拔约 3 米，水网密布，是我国河道密度最大的地区。太湖流域地沃民勤，稻桑棉麻开发较早，四通八达的水网，特别是隋代开凿了杭州至北京大运河后，沟通了南北经济联系，唐宋年间，出现了许多小城镇，到明清时，这里成了全国丝织、棉织商品生产和市场网络中心，中国早期资本主义在此萌芽。这片土地的北面南京是三国两晋南北朝时期的六朝故都，南面杭州是五代十国浙江吴越园及南宋首都，明朝初期定都南京，后来虽然迁都北京，但采用了两京制，这儿成为朝廷的后花园。江南帝王地使中国的文化精英都向这里集中或在此产生，这里成了中国文化最发达的地区，是进士、文人、画家、艺术家的高密度区。中国历史上宋、元、明、清时期的学术流派多在此诞生，明代画坛上的浙派、吴派以及后来的三大重镇（早期金陵、中期苏州、晚期松江）都产生在太湖流域一带。明代中后期中国进入了文化上的开放时期，整个城市化进程的加快，出现了资本主义萌芽，通过科举以一种前所未有的加速状态产生了庞大的以江南为核心的士人集团。这支士人集团紧紧依托壮大起来的商人阶层和日益繁盛的新型城市，和商人们联手开启了一种精致、舒适、风雅，甚至是奢侈的生活风尚。

《宋史·地理志》中提到，范围相当于今天的浙江、上海和苏南在内的两浙路的经济文化特点：“有鱼盐、布帛、杭稻之产。人性柔慧，尚浮屠之教。俗奢靡而无积聚，厚于滋味。善进取，急图利，而奇技之巧出焉。余杭、四明，通蕃互市，珠贝外国之货，颇充中藏云。”此处讲的是江南经济文化的特点，也可视为浙江经济文化的基本特点。但是，浙江地形复杂，各地的经济文化有一定的差异，《宋史·地理志》所提到的特点只有在浙江北部表现得最为典型。[①]

二、聚落与建筑特色

太湖周边原来是洼地，这片水乡平原是经过长期的人工改造而来的，用的是围田的方法。先构筑横塘纵浦水利工程，即在沼泽中修堤障水，将沼泽的一部分围圈起来，排出堤内的水代湖为田，这种田在长江一带叫垸田，太湖流域叫圩田。堤塘的材料就地挖沟洫取泥，挖出的泥土筑塘、挖成的沟洫为浦。塘浦的间距“或五里、七里为一纵浦，又五里、七里而为一横塘”，形成一套“纵则有浦，横则有塘，又有门、堰、泾、沥而棋布之”（《吴郡志·水利下》的灌溉系统）。在太湖周围滨湖地带湖堤内侧，历史上也有深度开发，不过用的是横塘纵溇的办法，以湖溇圩田的独特形式，化淤涂为良田，和湖堤以外的塘浦圩田系统两相比美。太湖流域农民的生计、居处“皆在圩中”，聚落、城镇的分布格局，一如古建筑学家陈从周先生所说“城濒大河，镇依支流，村傍小溪，几成不移的规律”，这里的地名多带溇、埠、港、渚、湾字，就是实证。

浙北水乡滨水小型住宅和宁绍地区滨水住宅风格接近，布置灵活，类型丰富，有下店上住一间式，下店上住骑楼式，前后天井、纤堂式，前店后堂式等，进深一般为 5 至 7 檩，深的 9 檩。用地局促的水乡尤其是店面房，面宽受限制，只好向进深发展，平面狭长，有人称之为竹筒状。这种房子，若在农村，前后左右都可能外挑或退缩，形成多重悬挑退缩的“窄”房子，如同挂满帆的货船；若在城镇市街上，则只有前后收缩叠落，左右邻居以山墙相连接，形成了如河姆渡文化中干阑式形制的长屋。这类房子临河部分多是贴近水面的，立面凹凸不平，现出很多踏步、水埠头。有的则伸进水面，由水中石柱或跨水石梁承受，形成跨水建筑，产生河房、河厅、水廊、水门等（图 3-1-1）。还有一种叫骑楼的形

① 吴松弟，刘杰主编.走入中国的传统农村 浙江泰顺历史文化的国际考察与研究:306.

图 3-1-1　河房（来源：沈黎 摄）

式，骑跨街巷之上，楼底晴雨天的通道，骑楼内可开店铺或茶馆，也有例外，如南浔百间楼，沿河部分底层做成骑廊式（图 3-1-2）。

苏杭一带是中国唐宋以来经济最发达、文化最繁荣的地区之一，产生了到目前为止大家公认是最好的居住形式——园林宅第。浙北除此以外的中大型民居，大致可分为四类：(1) 湖州、嘉兴水网平原地区为多进落庭院式。(2) 杭州市区亦为多进落庭院式，但比湖州、嘉兴的多进落庭院式较具礼仪精神且有官邸、府第气。(3) 钱江以东和绍兴接壤的萧山一带为台门、墙门式。(4) 安吉、德清、临安一带山区则是接近徽州的小天井式。而可作为浙北最典型代表的就是水乡大屋、杭式大屋和园林宅第。

欣赏杭嘉湖一带民居、聚落和城镇的典型风貌，一定要和“水乡”这个大环境，甚至“文化之邦”这个历史环境联系起来。前人对此已经作了非常精辟的描述，如“人家尽枕河，水巷小桥多”，“数间茅屋水边村，杨柳依依映绿门”，等等。浙北的传统建筑正是体现了这样一种风貌。

嘉兴西塘王宅（种福堂）就是典型的水乡大宅，建于清顺治年间，临河沿街前后七进，第八进为花园，进深百余米，宽度仅三开间，10 余米，由一条长弄连通，头门矮小，俗称墙门间，进大门入轿厅穿过墙门到大天井，正对气势壮观的砖雕门楼，便是正厅“种福堂”，为全宅中心。大厅三间二层，明间 4 柱，柱础石直径 40 厘米，厅前有长廊，廊上有突出的庭檐，有 14 扇落地长窗，每扇长窗在一人高处有金漆雕花装饰，正厅后几进是厨、杂房，全宅 70 多间，是江南典型的纵深式名士望族大宅（图 3-1-3）。

图 3-1-2　南浔百间楼（来源：沈黎 摄）

图 3-1-3　王宅（来源：沈黎 摄）

杭州梁宅乃清朝名臣梁肯堂宅邸，位于下城区七龙潭 3 号，建于清代中期，占地 2500 平方米，总建筑面积 2000 平方米，建筑总平面呈矩形，有三条轴线，东轴线上为下房，厨房、杂用房，西轴线上为读书、会客用房，中轴线上为祭祀、居住空间。中轴线上正对大门的南面，有一座“八”字形影壁，进门自南至北依次为轿厅、平厅和三四进的走马楼及楼屋。进与进之间为石墙门和天井，天井两侧为回廊、厢房。西轴线依次为书斋（存正轩）、正厅（和风堂）和座楼，正厅、座楼间设塞口墙，塞口墙上置砖雕门楼。中、西轴线之间用备弄连接。宅院建筑用材粗大、装饰朴素、雕刻精致而不繁缛，是典型的清代中期江南官宦宅邸（图 3-1-4、图 3-1-5）。

图 3-1-4　梁宅鸟瞰（来源：《中国传统民居类型全集》）

莫氏庄园为江南六大宅第（苏州网师园、同里退思园、常熟彩衣堂、东山春在楼、东阳卢宅、平湖莫氏庄园）之一。位于嘉兴平湖乍浦镇，清代富商莫兆熊（字放梅）于光绪二十三年（1897 年）始建，占地 4800 平方米，建筑面积 2600 平方米，大小房间 70 余间，耗银 10 万两，历时三载（图 3-1-6）。

莫氏庄园为“廊庑”式园林宅第，呈倒“品”字形，由家室、园林、辅助用房三部分组成，用二条轴线来组织房屋布局。家室居中，西园林东辅房。中轴线上依次为正门—向左转 90 度为塞门，影壁—轿厅—院落（大天井）—正厅（为宅第厅堂）—小天井—过厅—院落（大天井）—堂楼厅。左轴线（西轴

图 3-1-5　梁宅内天井（来源：《中国传统民居类型全集》）

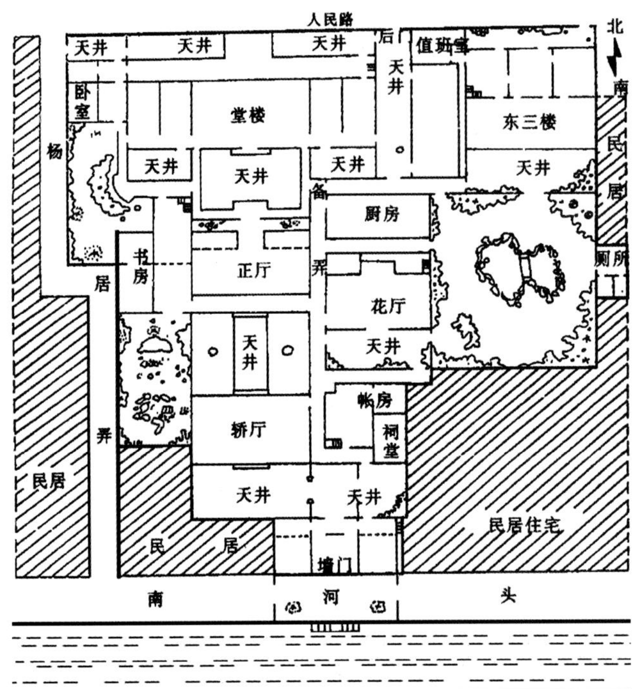

图3-1-6　莫氏庄园平面图（来源：浙江工业大学本科毕业论文，作者杨少华）

线）布置：前花园—西书房—后花园—用回廊将正厅、书房、堂楼厅、内室连通起来。右轴线（东轴线）上布置有帐房间—东花厅—厨房—佣人房—杂物房—东花园，用备弄和中轴线上的建筑连接（图3-1-7 ~图3-1-9）。

莫氏庄园有四个特点：

1. 功能分区明确，中间为起居、接待客人、礼仪活动，西边为读书、休闲、禅练，东边为吃、贮、辅助生产等。以中轴线为主，两旁配以对称轴线，筑东西房，置前后厅、园，设转角回廊、檐廊，形成中、左、右三组，前后四进严谨清晰的格局，其正厅、堂楼厅皆用抬梁式、穿斗式混合结构，配以雕刻精美的梁、檐构件和华丽多变的廊前挂落。园林古建专家陈从周教授评价，“平湖莫氏庄园具有江南民居特点，小巧玲珑，布局紧凑。这在江南乃至全国也屈指可数。”

2. 具有很强的礼仪精神和人文序位，宅第的主体建筑

图3-1-7　莫氏庄园入口（来源：沈黎 摄）

图3-1-8　莫氏庄园正厅（来源：沈黎 摄）

图 3-1-9　莫氏庄园花园（来源：沈黎 摄）

即中轴线上的建筑基本上遵照《周礼·玉制》精神，轿厅、正厅、退厅、堂楼厅依次渐进布列，由公共性—半公共性—私人性逐渐过渡。符合前堂后室，前朝后寝，先登堂后入室的传统布局方式。主体建筑春晖堂不仅以辉庞宽敞著称（三间九架通面宽三丈八尺，正厅明间面宽一丈四尺八寸，次间面宽一丈一尺六寸，二十扇高一丈一尺一寸落地长窗），尤其是堂名"春晖堂"（明朝书法家、万历进士、礼部尚书董其昌字体）体现了中国的天伦观念，引发后人深深感念父母的养育之恩。

3. 极具艺术性和中华文化哲理。庄园坐北朝南，将入口布置在南面面临甘河，用一座彩绘过街牌楼将人们的视线由街道引至庄园大门。大门前的两垛，伸向水面的矮墙门洞及水埠头非常巧妙地组织了一个入口前空间，这个空间也为左邻右舍过路使用，而且走过这个空间时又得到了美的享受，体现了中华居住文化中官民共里、和谐共处的精神。

4. 庄园的大门避开了中轴线，中轴线上的南、北位是五行之中的火位和水位，按清代风水典籍《阳宅撮要》、《阳宅书》等，在这个位置上开门水、火相克，是为大忌，于是大门移一下，将其置于东南方主风的巽位，并以坎宅巽门与风水相扣，这是易学思想的应用。

三、浙北民居的主要类型（表 3-1-1）

浙北民居的主要类型 表 3-1-1

民居类型	平面形式	立面与外形	材料和构造	细部装饰
杭式大屋	一般以三间两厢（廊）、四合院对合式为基本单元，纵向封闭式院落为基本单位，沿几条轴线（一般为三条轴线）组合成多进落式大型宅院 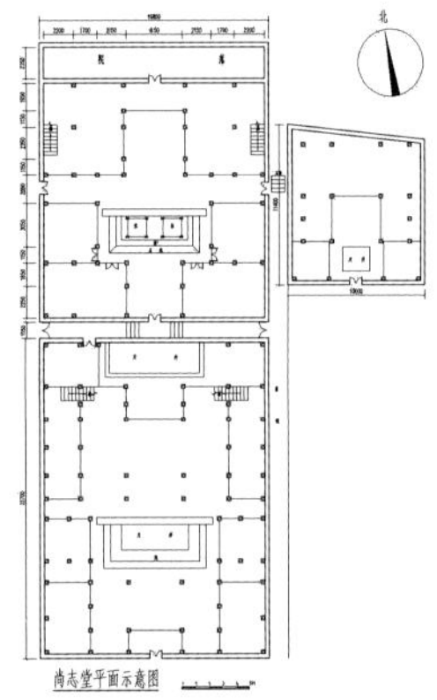 寿而堂平面示意图	多硬山顶、“人”字线、直屋脊 	构造上，多露檩架、牛腿、柱、戗板墙 	装修风格上，多石库门、披檐窗和粉黛色。杭式大屋梁架装饰少而精。栗、褐、灰为主色调，不施彩绘，显得肃穆庄重。房屋外部木构部分所用的褐色、墨色、墨绿色与白墙黑瓦相结合，显得雅素明净。杭式大屋对外大门多用简洁的石库门，装饰较少，但在内部天井院墙中多用砖雕门楼，线脚复杂 
水乡大屋	其一，多“进落”组合。水乡大屋纵轴长，并垂直于河流发展，少则三进、四进，多则七进、九进，甚至超过十进。多“进”横向排列形成多“落”，之间用通长的备弄相连。其二，均设园林空间。其三，平面多呈不规整多边形，且沿街入口部分小，里面大，像布袋一样	马头墙和雕刻较为常见。其部分建筑又受到近代西方文化影响，呈现出中西合璧特色  懿德堂外景	水乡大屋的大木构架基本上是“圆作”，个别有承重梁是“扁作”。梁架以抬梁和穿斗混合式居多 	装饰主要集中在门廊、檐口、梁架和门窗等部位。以砖雕门楼为重点。另外，大梁与轩梁下用的“梁垫”与檩条下用的“短机”大都有精美的雕刻，梁上施“满雕”的也不在少数，轩廊“荷包梁”两侧装饰早期有“螭龙”，后来大都是“象鼻头” 

续表

民居类型	平面形式	立面与外形	材料和构造	细部装饰
园林宅院	前堂后寝，有阙、大门、仪门，以及其他楼、阁、室等，具有品节制度和人文序位	屋顶多曲线屋面，沿“提栈”之制；屋脊常用游脊、甘蔗脊、纹头脊等形式，丰富多样	木构架形式上，厅堂多用抬梁与穿斗混合式	装饰常集中在门窗、廊道挂落、栏杆、匾额、檐口、铺地等处。因园林营造的主题是自然，所以园林装饰往往一方面重复而简单且呈线型排布，如栏杆、挂落、瓦当、铺地等

第二节　浙东传统建筑：尚古尊礼

一、自然与社会背景

浙东地区主要包括宁波、绍兴和舟山，这个地区濒临东海，海岸线曲折，岛屿众多。宁波港和舟山港都是我国重要的天然深水良港。舟山市由星罗棋布的 1390 个岛屿组成，区域总面积 2.22 万平方公里，其中海域面积 2.08 万平方公里，陆域面积 1440 平方公里，常年有人居住的岛屿 98 个。舟山本岛面积 502 平方公里，是我国第四大岛，近年来由跨海大桥与陆地相连，改变了数千年来悬于海外的情况。舟山历史悠久，5000 多年前就有人类在岛上生活，从事渔盐生产。但是明清两代，在舟山实行了两次禁海，因而这一地区的古代建筑遗存并不太多，年代也不太久远。但是由于特殊的地理位置，形成了很多颇有特色的海岛建筑。

绍兴历史悠久，文化昌盛。相传大禹为治水曾两次躬临绍兴，故至今尚存禹陵胜迹。绍兴古称会稽，秦时始设郡，但是秦代的会稽郡范围比现在的绍兴要大得多，包括江苏和浙江大部以及皖南的一部分。后来会稽郡的范围逐渐缩小，不断分割，隋朝时改称越州，南宋绍兴元年升为绍兴府，此后一直名为绍兴。明清时期，绍兴府包括山阴、会稽、嵊县、新昌、上虞、余姚、诸暨、萧山八个县。绍兴是著名的水城，1982 年绍兴就被国务院列为国家历史文化名城。城内遍布的大小河流，横跨于河面的各式桥梁，构成了典型的江南水乡景色。古迹有东湖洞桥、五泄溪泉、柯岩石景、兰亭、沈园，此外还有唐代纤道、南宋六陵、明清石拱桥和以乌篷船、乌毡帽、乌干菜为代表的绍兴风土人情。历史上，绍兴还涌现出众多的著名人物。明代修纂的《绍兴府志》里说“浙之为府者十有一，而无敢与绍兴并者，毋论科名冠带之盛，名臣烈士之勋，彪炳史册，甲于海内。”

宁波同样具有深厚的文化根底，是明清时期中国文化学术重地。徐世昌《清儒学案》中说，江苏、安徽学者以治经为主，浙江学者擅长治史。历史上浙东史学派以黄宗羲、万斯同、郑氏（郑梁）父子、全祖望、邵晋涵、章学诚为代表，基本上都是宁波人，这以前还有一位浙东史学派的先驱人物朱舜水（1600 ~ 1682 年），也是宁波余姚人。浙东学派反对朱子空谈心性的理学，视经为史，主张“经世致用”、“创新”。这种以史为鉴的思想，一旦总结、认定了经世致用的传统建筑文化，如比较大的宅院，经常出入的大门不在中轴线上等，是不会轻易丢弃的。比如产生于唐代后期的插梁架大木作结构形式，把檩直接架在柱上，从木材的性质和力的传递角度看是最直接、明确的，充分发挥了木头的长处，又实用又省料，他们便继承下来，至今还在应用。又比如立面“执两用中”的手法，两指两端，这是事物的物理性质，功用部分，即重实用、重效果，这是法家的思想方法和行为准则。不像儒家，不重“上下左右”，而重视“中”，认为“中”是比“上下左右”更要紧的极，是皇极，这从哲学上长远讲没错，但对于制造器物或处理一件具体事情来讲就过于理论了。宁波这种讲实效的建筑文化也可以归结到经世致用的浙东学派上。宁波还是中国最早对外通商的口岸之一，尤其是民国初期受西方文化影响最强烈，是较早接受西方文化的地方。这种社会改革变化，引起了近代中国士商集团互渗转型现象。这是说，中国封建社会向来以科举功名为致富最必要的条件，“士农工商”四者“士”居首，“商”居末位，可是宁波人到了此时，士人转向经商，商人则不惜破费巨资捐纳买官或头衔、顶戴，跻身绅士之列。这样就引起了大墙门投资队伍的文化结构和指导思想双重变化。上海、宁波、广州是这种变化的典型地区，中西合璧的建筑也出现最早、最多。

这个地区内还有著名的浙东运河，这条运河被认为是京杭大运河的延伸，是浙东大地上的重要水路通道。浙东运河是钱塘江和姚江这两条潮汐河流之间人工运河的总称，西起萧山县西兴镇，经萧山、钱清、绍兴、曹娥、上虞至通明坝与姚江汇合，运河河道长约二百五十里。汇于姚江后，河水东流经过余姚至明州，与奉化江汇合为甬江，东流至镇海县入海。因为后段属于自然河道，所以通常所指的浙东运河，主要是从西兴镇到通明坝这一段。但是，由于浙东运河与姚江、甬江河道直接连贯，并通向大海，与南宋重要的海外交通港口明州港直接连通，从而使这段水运航道具有很大的航运价值。[①] 宋室南迁建都临安以后，宋代政治经济形势发生了南移的重大变化。由于钱塘江入海航道在当时实际上已经弃用，浙东运河成为唯一沟通首都与经济发达的绍兴府、明州及明州海港的黄金水道。包括军队与军需品、皇室御用物资、帝后梓宫安葬、海外贸易货物、外国使节往来和经商贸易等的交通运输，都依赖这条运河进行。[②] 这条运河密切了浙东地区和杭州的往来，使这一地区受到更多来自中原地区的影响。

二、聚落与建筑特色

浙东宁绍舟地区以宁绍平原和滨海地区及舟山群岛为主，由于地形的原因，形成很多水乡平原聚落和海岛聚落。绍兴平原的开发方式和过程，与太湖流域略有不同，他们先在钱塘江口，北从金丝娘桥、南至曹娥江口筑起了长达 200 公里的海塘。在海堤内侧挖湖蓄水改造农田。这里的治水活动始于大禹，越王勾践“十年生聚、十年教训”时期，掀起了围筑堤塘开发沼泽平原的热潮，后世的南塘（湖堤）、北塘（海堤）以及与会稽山北流的众多河流直交的东西向运河（浙东运河）格局都已初露端倪。经秦汉二代的经营，到东汉永建四年（129 年），因政治体制上吴会分治，会稽郡郡治由苏州迁到山阴，这儿又掀起了兴修水利，改造涂田的高潮，开始了我国东南地区历史上著名的水利工程——鉴湖工程。到唐代，这儿挖筑了青田、瓜渚、狭（ang）猔（sang）、湘湖、贺家池、铜盘湖等众多湖泊，灌田数十万公顷。公元 11 世纪前后围垦基本完成，原来的一片浩渺湖水变成了河湖棋布，阡陌纵横的良田沃野。

由于治水造田模式不同，这里的聚落格局，田园风光也就和太湖流域不同，这里有众多大面积湖面，湖两岸用长长的石桥、纤道、避塘联系，所以又有桥乡之称。由于水面大，聚落和民居总体上讲是环水的，可用“水乡泽国伴台门”七

① 张锦鹏.南宋交通史: 131.
② 陈桥驿.中国运河开发史: 499.

个字概其特色，就聚落分布格局而言，可叫作“环溇居”。所谓环溇居是指这里有些不通的水湾，称为溇，人们往往就环着这些水湾安家立业，有些村的名字就叫某某溇(如丁家溇、周家溇)，环溇二字反映出绍兴水乡聚落选址、布局的基本特点。

除舟山群岛有较大的平地以外，一般海岛都只有一些零星的小平地、山岙，渔民们舍不得用以造房，而把它省出来种植蔬菜或五谷，因此渔村多建在面海又避(台)风的山坡上。而一般海岛地势都很陡峭，山上的土层也很薄，这就限制了渔村的规模和建筑体量，且房子的间距很小，院落亦狭窄。海岛住宅要对付的主要问题是台风和碱性水分的腐蚀，因此聚落选址的主要原则是背风。外墙材料主要是乱石、糙石，房屋的布置多是沿等高线走的，聚落的布局从整体上看是分散的。聚落内部布局又是紧凑的，出现集合式、附岩式聚落形态，很像海礁上的牡蛎，一群群攀附在礁石上。在那些避风条件好，出海条件好的地方，聚落就大一些，密集一些。

浙东小型民居和浙北、浙中等地一样，多为一堂两室坡屋顶，只是沿海地区的住宅较其他地方矮一些。水网地区滨水小型民居总体上说和浙北相像，细分也有差别，少了一点商业气而多了一点园林气。绍兴山区里有一些竹篱抹灰墙、石墙面小型住宅。浙东中、大型民居较有特色的是宁波大墙门、绍兴台门、余姚、天台一带的宋式老房子。

宁波把官宦、富商、地主、士人的传统大型住宅叫做大宅门、大院、庄园、园子、新第、台门、墙门等，其中称那些大型的或体量虽然不是特别大，但屋主身份高，名气大者叫“大墙门”。这几种称呼中以台门、墙门称呼最多，也最民间化。概而言之，这两个称呼就反映出了宁波民居

图 3-2-1　宁波慈城冯宅(来源：《中国传统民居类型全集》)

的特点。“大墙门”的原意是“正门”，即一幢住宅主立面上主要的那一扇门。但是在宁波，住宅多院落，往往叫院墙为外墙，于是大墙门就演化成大墙面上的门，突出了墙的高、大、厚实、崇竣、严肃，近似于现代意识上的“红墙”、“后墙”之意。宁波大墙门具有遵古和尚新的双重特性。遵古是说保存传统住宅上一些经世实用的东西，如宽敞的庭院，讲究实用，轻装饰，大木作粗硕、梁厚，没有雕梁画栋，小木作较简洁朴素，建筑空间相对低矮，人性化，不重门，门多为侧入式，这些都是明代居住建筑的风格，既实用又经济，为宁波大墙门保持下来，传承到今。另一方面，宁波又出现了一批中西合璧的墙门，如红色外墙清水墙的出现，琉璃瓦（窗）的使用，拱券门、罗马柱式、西洋式车木栏杆、水泥预制瓶式柱栏、壁炉、贴花瓷砖、马赛克、涩檐、磨石子地面等，这些在走马塘、余姚、奉化溪口等地一些建筑上可以看到，最典型的莫过于慈溪龙山的天叙堂了（图3-2-1）。宁波大屋风格不统一，也是尚新好学的表现，不但学西方，也学国内各地，如鸣鹤叶氏新老五宅就有浙西一带民居的风格。秦氏支祠、安庆会馆，施用了宁波传统的朱金木雕，是宁波商业文化发达、昔日海外贸易繁荣的见证。

而绍兴台门的文化特色可用尚古、尊礼、悲怆六字概括。绍兴住宅中的一些称谓，是古代传下来的。如“台门”称谓春秋时就有，别的地方都不使用了，他们还是传承至今。又比如门屋中第二道门称应门，也是考之有典的，《尔雅》“谓之门，正门谓之应门”，《诗》：“乃立皋门，皋门有伉，乃立应门。应门锵锵”。而楼梯，绍兴人俗称“胡梯”，来自宋《营造法式》中的“胡梯之称”。不仅名称古朴，而且木制构件中遵循古制的也不少，如吕府及周恩来祖居大厅梁架，有四个很古老的做法。（1）用鹰爪瓜柱，这种柱式最早用法见于宣平延福寺大殿，元代，绍兴明清建筑常用此形式木构，一直沿用到清代（图3-2-2）。（2）两脊瓜柱之间用襻间枋间，枋上置一斗三升承托连机，这种作法见于宋代木构，绍兴一直沿用到清代。（3）脊瓜柱上置栌斗，华栱承托丁华抹额栱（当地称蝶蝶木），宋代前常用此构件。（4）用上昂丁头栱，《营造法式》中讲到此构件，但实例很少见到，绍兴时而可见上昂插栱。

图3-2-2 延福寺大殿梁架（来源：沈黎 摄）

绍兴水乡小型住宅虽然不甚理性，以艺术见长，但大屋还是十分尊礼的。如崇仁镇的五联台门、沈家台门等，是严格遵守古代庭院之制的，一般纵向展开院落式组合。

鲁迅先生曾说过：“夫越乃报雪耻之乡，非藏垢纳污之地，身为越人，未忘斯文。”《吴越春秋·勾践入吴外传》记载勾践夫人入吴时眼前一片悲哀漆黑，只看见天上的乌鸦，而悲后渴望变成乌鸢，身穿黑衣服。黑色能引起悲哀，绍兴三乌文化（乌篷船、乌毡帽、乌干菜）源于此，反映在建筑上，喜用黑色。

诸暨斯宅即斯氏宅第，又用宅为乡名、村名，是古民居建筑群，其中有保存完好的清代大屋14幢，它们是斯盛居、发祥居、华国公别墅、盟前畈台门、上新屋、花厅门里、牌轩门里、居敬堂、新谭家、上泉上新屋等。聚落位于山区的一条坐北朝南东西走向的小溪谷中，山不高，谷不深，有很多符合风水学中理想村邑图式的微地形，谷口尽头山下有一个大湖（东白湖）似一幅天然屏风，封山守水，把这一片山泽多藏背、土风清且嘉的理想村落锁在深闺中，同时造就了这一带湿润的小气候。下山沿水穿越不算大，但也不小的陈蔡溪平原便是西施故里——诸暨县城。这也是站得高、锁得稳、看得远，走起来也近的，能激发图强意识，有良好经商条件之地。斯氏于唐朝末年相中这块地，从东阳迁来，亦农、亦商、亦儒，经过十一个世纪的发奋、积沉，于 18 世纪清乾隆年代起营建了这群大宅，给世人留下了“青砖白墙瓦、小桥流水人家；庭前柴门竹篱，屋内锄、犁、耙，左邻右村鸡犬相闻，融融洽洽一家”中国典型聚族而居的村落风貌。2001 年，斯宅中具有代表性的斯盛居、发祥居等建筑，被国务院公布为全国重点文物保护单位。

斯盛居建于清乾隆年代，核心式大型住宅，通面宽 108.5 米，南北深 63.10 米，占地面积 6850 平方米。五正门五轴，主轴线为厅堂，由一个十八间头加一个十三间头组成“日”字形合院，三进，次序为门楼—大厅—过厅—座楼，当中两院 12 个厢房。厅堂两侧用轴线对称式各布置 4 个四合院，前后院用一条横向弄堂防火井相隔，形成了厅堂居中，两旁八院格局，内有 10 个院落，36 个天井，各院落由檐廊相连，整座屋有房间 121 间，1322 根柱子，正厅五架抬梁，房间穿斗，整座屋竟不用一枚钉子，全为竹钉木钉（图 3-2-3、图 3-2-4）。

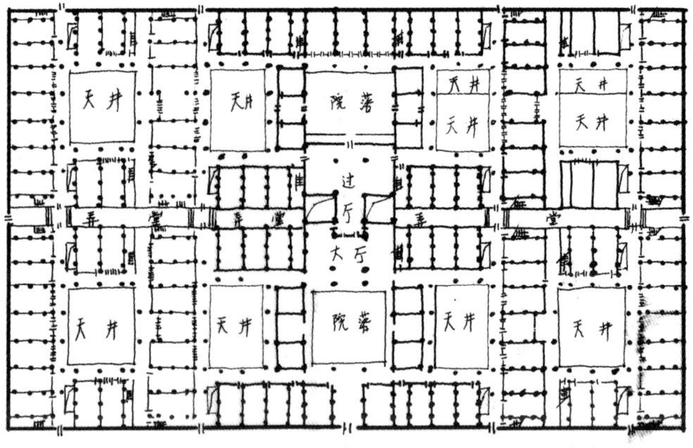

图 3-2-3　斯盛居平面图（来源：《中国传统民居类型全集》）

图 3-2-4　斯盛居鸟瞰（来源：《中国传统民居类型全集》）

三、浙东民居的主要类型（表 3-2-1）

浙东民居的主要类型　表 3-2-1

民居类型	平面形式	立面与外形	材料和构造	细部装饰
大墙门	以“H”形为基本模式，当地称“一横二纵四明堂”。横指正屋，二纵为左右厢房，厢房前后伸出正房形成“H”形，“H”形的前后和两侧围出 4 个天井 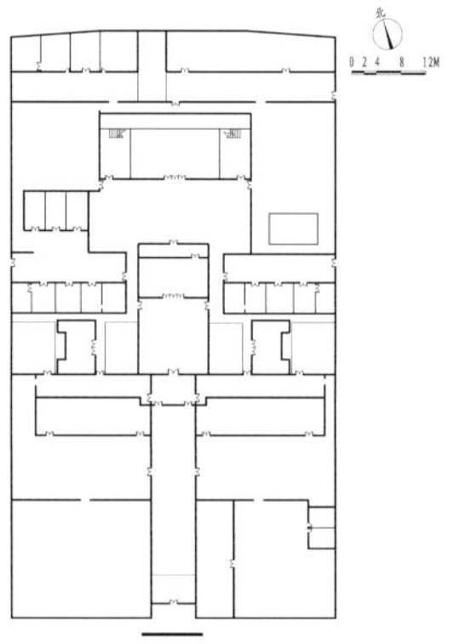	墙体为条石墙基青砖砌筑，墙外砌围墙。屋面采用桁椽体系施望砖覆小青瓦，檐口施勾头、滴水、封檐板，屋脊常坐花砖压脊，两端飞起 	天井、连廊、厅堂地面多用石板，尺寸较大；居住房屋室内多采用架空木地板，同时在面向天井的墙面勒脚之处开通气孔并加以雕饰，以加快空气流通，降低湿度 	小木作装饰简洁、精致，注重门面装饰，正门常采用“八”字门，墙体采用须弥石基，磨砖墙面。门窗多采用长窗，棂花丰富，有斜纹、拐子纹、回纹、直棂等，有些窗出现中心构图，有的外开立轴窗臼、连楹做得极为精致 
间弄轩	取消了中轴线上祭祀功能的厅堂。中厅主要功能为用于接客迎宾的客厅，兼祭祀厅；明轩则为日常活动的起居室。厢房屋脊做法也不同于传统大墙门的直通到厅堂，而是设置山墙收头。间弄轩最典型的形式是“五间两弄四明轩” 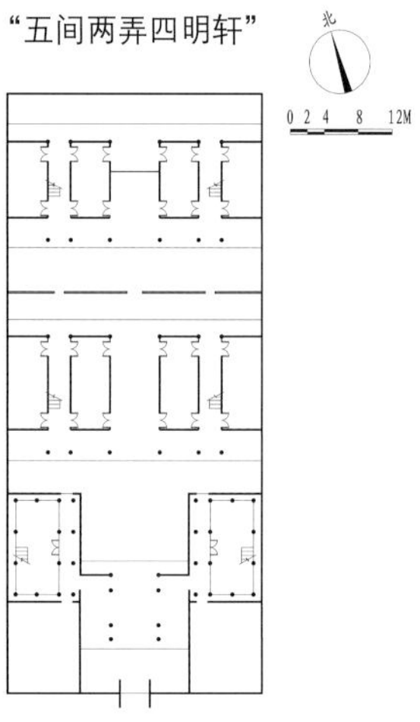	墙体为条石墙基青砖砌筑，屋面采用桁椽体系施望砖覆小青瓦，檐口施封檐板，屋脊常坐花砖压脊，两端飞起 	居住房屋室内多采用架空木地板，同时在面向天井的墙面勒脚之处开通气孔并加以雕饰，以加快空气流通，降低湿度。墙体为条石墙基青砖砌筑。建筑承重结构为传统木结构，明间用材较大，前廊很少见到廊轩，多用猫鱼梁支承连接檐柱栌斗 	间弄轩样式配套的是一种新颖的大门，称之为“楼门”或者“雕花楼门”，基本构造为石库门，采用全砖石结构，也有采用“八”字形门墙的，须弥石基，仿磨砖墙面。门窗装饰简洁，多采用长窗，有拐子纹、回纹、直棂等 

续表

民居类型	平面形式	立面与外形	材料和构造	细部装饰
新式大墙门	新式大墙门较少采用三开间的门厅形式，而是采用石库门和随墙式的砖雕牌楼加门披的形式。建筑中堂开间较大为客厅，两边的楼梯弄取消，改为横梯放置到客堂。两边厢房一律为明轩，向着中间的天井开放 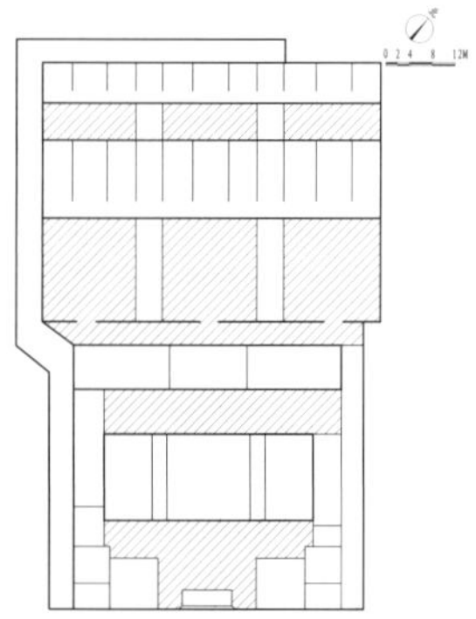	多采用西式风格的石库门、灰塑山花、整齐的宝瓶式阳台栏杆、精美的檐下雕饰、西式的花格门窗。许多建筑立面的墙体向后退缩数步，形成带栏杆的阳台，“人”字架的采用，形成了阁楼 	承重墙和“人”字桁架的使用，以及砖砌的承重柱替代传统木柱，改变了中国传统的梁柱木架构体系 	建筑入口采用传统的石库门和西式线条装饰相结合，通风孔采用西式图案、柱式、线条、图案和山花装饰。建筑门窗则在窗楣、窗檐采用图案灰塑和线条装饰，门扇、窗扇采用西式线条花格和玻璃，并设置门窗套、窗台 
绍兴台门	按建筑空间布局划分，台门中轴线依次为台门斗、仪门、天井、堂屋、侧厢、座楼，组成一个独立的宅院 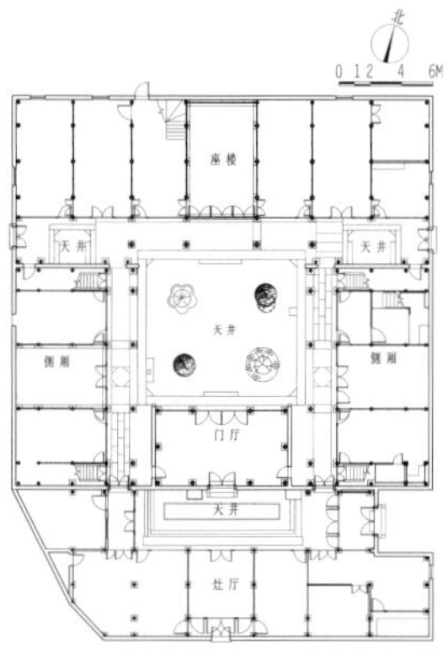	局部大宅墙面下部做条石墙，既防盗又经撞，墙体多设置封火墙。室内地面为三合土或石板地面，天井多以卵石或石板铺砌。屋顶在木构架上钉椽子、铺设小青瓦 	采用“墙倒屋不塌”的梁柱承重体系，梁架形式以抬梁式与穿斗式结合，彻上露明造，柱下用石质柱础，防潮防霉；柱桁为圆形，搁栅有方、圆两种，二层铺设木楼板；出檐深远，用挑檐枋，施挑檐梁和牛腿 	装饰运用黑色与灰白颜色来进行色彩调和，以黑瓦、白灰墙为外观主色，木门木窗亦漆成黑褐色，给人庄重沉稳的气势，也体现出文人“悲怆”的气息。台门另一个最主要的装饰就是广泛应用砖雕、石雕、木雕等雕刻工艺 

续表

民居类型	平面形式	立面与外形	材料和构造	细部装饰
千柱屋	平面为横长方形，十分规矩，四周围以厚重的墙体，围墙以内纵横轴线交错，构成重重院落，围墙以内有十余组院落，用柱号称近千余根，常常是屋舍相贯、院庭联幢。千柱屋平面有多条轴线，主轴线从前往后依次为门厅、天井、大厅、天井、座楼，是以中间“日”字形、“目”字形等大屋为主，两侧再加廊房，住房整体像一个“回”字样，把大厅套住 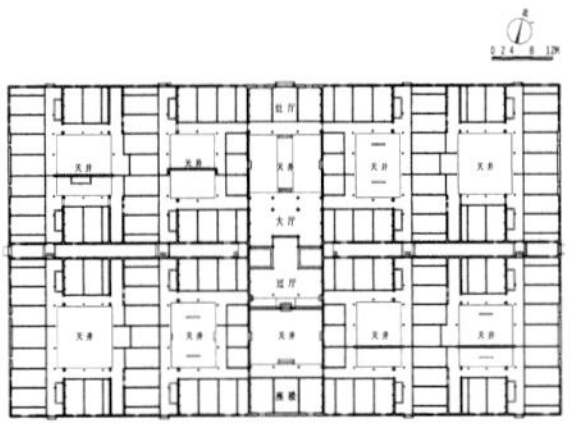	四周围以高峻封火墙围合，墙基采用大块卵石打底，卵石以上用石条压面，墙体青砖砌筑 	梁架形式以抬梁式与穿斗式共有，中轴线明间采用抬梁式，其余为抬梁穿斗结合。屋面在木构架上钉椽子、铺设望砖、小青瓦。大厅多为单檐，其余厅堂及侧厢多为重檐 	装饰题材丰富多彩，雕刻有戏文人物、龙凤麒麟、草木花鸟、珍禽异兽、寓意吉祥、山水景观等，手法细腻感人，赏心悦目 
走马楼	多数坐北朝南，一般占地在800平方米左右，以门楼中心为中轴线对称，依次布置前屋、左右厢房、正屋和后厢，分别组成一大一小两个天井，大天井石板铺砌，宽敞规整，小天井为内家活动区	建筑台基由条石构筑，山墙与围墙多采用下石上砖的结构。小青瓦屋面，硬山顶，檐口设封檐板 	梁架采用传统的穿斗式，柱粗梁壮，柱下施青石柱础，回廊设廊轩。一层窗下设石板槛墙，一层明间、连廊及楼梯间采用石板铺地，其余房间为木地板 	舟山普陀山是世界闻名的观音道场、佛教圣地，佛教“八宝”，祥云、如意、卷草纹等含有佛教教义的纹饰，以砖雕、石雕、木雕为载体，在墙门、门窗、屋脊等重要装饰构件上随处可见 

续表

民居类型	平面形式	立面与外形	材料和构造	细部装饰
十八楼	通常由几组院落围绕主院落，采用自由布局的方式组成，各个院落互相环套，院落边界不整齐，内部交通线路复杂。每个院落多为强调中轴线布置的三合院或四合院，主院落多为正方形，以天井为中心，南（客厅）、北（正厅）、东、西（横厅）4个厅向心对称布局，俗称四面厅 	建筑屋顶多为硬山顶，椽上横铺望砖，上覆篦席，阴阳合瓦顶、饰以花边瓦、滴水瓦。屋脊有用筒瓦的。也有砖和小青瓦叠砌的 	基本采用抬梁式做法。即在屋基上立柱，一般直径在16～26厘米之间，粗细适宜。柱上支梁，梁上再放短柱（蜀柱），其上再支梁，梁的两端承桁，空间较大，但用材较多。一些开间与进深较小的房子采用穿斗式结构。建筑台基均用石砌，边缘盖阶条石，地面铺地有用大青石交错铺成，也有用小方石斜铺的，讲究依柱中轴线向两侧砌放。院落外墙采用青砖，蛎灰粉墙，单体建筑内部采用木隔板或编条夹泥墙，在柱子与穿枋之间以竹或茅杆编成墙状，外面用黄色黏土拌少量的稻草捣筑而成，再外施粉刷	不尚彩画而注重雕饰，门窗、斗栱、梁头、柱础雕饰繁褥华美，尤以格扇门上的雕饰最为精细。格心部分饰夔龙、蝠纹、草叶纹等，绦环板上则多见人物故事画的浅浮雕，柱础一般饰以卷草、莲瓣，图案造型稚拙可爱，时代特色鲜明，具有较高的艺术水平 
三推九明堂	由三个大院（前院、中院、后院）三进主屋，九个客堂，四个弄堂，外围几个小院和抱屋组成 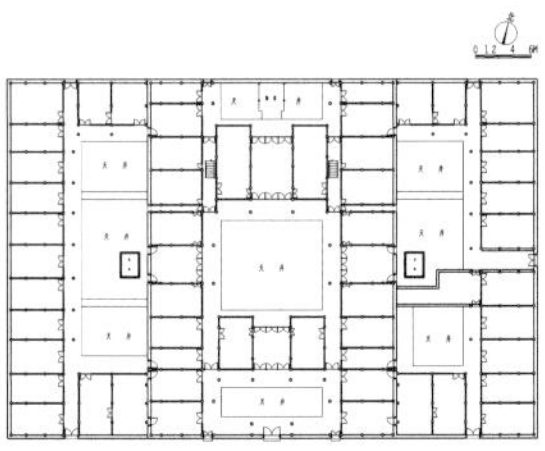	屋面用圆椽，覆篦席，阴阳瓦合顶，饰以小青瓦，青瓦斜铺作脊，两端做有纹头 	以抬梁式为主，局部用抬梁、穿斗相结合。地面有石板地、桐油石灰地、泥地、砖地等类。石板地采用四方或三角石板拼铺，桐油石灰地，用熟桐油、石灰、黏土拌和一起，摊平实，光滑坚实而耐用。天井多以卵石或石板铺砌。建筑四周围以高峻封火墙围合，墙基采用大块卵石或石板打底，上用石条压面，墙体青砖砌筑  街头曹氏民居梁	木装修玲珑空透、石雕精湛。木装修主要使用在围护结构上，集中于环绕庭院一圈廊道的门窗上。斗栱、雀替、梁头雕饰精美，采用浮雕技法雕出各种花草及吉祥图案，其中以花窗格扇门上的雕饰最为精细，裙板部分饰蝠、鹿、花鸟、鱼虫等吉祥图案，绦环板上则有“喜鹊登梅”、“五谷丰登”、“六畜兴旺”、“松龄鹤寿”、“文房四宝”和人物戏文故事等浅浮雕。图案及造型稚拙可爱，轻盈空灵。石雕主要位于大门、柱础、石窗、墙头、鱼池等。石刻漏明窗，花纹种类很多，从直棂到“回”字纹、藤状仿木窗格都有，匀称流畅  街头曹氏民居雕

第三节 浙西传统建筑：敦宗睦族

一、自然与社会背景

浙西金衢严地区是一个丘陵盆地地区，主要由浙西丘陵和金衢盆地组成。区域内有钱塘江奔流而过，是钱塘江水系覆盖的主要地区，而且从建筑形式上看，钱塘江水系的影响也非常鲜明。西面与徽州相邻，深受徽州文化的影响。

衢州旧时叫新安，地处闽浙赣皖四省交界，素有“四省通衢”之称，是历代兵家必争重镇。早在五六万年前，“建德人”就在这里繁衍生息。夏、商、西周三代时属百越之地，春秋时为姑蔑国，战国时属楚，唐代始有衢州之名。1994年被国务院列为国家历史文化名城。衢州拥有丰富的文化遗产。孔子家庙“普天下唯二焉”，一在山东曲阜，一在浙江衢州。这里不仅有龙游石窟、江郎山、伟人峰、开明禅寺、江郎书院和摩崖石刻等众多景观，还有传说中的中国围棋发源地——烂柯山。以及衢州府城、府山、周宣灵王庙、天宁寺、徽州会馆、天妃宫、陈弘墓、弥陀寺、叶氏大厅、神农殿、宋井、柯山书院，以及宫署、楼堂、亭阁、寺庙、古塔和《聊斋志异》中记叙的“衢州三怪”等。[①]

金华古称婺州，建置久远，春秋属越国，秦代时属会稽郡。自三国吴置郡始名东阳。后历名金华、婺州，或设郡、州、路、府、道，或设专区和地区。金华多盆地，人多地少，建筑工艺发达，尤其以木雕见长，其中最负盛名的数东阳木雕。

古严州府下辖建德、淳安、桐庐、分水、遂安、寿昌六县，今属杭州市管辖。但是由于它的地理和文化关系与浙西地区更加密切，所以未按今天的行政区划将其划入浙北，而是仍旧将其划归浙西。该地区的建筑文化与衢州、徽州、金华等地比较接近。

这个地区宗族文化非常发达，聚落和建筑都深受宗法制度的影响。人们往往聚族而居，形成单姓或者少数几个姓氏为主的村落，以血缘为纽带，以祠堂为空间中心，形成宗族聚落。浙江聚落中体现的宗法特征的典型实例，如东阳卢宅、李宅、浦江郑宅都在这个地区，这里的一个街坊，一个村，甚至一个乡，几百年前都是一家人。

二、 聚落与建筑特色

车行浙中、浙西丘陵地带，放眼望去，那一畈畈田野，一层层梯田，一簇簇村庄，村庄后面的青山、蓝天、白云，田、屋、山的关系是非常有规律，非常明确的，可以想象七山一水二分田的浙江大地，一条条山脉组合出一条条溪谷田垅，汇合成一方方平野，住宅总体面貌与之同构，由点状村落形成村落群体，再汇合成块状的城镇、城市，这可叫作浙江住宅面貌的点条生长板块集成图式。

这一带民居最有特色的建筑语言是马头墙，这些用最简单的水平和垂直两种线条勾勒出来的马头墙，很好地解决了防水、雨水收集、排水等问题，并取得了极佳的科学效果（图3-3-1）。

浙西地区由于宗族文化发达，所以宗祠建筑非常兴盛。既有独立正厅式的祠堂，也有纵向合院式祠堂。一般一族的总祠常采用独立正厅式，如兰溪长乐金氏大宗祠、兰溪水亭乡生塘村胡氏宗祠。而纵向合院式祠堂常作为宗族中的支祠，如兰溪长乐象贤厅，祠堂通面阔13米，通进深53米，前后四进，依次为门厅、前厅、正厅（过厅）、后寝。很多祠堂的正厅和后寝之间用抱厦相连，形成“工”字形平面（图3-3-2）。

浙西金衢严地区最有特色、数量最多的中、大型住宅习惯上被称作东阳民居，它以十三间头为基本模式（图3-3-3），还有七间头、九间头、十一间头、十五间头、十八间头、二十四间头、二十五间头、三十五间头等。众多的间头，实际上都是在三间头平面基础上增加2～4间勾厢（廊）或在十三间头平面基础上减去2～4间厢房，或增加倒座，或纵横组合而成。还有一些规模不一，形体各异的住宅群也都是

① 李勇.中国地理[M].哈尔滨市黑龙江科学技术出版社,2013:61-62.

图 3-3-1　浙西的马头墙（来源：郭洞某民居　沈黎 摄）

图 3-3-2　榉溪孔庙（来源：沈黎 摄）

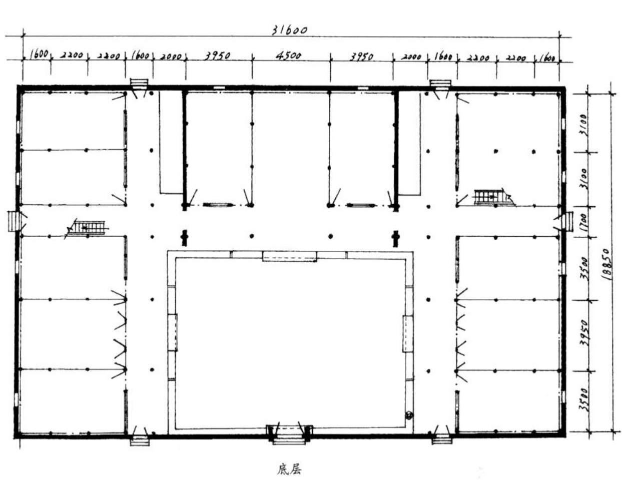

图 3-3-3　十三间头典型平面（来源：引自王仲奋《浙江东阳民居》，天津大学出版社，2008 年）

图 3-3-4　卢宅（来源：沈黎 摄）

三间头、十三间头为单元的组合。这类民居，学术界上有东阳民居、金华民居、八婺民居等称呼，而当地人（如河阳、榉溪、俞源）都以某某间头称呼。

这些建筑外观高大，院落宽敞，内部木构架一般为插梁式，构件雕镂精致。由于聚族而居，有的连绵成片，规模十分巨大。典型代表如东阳卢宅、浦江郑宅。

卢宅是一个村落式的大家族住宅群落，现存厅堂宅第 30 余座，74 厅 84 堂，总建筑面积 30 多万平方米，占地 2200 亩（约 147 万平方米），是中国十二大民居之一。用河营造出一个双臂环抱的准壶腔结构的总平面图，有明确的界线，具有领域特征和安全感（图 3-3-4）。

卢宅纵深 320 米，腰宽 238 米，布置方格状道路，主道路网呈横五纵二格局，将卢宅分割成 15 块大小不等的地块，壶腔底置门巷（现为街道），7 条建筑轴线（肃雍堂、树德堂、大夫第、方伯第、柱史第、世进士第、五台堂），垂直通向门巷。其中肃雍堂轴线是主轴线，以大街南侧砖雕大照壁为起点，穿过 3 座牌坊和“└─┐”形通道步入捷报门，沿中轴线依次为国光门（仪门）、肃雍堂、同寿堂、乐寿堂、世雍门楼、世雍堂、世雍中堂和世雍后堂，并对称排列厢房，共九重院落，前后厅屋 2200 余楹，115 间，占地 6500 平方米，整体布局有主有从，尊卑分明，长幼有序，内外有别，是中国封建大家族人文序位和礼义道德的物化图式。

肃雍堂是该轴线的主体建筑，呈“工”字形，前为正厅、三间，东西有轩，中建旁堂三间，后为正堂，三间插二间，翼以两厅。屋顶外观接连两个悬山顶，前厅又呈歇山顶。梭柱月梁，斗栱雀替，结构和东阳木雕技艺巧妙结合。枫栱始用于唐代沿用到宋、元，均无雕饰。而该堂枫栱雕有牡丹、莲花、仙桃、龙等，显示明代营造风格。至于上昂形制，更是别具一格，在明代厅堂中也属罕见。（图3-3-5）

主轴的东侧为世德堂，前后四进，称四厅九明堂，其中之惇裕堂三间八架前轩后双步，船篷轩，廊檩木雕刻“八狮戏球”、“五鸟朝凤”。嘉会堂三间九架，内四柱前双步后两单步，是抬梁式与穿斗式相结合的代表作，抬梁用平梁，古朴端庄，后金枋用方心式彩画。卢宅的居住房屋，主要有两种模式，一种是附堂式，即当中是一进一世的厅堂，纵深发展，两侧是通道和厢房（住宅）；另一模式是东阳常见的十三间头，即正屋三明二暗七开间，左右各三间厢房，当中为敞院。卢宅也先后造成了牡丹园、金谷园、芙蓉园等20多处园林亭榭、轩阁。

浙西民居不管是十三间头、套屋，还是小天井式，建筑艺术中都有一个著称于世的共同特征——丰富的建筑木雕，这已经成为这个地区建筑的最大特色，无论从木雕的数量，分布的广度和雕工的精细程度，都是浙江其他地区的建筑完全无法比拟的。这些雕刻有以下一些特点：

1. 纹饰的题材可分为戏文人物、龙凤麒麟、草木花鸟、珍禽异兽、寓意吉祥、山水景观六类。纹饰的主题是吉祥文样，达到了“图必有意，意必吉祥”的程度，每一幅雕刻都借画中实物寄托本意，如石榴象征生活红红火火，并蒂莲寓意夫妻恩爱，或以转意、谐音等比附手段构成某种有吉利意义的纹样，如两只柿子与一只如意相配比附“事事如意”，竹枝插在花瓶内为“竹报平安”。

2. 它的作用除了审美外，还突出人物控制，具有认知和教化作用。它记录，传播了大量历史信息，如“三娘教子”、“郭子仪拜寿”、“文王访贤”，都是真人真事。这些历史人物或戏曲故事是为人们树立起来的榜样，通过它来起到教科书的作用。另一类如渔樵耕读、牧童村姑，虽不是历史故事，而是生活场景，也能陶冶人们热爱生活，安居乐业的情操。

3. 建筑木雕是民间艺术，它的教育作用不同于书本或图画，民间艺术是“母性”艺术，具有“原发”、“基础”和“种子”性质，它与日常生活相连，通过长辈的口述身传或身临其境的感染得到认识和教育，并且一代一代积累积淀，成为一种集体意识渗透到信仰、风俗、人伦中去（图3-3-6）。

图3-3-5 肃雍堂（来源：沈黎 摄）

图3-3-6 东阳木雕（来源：沈黎 摄）

三、浙西民居的主要类型（表3-3-1）

浙西民居的主要类型　　表3-3-1

民居类型	平面形式	立面与外形	材料和构造	细部装饰
十三间头	以一个三间头为正屋，两个三间头分别为左右两厢，再在正屋与厢屋交接处以两个“洞头屋”作填充连接，相互以弄堂（通廊）过渡	厢廊正立面上开两扇内门。构成三高（正屋屋面两厢马头墙）一低（天井围墙）的立面形式，中心对称	一般下部用石材作墙基，上部夯土墙或者砖墙，山墙常常使用马头墙。内部木构架常使用插梁式，梁枋雕刻比较丰富	装饰相对简洁朴素。因地处八婺之地，受东阳帮建筑工艺的影响，柱头、梁端、枋底等大木构件，以及斗栱、雀替、栱板等处雕刻较多，小木装修，更是充分展现东阳木雕技艺，门窗格栅多饰雕花，同时，柱础、门框等处的石雕，窗户、檐头的砖雕，以及屋面马头墙乃至脊砖等，均饰雕刻
十八间头	十八间头典型四合院，是以十三间头三合院为基础，在正屋对面的照墙（照壁）位置增加五间倒座房，其中一间作为门厅通道，形成一个庭院广阔方正的四合院，平面呈“回”字形。这种布局形式，较之十三间头三合院，建筑更为均衡，使用更为便利 缸窑十八间民居平面	与十三间头类似，只是中间有倒座房，高度略高，两边用马头墙比较多	与十三间头类似	装饰仍较简洁朴素。同样受东阳帮建筑工艺影响，建筑大木构件如柱头、梁端、枋底以及斗栱、雀替、栱板等处雕刻较多，小木装修如门窗格栅多饰雕花，更充分展现东阳木雕技艺。除柱础、门框等处的石雕，窗户、檐头的砖雕等外，屋面马头墙乃至脊砖等均饰雕刻

续表

民居类型	平面形式	立面与外形	材料和构造	细部装饰
二十四间头	二十四间头以两个“十三间头”纵向组合，形成前院三合院、后院四合院的单体建筑．二十四间头民居平面呈“日”字形 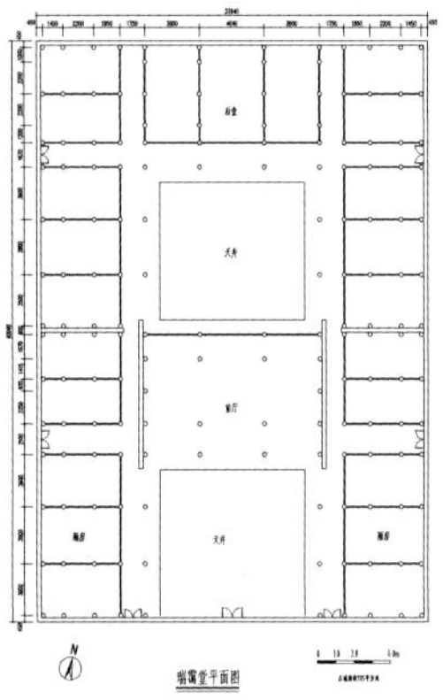	与十三间头类似 	与十三间头类似 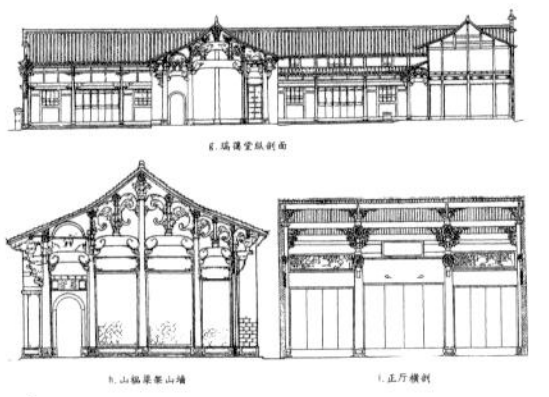	受到东阳帮建筑工艺的影响，柱头、梁端、枋底等大木构件，以及斗栱、雀替、栱板等处雕刻较多，小木装修更充分展现东阳木雕技艺，门窗格栅多饰雕花。同时，除柱础、门框等处饰石雕，窗户、檐头等处饰砖雕等外，屋面马头墙乃至脊砖等处均饰雕刻 
三间两搭厢	是三合院式住宅基本单元，又称半合式或三间两过厢，适合核心家庭居住。其典型平面为正屋三间，厢房左右各一间，围合形成天井，四周由高高的封火墙围合，建筑平面呈“凹”字形，总体平面呈正方形 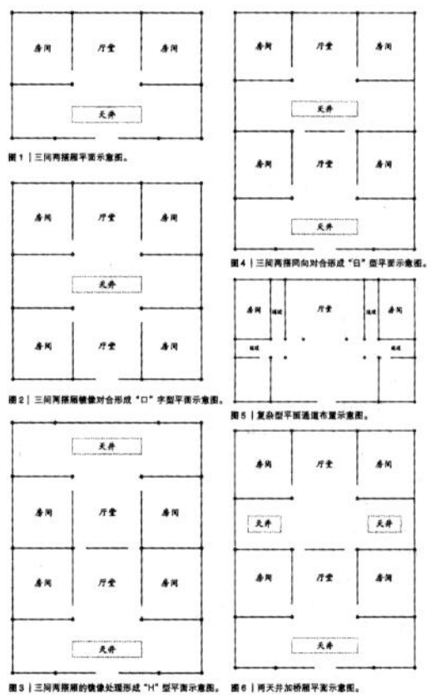	以厢房为门厅。讲究点的三间两搭厢，沿大门内墙设柱，上架一步架披檐，形成前檐廊，其披檐向天井排水，形成“四水归心”格局 	以厢房迎合正屋，明间（当地叫中央间）敞开，作为厅和香火堂，次间作卧室，厨房等设在厢房内。规模大的“三间两搭厢”，左右各带厢房两三间，厢房通至正屋后檐，正屋实为五间。大门通常开在正中，也有开在轩廊上，少数把大门开在厢房上，以厢房为门厅，开在正中间的一般都设侧门，在“四尺弄”上，与偏屋（厨房、柴房、猪栏、牛栏等）相连 	三间两搭厢建筑中，大木构件中，柱头、梁端、枋底，以及斗栱、雀替、栱板等处雕刻较多。小木装修中，门窗格栅雕饰精细。柱础、门框等处的石雕，窗户、檐头等处的砖雕，也精美细致 

续表

民居类型	平面形式	立面与外形	材料和构造	细部装饰
三进两明堂	一般以第一进为门厅，进大门后为前天井，天井左右为厢房。过天井为二进前厅（正厅），穿过照壁两侧的门（樘门）为内天井，穿过内天井后为后厅，有些地方称高堂。这种形制在龙游民间称“二进二明堂”，实际上连同第一进门厅，应称该类型为三进两明堂。第三进地面略高于前两进，台阶设在内天井两侧。三进两明堂的前厅（正厅）作一、二层的都有，后楼则多为二层 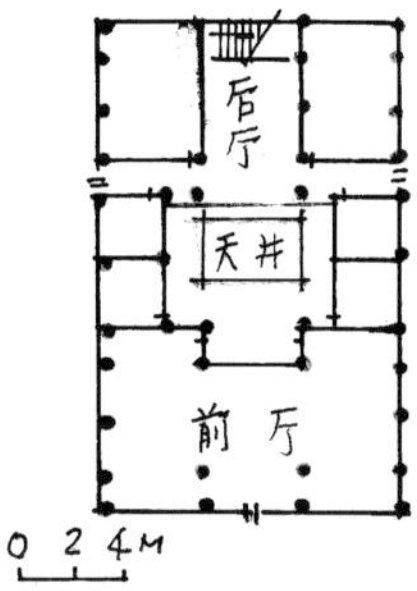 	其体型长方，内外封闭，除粉墙黛瓦、高耸马头、精美门罩和点缀性的小窗、高窗外，外观简洁明亮，不引人注目 	三进两明堂基于三间两搭厢串联建造，其基本结构同三间两搭厢 	柱头、梁端、枋底等大木构件，以及斗栱、雀替、栱板等处雕刻较多，小木装修如门窗格栅等也多雕饰，同时，柱础、门框等处的石雕，以及屋面马头墙等，均饰雕刻。重点装饰部位是大门砖石或木雕及院内天井一圈木雕刻 
严州大屋	严州大屋的形制没有固定的形式，为多院落甚至多轴路建筑组合而成，其基本单元还是三间、五间的基本单体或者说是十三间头、三间两搭厢等合院形制组合形成院落群体。受制于用地环境，严州大屋布局紧凑，天井较为窄小 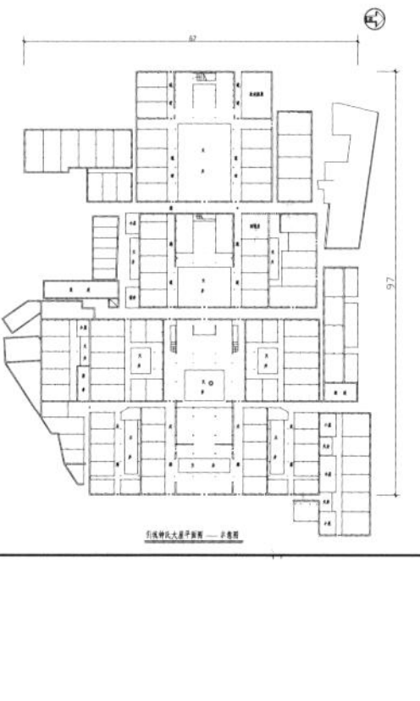			大木结构简洁、装饰宏大、少饰油漆。木构雕刻多着重于构件，如牛腿等，而少在柱梁构件本身进行雕刻，木雕之外的石雕、砖雕也有表现，但多局限于院落内部，较少在门面进行大量的修饰、夸耀。也有门楼之制，但较之金华，尤其是衢州，明显要少 

第四节 浙南传统建筑：简朴自然

一、自然与社会背景

浙南温台处地区以丘陵山地为主，温州和台州两地滨海又多山，丽水则以山地丘陵为主，所以区内很多山地聚落和滨海聚落。这个地区沿海极易受到台风袭扰，因此在建筑上有许多与之相应的特征。内地又多山区，大山阻隔，交通不便，使这一地区长期保持了比较简单朴实的农耕生活。浙南历史上有四次大规模的人口迁入。第一次是晋室南渡，温州始有行政建制。第二次是五代末季，闽国大乱，统治者父子兄弟交相攻杀，大批闽北人迁到温州。第三次是宋室南渡，温州历史上曾一度成为南宋小朝廷后方基地，建炎四年金兵南下，赵构避兵海上，南来温州驻跸二个月，建太庙于天庆观，宗室留在温州者 28 人，以及相当数量的文武扈从，始居郡城，后疏散各县。这些中原士族不仅带来当时先进的文化，也带来了财富。第四次是南宋孝宗乾道二年特大洪灾之后，闽人又一次北上，今瑞安、平阳、苍南、泰顺一带很多姓氏来自闽北。由于历史上的这几次移民大潮，在这里形成了很多历史悠久的村落堡寨。如松阳的石仓就是福建移民聚居的地方，不仅保留了闽地的语言，也带来了福建民居的一些建筑特色。另外再如温岭的石塘箬山，有许多福建渔民移居此地，至今仍保留了许多福建的文化特征。

浙南地区最有历史影响的学派当推永嘉学派。温州是理学之邦，北宋，温州出现了“皇祐三先生”（王开祖、丁昌期、林石）和“元丰九先生”（周行已、许景衡、沈躬行、刘安节、刘安上、戴述、赵霄、张辉、蒋中元），这 1 2 个人开创了温州理学之头。到南宋，温州有朱子门人 18 人。关洛之学和朱子之学经温州人薛季宣、郑伯熊、陈傅良等人的批判、发展，到叶适时，终于创立了与朱子之学相对立的事功之学，这就是我国历史上著名的永嘉学派。永嘉学派最根本的精神是行实事，有实功，它促进了社会经济和文化的繁荣，是温州传统民居不甚理性、亲近山水、开敞通透等风格形成的人文背景。

温州地区还是有名的侨乡。据有关史料记载，早在 900 多年前的北宋时期就有温州人移居海外了。温州人移居海外的原因是多方面的，但主要是两宋时期温州对外贸易的发展，经济活动范围的扩大，许多海外客商来温经商，购买温州的手工业品，如漆器、陶瓷制品等。当时，这些手工业品不但销售国内，而且远销到东南亚、欧洲和非洲中部的东海岸。因此，有些温州商人随贸易商船而到国外经商，有的则被“诱以禄仕，或强留之终身”，有的则客居那里经商。宋、元以后，特别是明代郑和七次下西洋，抵达三十多个国家和地区，为我国东南沿海人民移居海外创造了更加有利的条件。但是，在浙江温州沿海一带，因遭受倭寇的长期侵扰，明末的战乱和清初的海禁，致使温州人移居海外受到了严重阻碍。因此，在明代以至清代前期，温州人移居海外的比较少。鸦片战争以后，资本主义国家商品输入温州广大农村，加速了原有自给自足的自然经济解体，随之而来的是大批农民和手工业者的破产。那些破产的劳动者，为生计所迫，远离家乡，有的应洋人招募华工而奔赴海外谋生，有的则通过已在海外的亲朋戚友，而到海外做苦力为生；也有的到海外从事小商活动。[①]华侨的活动给这一地区带来了很多外来文化影响。

二、聚落与建筑特色

浙南村落的基本面貌是规模适中，房屋紧凑、低矮，贴着地面发展，用材主要是就地取材的木头、土或者石头。木头是可以再生的资源，石头多是从溪流中捡拾来的卵石，依山傍水的村落很容易获得。这就形成了在浙南地区分布极广的下部卵石墙基、上部夯土墙、内部简单木构架的版筑泥墙屋。有些山区土壤稀少，往往就全部拿石头来砌墙，这就是一些石头屋出现的原因（图 3-4-1）。

村屋采用坡屋顶、小青瓦、檐多且深，反映出浙江多雨、

① 温州市政协文史资料委员会.温州文史资料 第7辑［M］.1991:1-2.

图 3-4-1　岩下石屋（来源：沈黎 摄）

日照强烈两个自然条件。聚落一般和丘陵山地的地形结合，房屋层层爬坡，溪流蜿蜒而下，又产生了许多巧妙适应地形的建筑手法。

建筑形体比较自由多变，尤其是楠溪江地区的民居，形式非常丰富。浙南民居主要形制有"一"字形、曲尺形、三合院、四合院、"H"形、"日"字形、街屋式等，其中，常用形制为"一"字形和庭院式。和其他地区比较，最具特色的是，"一"字形长屋和多院落式长屋。当然，也有园林宅第（如瑞安玉海楼）、四面厅形式和外形方正纵深发展的多进庭院，但这几种存量很少。

"一"字形的民居加上左右两厢，便形成了曲尺形或"凹"字形的平面，泰顺上洪黄宅，永嘉蓬溪村的谢宅便属于这种类型。上洪黄宅类似于浙中的十五间头，这仅仅是一个特例，温州的"冂"形住宅，一般不用围墙围合成三合院，而是开口的，基本特征是面宽长且开放式，故还是认定为"一"字形长屋（图 3-4-2）。

谢宅建于清末民初，不仅底层沿内凹一侧辟为"凹"字形副阶前廊，还在屋后另辟一廊。明间仍为正厅。厅后设一楼梯，其他次间、厢房都以板壁隔为互不相通的几套居室，各自向室外辟门，有的将门开向"凹"字廊，有的开在后廊。另外，有的居室直接向外开后门。值得一提的是，这幢大宅不是用通廊加公用楼梯间的方式将各套居室并联，而是运用了类似现代高层公寓的"跃层"手法，将一、二层联系起来。即在各自独立的居室中置梯至二层居室，二层各居室间也隔以板壁，互不相通，这样使得一个家庭单位拥有两层独立空间，既安静、采光、通风好，也满足了私密性的要求，像这样"凹"字形的住宅在永嘉是最普遍的民居形式（图 3-4-3）。泰顺三魁镇庵前村张家九榴也是根据用地条件营建的"凹"字形

图 3-4-2 “一”字形长屋（来源：埭头陈宅 沈黎 摄）

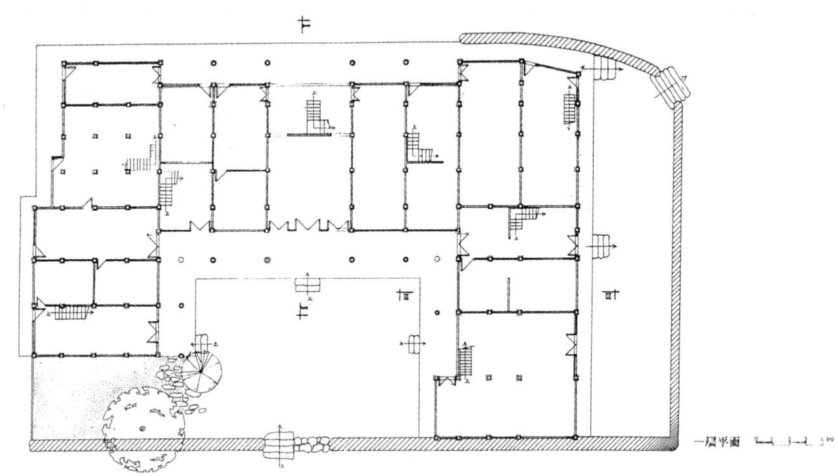

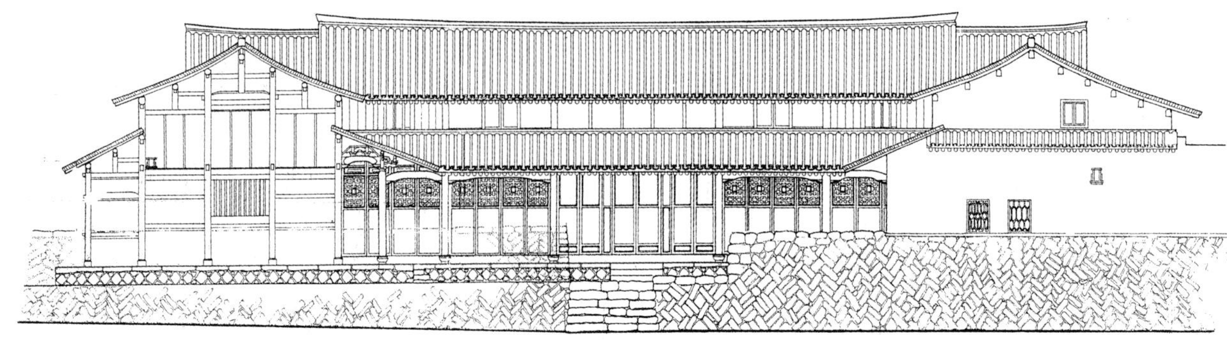

图 3-4-3 谢宅

长屋，九间是其主立面长，若加上两头转角，一共是十五间（图3-4-4）。

若是大型的家族，则往往形成多院落式长屋。即单体建筑形式上仍然保持长屋的很多特性，但是却聚合成多个院落，形成“日”字形、“田”字形等平面形式。如永嘉芙蓉村的司马第。司马第主人陈士渊是位商人，捐了一个虚职后于乾隆三十九年建造了这幢大宅院。此宅由左、中、右三个院落组织而成横向放的“罒”字形平面，各院独立，有自己的出入口，同时又以横向穿廊相连，主立面多达十九开间。正厅前端原为一照壁，照壁两侧是两道石门，石门与上述院落之间的隙地辟为花园绿地，遍植花木。房屋布局具有明确的人文序位，中间纵轴线上的建筑、天井尺度较大，大概由地位较高的一家之主使用，两侧院落分别由主人的4个儿子使用，形成左昭右穆的格局。第一进为门厅，通高相当于两层居室，厅堂高敞轩昂，中设木照壁，其后为宽16.4米、长11.4米的天井，天井由四面环廊围绕。天井后面为两层楼居，明间底层为正厅。左右厢房亦为两层，底层设联排落地槅扇，开向外廊，窗扇为柳条式，立面效果较好。两侧院落空间布局也大致如此。整幢房子边界整齐，为横向发展的宽大矩形多院落式长屋。

由于华侨的影响，浙南地区还有一些中西合璧的华侨大屋，是近代归国华侨所建。内部的木结构仍然和地方传统的一致，而在砖墙上加了一些西洋装饰细部。如青田的华侨大屋。

图3-4-4　张家九橧（来源：沈黎 摄）

三、浙南民居的主要类型（表 3-4-1）

浙南民居的主要类型 表 3-4-1

民居类型	平面形式	立面与外形	材料和构造	细部装饰
一字形长屋	平面呈"一"字形，中间为正堂，两边为房间，开间数根据实际需要不等，均"一"字形排开	"一"字型长屋一般采用悬山屋顶，正脊两端微微向上翘起，形成一条长而柔和的曲线。山墙上常常加设披檐，可四面开窗。外形小巧而富于变化，主屋加上旁侧依附的厕所、储屋、猪栏等，构成变化丰富的层次和互相穿插的体形。立面上采用下部卵石墙体和上部砖墙和木板壁的组合，材质对比鲜明，肌理细腻丰富	主体结构采用木构架，以疏朗的穿斗式构架为主体，外墙以砖石砌筑为主，内部墙体多用木板壁。温州民居的构架特点是每两柱间置月梁，梁上立蜀柱承槫，这样的构架疏朗，空间使用效果较好，而且横穿仅两至三道	"一"字形长屋建筑比较朴素，雕刻装饰非常少，主要集中在悬鱼、檐廊和披檐部位
多院落式长屋	平面一般由一组四合院或者三合院组成，通常正院在中间，向两侧延展形成"罒"字，还有组成"田"字和其他形式的。中间轴线上的建筑、天井一般尺度较大，由地位较高的一家之主使用，两侧院落分别由主人的儿子和兄弟等使用，院子之间可以经过厢房前后的夹道连通。中间的明间一般作为厅堂，两边次间和厢房用以居住，如果有前后进，则一般前一进中间做门厅，后一进楼居底层明间作正厅 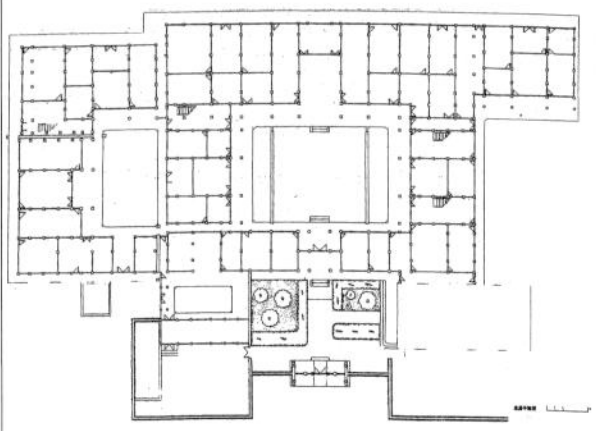	建筑外形还是典型的长屋形式，由于宽度长，深度相应也大，侧面双坡屋面形成"人"字形，加上正面的屋脊曲线和檐口线，这些线由于举架平缓，屋面是双曲的，柔和而具有张力。加上悬山屋面出挑和前面出檐都比较深远，屋面显得非常优雅飘逸。再加上厢房和正房的连接组合，整体造型比较丰富，各个立面都既庄重又不失趣味 	建筑的主体构架以疏朗的穿斗式为主，局部结合抬梁式。穿斗构架因材布置，灵活多变，牢固轻巧 	装饰简单，通常只在月梁端部、斗栱上的替木、挑檐斜撑、悬鱼、惹草等部位稍加雕刻。小木作门窗等也很朴素，雕刻简单。不过多数民居采用有雕刻图案的瓦当，内容以戏曲人物为主，技艺近乎浮雕。当地人把有瓦当的屋檐叫作花檐，它和塑有种种鸟兽、仙人、花草的屋脊线一道，成了浙南民居的主要装饰 

续表

民居类型	平面形式	立面与外形	材料和构造	细部装饰
隈下房	以四合院为多，正房和厢房都是二层，因而俗称四檐齐，具有台州建筑的典型风格。天井比较大，称“道地”。基本平面形式为“口”字形，一层朝向天井一侧有前廊。一般正房和与它相对的下房门屋为五间（或三、七间）两弄，两侧厢房各三间，正屋明间叫“堂前”，门屋明间叫“穿堂”，厢屋明间叫“横堂”，四个堂围绕“道地”相向对称布置，子女分家以后堂前、穿堂、天井、前檐廊为公共空间，家庭中心在横堂，房屋不够的加后厢，称后拔步。隈下房将正房和厢房之间的那条弄的一角封堵开门，用作厨房餐厅，并把楼梯设置在弄中，上楼到侧院、后院都通过这里 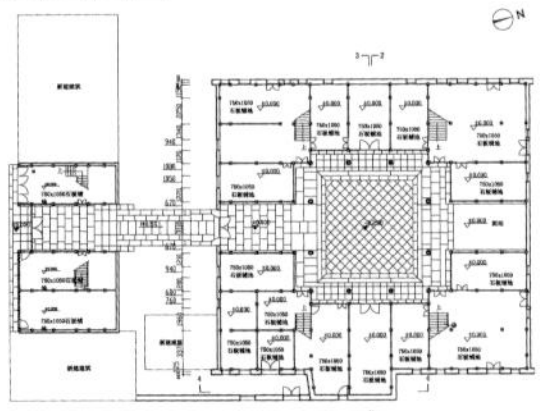	入口处常把矮门屋套在门洞里，还把家训刻或塑在装修上，以门匾明志。外墙上常用造型夸张的马头墙，极富装饰性，墙上还开设一些石雕漏明窗，在檐口下或山峰上用半窗。檐廊上的海马虹梁和檐下的斜撑都是重点装饰部位，室内的立轴外开窗和门扇常常使用花格窗棂，装修古拙大方 	隈下房的主体结构为木构，穿斗局部结合抬梁的构架，墙体则主要采用砖墙 	主要分两个部分，木构架上的雕刻和砖墙上的粉刷灰塑和石雕花窗。木雕主要集中在檐廊和檐下位置，往往有加以雕饰的月梁、檐柱头承托花栱，檐下有布满雕刻的斜撑。砖墙上的门窗洞口上以及山尖位置也多有用粉刷进行各种纹样的装饰，还有雕刻精美的石雕漏花窗 
石屋	石屋平面多为三合院或四合院，规模大的为双天井，院落一般较小，以石板铺地。房屋以二层为多，也有单层的，极少数达到三层。有些除了合院外，还有防御用的碉楼，高可达四层，外部设石梁飞桥与主楼相连。石屋的组合比较灵活，适应起伏不平的山地地形 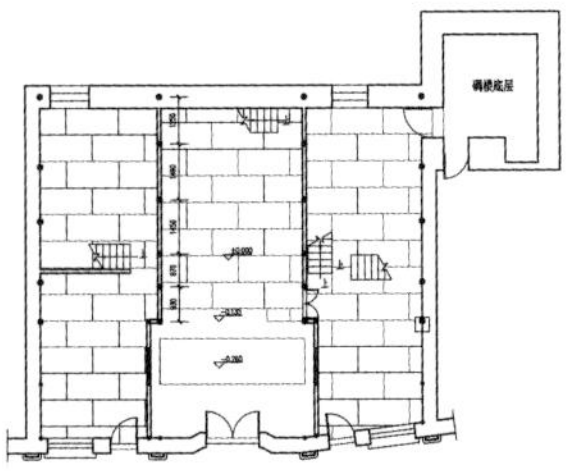	外观以花岗石为主色调，屋顶覆小黑瓦，上面压置成行的石块。外立面的门窗外框和窗棂一般采用小料石板仿木构搭建，附有悬挑的遮阳板和窗台。因为建筑低矮，而且外墙采用厚重的花岗石，窗高而小，所以在抵抗台风和防御盗贼侵袭等方面非常突出 	山墙砌好后，在中间立木柱，中间木柱上再搭建横向梁架，横梁一端与立柱之间以榫卯连接，另一端嵌入山墙内侧预留孔中，整个结构由石墙和立柱共同承重 	建筑做法比较简洁，装饰不多。个别讲究的民居中木构件上会有雕刻，主要在前廊、檐下和大梁上，或者在石墙的门窗部位和台阶等处略施雕琢，还有用匾额或楹联来增添建筑的文化品位 

续表

民居类型	平面形式	立面与外形	材料和构造	细部装饰
版筑泥墙屋	版筑泥墙屋是单进院落式，规模大小不一，建筑面积少则两三百平方米，多则上千平方米。院落进门后为天井，并以“厅堂”为中心呈对称式布局；面阔三间、五间、七间不等，“厅堂”左右两侧为厢房，后房设厨房和仓库。楼梯设于厅堂或厢房后侧，二楼主要为客房、厢房和仓库，三者通过回廊进行互通连接	立面上正房略高于厢房，形成大门、厢房、正房逐渐升高、主次分明、秩序井然的仪式感。两侧厢房外墙处设马头墙，既突出了院落主入口的标识性又形成了一种空间和外墙装饰上的变化。建筑风格古朴、立面色彩舒适，黄墙（也有部分村落的墙面为白色）青瓦与周边山水环境自然地融为一体 	泥木结构骨架，木结构和夯土墙共同起承重作用。地面一般为三合土或素土夯实，墙体为黄泥夯土实体墙，屋面以“人”字形小青瓦铺覆。修建时先放样开挖基槽，以毛石砌筑基础。整幢房屋的墙体使用墙板、墙头板、根杉木柱和木墙钉等材料，按照一梯、二梯、三梯、封栋 4 步来施工。墙体完成后制作木框架和屋面架构、铺覆小青瓦屋面并完成木制连接回廊等 	版筑泥墙屋的正门门柱、门梁、门顶、外墙、金柱、主梁、次梁、门窗等部位均有不同程度的装饰，主要装饰种类以石雕、砖雕、木雕、彩绘及各种书画为主。其中门脸为浆砌块石，门柱、门梁为青石砌筑，门顶为砖雕；部分厢房外墙有马头墙，金柱雕有牛腿，刻有麒麟送子、百鸟归巢等图案，主梁及雀替、次梁及梁垫、厢房及主次卧的门窗等均有精美的雕刻图案；室内装饰主要以传统挂图和代表精神信仰的图饰摆件为主，也有人物风景等贴图 
蛮石墙屋	即正方形的封闭式院落和以天井为中心的布局形式；门厅进入后为天井、对面正中为堂屋，两侧厢房呈对称式分布。也有部分是“一”字形，面阔从三间、五间到七间不等。因其格局不同规模也有较大差异，建筑面积从两百平方米到上千平方米都有。一层为主要的生活空间，二层用于堆放杂物和谷物	院落式蛮石墙屋建筑高度因两侧厢房山墙的起脊而略有起伏变化，主立面以正门为中心，虽然门洞较小但因为居中设置和青砖装饰，依然有一种传统的仪式感 	蛮石墙屋一般为木框架结构，与外墙共同起承重作用。修建时需先开挖基槽，基础用大块毛石砌筑，地面大多为三合土。墙体采用当地的山石和卵石，一般为两层（也有三层）结构；最外层是石头，内层是黄泥和小石头混合；在门、窗或转角处用大块石或青砖交替砌筑，以增强牢固性。墙体砌筑完成后制作木框架，并完成“人”字坡屋面板铺设及青瓦铺覆工作。内部隔墙一般采用杉木板，楼梯为木板制作 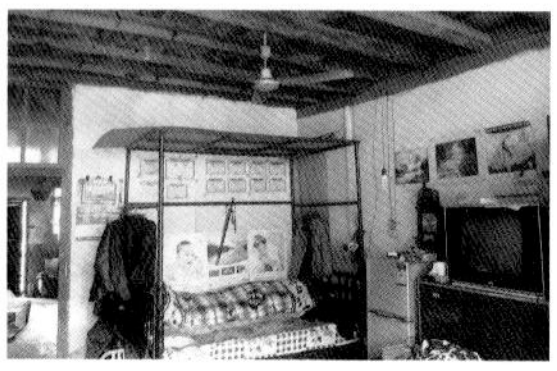	比较而言，花窗应该算是缙云蛮石墙屋中最精致的装饰，有小方格、菱形等多种形式。室内装饰也比较简单，屋顶和墙面为杉板原色或白色涂料粉刷，外加部分传统挂图或表达美好期望的对联等。相比其他传统民居的人工装饰，缙云蛮石墙屋的外墙可以说不是装饰胜似装饰，石头的大小、拼接方式、质感和颜色以及墙面的凹凸感是其他任何民居形式都没有的天然装饰，这既是它自身的特点应该也是中国传统民居中非常独特的一种类型 

续表

民居类型	平面形式	立面与外形	材料和构造	细部装饰
营盘屋	常常是屋舍相贯、院庭联幢，同一家族的房屋围成一个方形。多为“九厅十八井”建筑，以中轴对称为多，中轴线上分布有二至三进四合院，面阔有三间、五间、七间、九间不等，两侧附屋宽敞，附屋面阔基本与主建筑通进深相同；建筑立面构成前低后高，两翼拱卫，使建筑有主有次，有藏有露，空间秩序感好；各进有五架椽，亦有九架椽，前进为厅，后进有楼，凡楼屋天井出檐都为重檐，并设置晒栅		结构为木框架，墙体为砖砌围护墙体，地面多用三合土地面，屋面覆瓦。建筑修建时先用石块安好基脚，以杉树原木为立栏，用枋条穿拉起来，形成离地五六尺高的底架，在底架上铺以宽厚的楼板，然后再在底架上建上层房屋，全为木结构，一般二层有正房三间加两头偏厦，外走廊围以木栏	营盘屋内外门楼、影壁、庭院、屋脊、天井地面、柱础、梁枋、神龛均有精美装饰。装饰种类有木雕、砖雕、石雕、彩绘、墨书墨画、卵石拼花等，木雕艺术最为精华。雕刻工艺有圆雕、浮雕、镂雕、平面阴线刻、剔底起凸等。装饰题材丰富多彩，人物神像、传说故事、动物瑞兽、花鸟虫草、琴棋书画、古树名木、亭台楼阁皆入画卷。装饰构思奇妙，造型儒雅大方，庄重严谨，画面简洁有力、充盈饱满。内外门楼的门楣都题额，厅堂正中悬挂题匾，如“含经味道”、“克振家声”等，两侧髹漆抱柱楹联，内涵深刻哲理透彻
	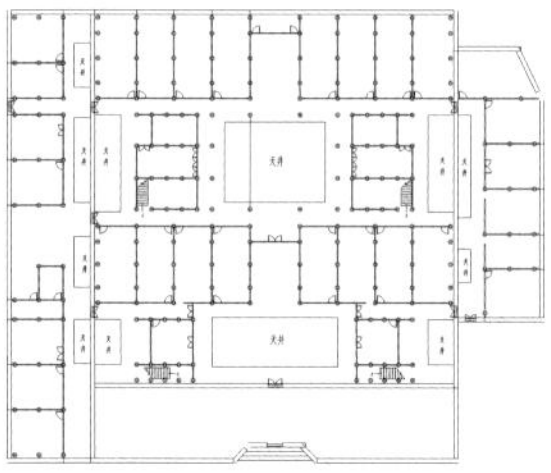			

本章小结

浙江的中、大型民居在中国民系中基本上是一个类型，但是由于浙江地形复杂，各地拥有不同的自然地理条件，在长期的社会生产生活中逐渐形成了各地区不同的文化特色，所以浙江各地的传统建筑呈现出既有联系，又有区别的整体面貌。通过对其整体风貌和地区差异进行分析，将浙江的传统建筑按四大文化地理分区分为东、西、南、北四个区域。

浙北地区主要指杭嘉湖平原，这个地区北濒太湖，东南是钱塘江和杭州湾，是以太湖为中心的碟形洼地的南半部，地势低平，水网密布，是我国河道密度最大的地区。浙北水乡滨水小型住宅和宁绍地区滨水住宅风格接近，布置灵活，类型丰富，苏杭一带是中国唐宋以来经济最发达、文化最繁荣的地区之一，产生了到目前为止大家公认最好的居住方式——园林宅第。为多进落庭院式、台门、墙门式和小天井式。可作为浙北最典型代表的就是水乡大屋、杭式大屋和园林宅第。

浙东地区主要包括宁波、绍兴和舟山，宁绍舟地区以宁绍平原和滨海地区及舟山群岛为主，濒临东海，海岸线曲折，岛屿众多。由于地形的原因，形成很多水乡平原聚落和海岛聚落。绍兴平原的可用“水乡泽国伴台门”七个字概其特色。而舟山特殊的地理位置，形成了很多颇有特色的海岛建筑。

浙西金衢严地区是一个丘陵盆地地区，主要由浙西丘陵和金衢盆地组成，区域内钱塘江奔流而过。因而建筑形式上，钱塘江水系的影响非常鲜明。此外西面与徽州相邻，也深受徽州文化的影响。由于该地区宗族文化非常发达，聚落和建筑都深受宗法制度的影响。这一带民居最有特色的建筑语言是马头墙，很好地解决了防水、雨水收集、排水等问题。民居中以东阳民居十三间头为基本模式，而丰富的建筑木雕成为这个地区建筑区别于浙江其他地区的最大特色。

浙南温台处地区以丘陵山地为主，温州和台州两地滨海又多山，丽水则以山地丘陵为主，所以区内很多山地聚落和滨海聚落。其村落的基本面貌是规模适中，房屋紧凑、低矮，贴着地面发展，用材主要是就地取材的木头、土或者石头。形成了在该地区分布极广的下部卵石墙基、上部夯土墙、内部简单木构架的版筑泥墙屋和全石砌筑的石屋。而建筑形体跟随地形，显得比较自由多变。

第四章　浙江传统建筑的地域特征：三个层面的解读

《汉书·沟洫志》记载："或久无害，稍筑室宅，遂成聚落"。现存的浙江传统建筑虽以明清时期的遗存占大量，但当我们追溯到六、七千年前的浙江河姆渡及马家滨文化的氏族聚落遗址，考察其考古成果时，便能理解聚落不仅仅是居住建筑的集合体，各种形式的聚居空间更是人们有意识地开发利用和改造自然的创造，它的选址与布局形态既深深地打上了地域地理环境的烙印，也反映了地域经济模式及文化风俗习惯。

聚落承载着该地域人们的世代繁衍与发展，虽然其特征也随时代发展而变化，但经由三个关键词，可以帮助我们解读浙江传统建筑的地域特征。一是聚落与环境的关联状态：从江浙山地、丘陵及水网密布的复杂地形与长达2000米海岸的环境特征来解析其如何具体地影响了浙江传统聚落的选址、布局与空间形态及建筑类型；二是聚落中人群的联结方式：宗法制度对其村落人文空间结构的影响；三是建筑的共性与特性探析：从存量最多最丰富的民居建筑中解析地域营造技术的特色及空间审美特征与形制、构造做法。

第一节　浙江传统聚落的选址、布局与空间形态、特征

一、浙江传统聚落的选址、布局

从村落的人与人的关系视角看，浙江村落普遍体现出一个总体特征——宗法制度。它是以家庭—家族—宗族—氏族—村落—郡望的生长方式，从血缘化走向地域化，整个居住结构盘根错节，根深蒂固，宗法特征的典型实例，如东阳卢宅、浦江郑宅、诸暨斯宅等，这里的一个街坊，一个村甚至一个乡，几百年前都是一家人。

而从人地关系的视角来看，浙江村落的第二个特征是环农业特征，主要表现为聚落的选址原则为近地、靠水、向阳、不与农业争地的布局形态。这些特征，贯穿于村落的形成、选址、布局、形态、村屋的模式，乃至房屋的构成和某些形式。因此下文将依浙江地理环境特点，分为山地村落、丘陵村落、水乡村落、海滨村落几类解析其选址与布局特征。

（一）浙江山地村落选址、布局特征

浙江山地可分为山丘形、山梁形、坪台形、夹谷形、山嘴形、山勘形、盆地形、山垭形8类。夹谷形中的聚落，首选山南坡，条件不允许的（如朝南的山太陡了，或有层层良田——梯田），不会去破坏山或占用梯田，而选址在朝北的山坡上。当然，凡是符合风水理念中理想村邑的地形地貌，村民们还是会按照龙、穴、砂、水四大要素来选择的。总之，浙江的几万个山地村落，就是按照这个原则，分布在“七山一水”的网络中，形成了“水跟山走，田跟水走，房跟田走”的叶脉状村落分布总体风貌。

浙江山地村落有下列几种主要类型：

1. 团状村落

这种村落平面形态近乎不规则多边形，或大致成方形，可称方形格局。这种村落多布局在盆地、谷口或有较大平缓地形的山顶、山腰。

2. 带状村落

这种形态的村落多出现在夹谷中，夹谷中有涧溪水流，村屋靠近水流沿河道伸展。这类村落又有沿河一边、两边发展两种。或虽然没有河渠在夹谷中穿过，但因用地条件限制只能靠山脚延伸。有些虽然可向山谷中间发展，终因耕地限制或为避免洪水浸淹而沿高地成带状发展。带状村落可能发展成大村，构成一个社会单元，村落长度可延绵几公里，甚至于出现村与村首尾相连现象。带状村落的优点是耕地分别分布在村落的两侧或一侧，农家离耕地较近，这种村落要是处于交通要冲位置上，往往会出现繁华的商业小街（图4-1-1）。

3. 环状村落

多分布于孤山、湖库（塘）河湾之畔，有的地方称之为环山村或环水村。

4. 梯田状村落

有些地方山高地少，山坡又缓，有多级台地，农民们舍不得占用耕地，又不能废弃这个地方，于是便让房子像梯田一样，一层一层向山上爬，形成黛瓦参差，门户第开的景观。这种村落温州地区较多，如苍南的碗窑，乐清县的黄坛硐村，永嘉的潘坑、岩龙、北溪、西炉村等（图4-1-

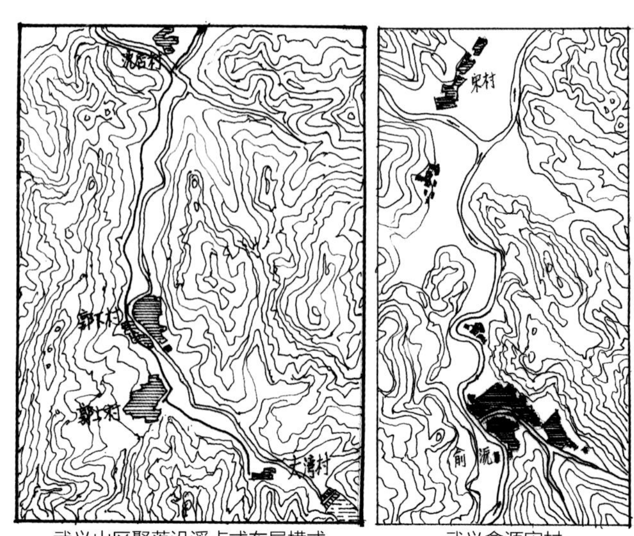

武义山区聚落沿溪点式布局横式　　武义俞源宋村

图4-1-1　武义山区聚落

图4-1-2　苍南碗窑村

图4-1-3　龙游溪口某村

图4-1-4　永嘉潘坑村

2～图4-1-5）。

上述几种布局是从人地关系（村与环境关系）而言，把视域扩大一点，从村与村关系角度看，常常会出现子母型、瓜藤型、中心型等聚落形态。

子母型是指一个大村周围分布着若干小村，这些大小村之间可能是同姓的，也可能是异姓的。同姓的子母村成因是人口繁衍，母村住宅建设用地不够了才分出去产生一个新的村；异姓村可能是土地买卖所致，也或其他原因从外地迁来。

瓜藤型是指若干规模相仿的村落，由于地形等原因，形成串珠状分布（图4-1-6）。

中心型村落是指有一个大村（也或规模不大，但地位高）为中心，其他农房（多为独家村或三家村）分散在四周耕地旁，与中心村有血缘或传统的行政、生产、文化联系（图4-1-7～图4-1-9）。

浙江山地村落的布局，是由人与人（房屋与房屋），人与社会（私人住宅和公共建筑）的关系决定的，常见的有下列3种：

1. 环心布局

常见于规模较大的聚族而居的村落，往往是一村一姓或几个姓。他们都是一个祖宗以厅、房、支、柱形式一代

图4-1-5　永嘉北溪村

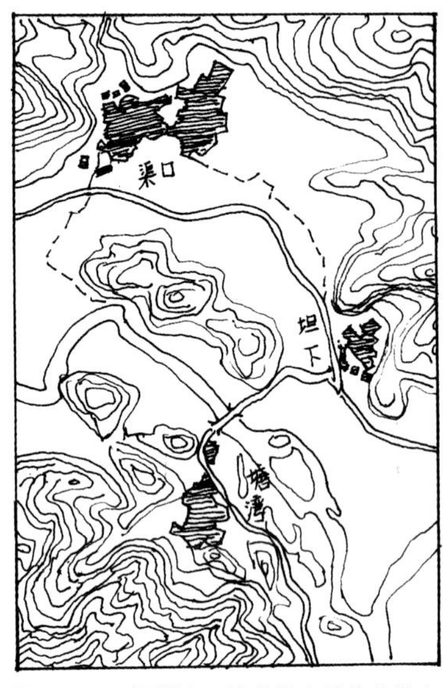

图4-1-6 温州山区聚落依山就势分散布局模式

图4-1-7 岭北小居（来源：周咸俊）

图4-1-8 浙闽山区遗世而居（来源：http://www.langqiao.net/Article/ShowArticle.asp?ArticleID=1898）

图4-1-9 缙云某村

一代传下来的。古代中国的家庭比现代的家庭大，父子两同居共财的家庭称“核心家庭”；由祖、父、子三代组成的称“主干家庭”。包括祖、父、伯、叔及其子妇女者，称为“共祖家庭”。五服之内的成员称为“家族”，五服之外的共祖族人称为“宗族”。以人为中心，构成一幅幅五服图，无数幅五服图构成族群、社会、国家。这种格局衍化出来的房屋形态，表现为一个家庭而言，房屋一进一进贴着时间的轴线发展（当然也有分家的）；对于一个家族或宗族而言，他们虽然不能住在同一屋檐下，但是都要建宗祠，在宗祠中存族谱、宗谱、挂祖宗像。这个宗祠，在等级上高于家屋，所以是一族中各家各户房屋布局的核心。当然，这个核心，不一定是形心。一般来说，因为土地所有关系，同一族人的宅基地，多是连着的。因而房屋也多在一起。对于一个大村来说，会出现总宗祠，分宗祠，各房各柱分布在自己这一宗的宗祠周围。这种村落，可能不止一个中心，而是多心村落。

有些地方要是建有文庙、寺庙或其他级别更高的建筑的话，那么，这个核心地位就要让给它了。这反映了古代农人的国家、社会为上的观念和品质。

有些地方有重要地形（如风景山、大池塘、大树等）或构筑物（如大桥桥头、驿道交叉口）等，这些地物地貌也往往成为该村的公共活动中心。

2. 轴线布局

位于山地的带状型村落，房子一般都是沿轴线布置的。旁溪村落，“溪”就是轴线，村子有在溪的一边的，也有跨溪在两旁沿溪发展的。溪与房屋的关系，又有两种情况，一种是房屋靠溪，街巷在内，这时的岸线实质上被临水的家庭瓜分使用了，一般家庭都直接从屋里接出水埠头，也有的家靠溪边是道坦或小院子。另一种状况是溪和房屋用路或街隔开，这种布局，溪流资源就为大家共享了。

不是沿溪流的带状村落，一定有一条或两条平行的路，这条路就是村落的发展轴。事实上，带状村落要么沿溪发展，要么跟着山脚线走，这种村落的发展轴实际上是等高线。

问题是，聚族而居的村落都有宗祠，带状村落的宗祠多半是占据了溪畔上或道路上一个好位置，它虽然不是村落发展形式上的中心，但仍是村落的重心，公共活动中心。如龙游县社阳溪畔的大公村，龙游始祖徐偃王殿（大公殿）是高于宗祠的公共建筑，占据了溪畔最显著的位置，该姓的宗祠位于大公殿旁边不远处，是仅次于大公殿的副中心。

3. 自由布局

有的村落因地形关系，如位于溪旁，或丁字交叉口的河岸，或重要的桥头，但有较大的腹地，这种村落往往发展自由式布局，既沿河又方形。这种村的两河交叉口就是前面所说的水口。这个位置布置宗祠，或植风水树，或架廊桥，成为村中心。有的村在山口建祠，辟一方场地植几棵大树，成为中心（图4-1-10）。

（二）浙江丘陵村落选址、布局特征

浙江的丘陵都是农业型地貌，小山丘连绵不断，田垅、梯田、田畈相间，以水稻、玉米、番薯、大小麦等为主要农作物，主要靠小溪、水渠、水塘灌溉。耕地是村落生成和布局的唯一因素，整体上讲村落形态是散点式均衡分布，规模相对于山地村落来讲也较均匀，大的200～300家，小的几十家，村落之间距离3～5里（1里=500米）不等，为合理的耕作半径，溪流、驿道旁的村落分布密集一些，但不会像滨海村落一样首尾相连，条件优越的地方形成乡镇。这些逶迤起伏的丘陵山地，往往围造出一些理想村邑模式的地形。这里的村落以方形为主，由巷道组织交通，大的巷道2～3米，小的仅1米。宗祠、寺庙是村落构图中心，大一点的村落有大厅小厅，各房各柱基本上都有各自的厅。文化悠久一点的村落往往以泮池、水塘为中心，水旁植有大树，一些重要礼制建筑也布置在水旁。近年的农村整治工作好多村落以“清水塘”，为建设重点，创造出非常优美的环境（图4-1-11、图4-1-12）。

图4-1-10　龙游溪口某村

（三）浙江水乡村落选址、布局特征

这里指的是江南水乡，地域范围以太湖流域为中心，向

图4-1-11 永嘉茗岙某村

图4-1-12 永嘉茗岙某村

外辐射北至南京，南至绍兴等水网地带。关于江南水乡，可能大多数人都认为是自然就有的，其实这是一个认识误区，它不是“天”赐的，而是“人化”的地域。这里原是浅海滩涂滩，是古代劳动人民对之进行了长期胼手胝足的开发和呕心沥血的经营，从一片汪洋湿地或潮起潮落的海水中夺得了这一片土地并使之成为良畴沃野，河湖交织的鱼米之乡。历史上，杭嘉湖、西溪、绍兴平原治水造田的方法有所不同，因此三地的聚落形态，城镇布局，景观风貌也不一样。

1. 横塘纵浦圩田系统决定了浙北水乡聚落栉比棋布的总体格局

这里造田的办法有两种，一种是废湖为田，即将湖水排干，以湖底为田，这种田称为湖田。另一种是围田。先构筑横塘纵浦水利工程，即在沼泽中修堤障水，将沼泽的一部分围圈起来，排出堤内的水代湖为田，这种田在长江一带叫垸田，太湖流域叫圩田。堤塘的材料就地挖沟洫取泥，挖出的泥土筑塘、挖成的沟洫为浦。塘浦的间距“或五里、七里为一纵浦，又五里、七里而为一横塘”，形成一套“纵则有浦，横则有塘，又有门、堰、泾、沥而棋布之”《吴郡志·水利下》的灌溉系统。圩田的规模唐代大，“每一圩方数十里，如大城”，明朝时小一些“每一圩多则六七千亩，少则三四千亩”。

在太湖周围滨湖地带湖堤内侧，历史上也有深度开发，不过用的是横塘纵溇的办法，以湖溇圩田的独特形式，化淤涂为良田，和湖堤以外的塘浦圩田系统两相比美。

太湖流域农民的生计、居处“皆在圩中”，聚落、城镇的分布格局，一如古建筑学家陈从周先生所说“城濒大河，镇依支流，村傍小溪，几成不移的规律”，这里的地名多带溇、埠、港、渚、湾字，是为实证。并且在宋明时就出现了“郛郭镇溢，楼阁相望，飞杠如虹、栉比棋布”的风貌。

图4-1-13是湖州荻港渔村，属太湖水系，由于家家都要泊船的缘故，村屋都沿水带状布置，断面为屋一路（街）一河，又因水位高，支河（或水溇）头设水闸，故河床很深，水埠头约有16~18级，构成了水埠高陡连排密布，浅舟自纵横的景观。

图4-1-14是京杭大运河支流菱湖镇一带聚落风貌，村和大河挖池隔开，水湾处环溇居，村屋一、二层为主，多数二幢前后联立，有的屋长宽比较接近，深度大，为避免屋顶过大，屋脊过高，用双山墙四坡处理（图4-1-15）。

2. 绍兴平原：水乡泽国伴台门

绍兴平原的开发方式和过程，与太湖流域略有不同，他们先在钱塘江口，北从金丝娘桥、南至曹娥江口筑起了长达200公里的海塘。在海堤内侧挖湖蓄水改造农田。这里的治水活动始于大禹，越王勾践“十年生聚、十年教训”时期，掀起了围筑堤塘开发沼泽平原的热潮，后世的南塘（湖堤）、北塘（海堤）以及与会稽山北流的众多河流直交的东

图4-1-13　湖州荻港渔村

图4-1-14　京杭大运河支流菱湖镇一带聚落风貌

图4-1-15　京杭大运河支流菱湖镇一带

西向运河（浙东运河）格局都已初露端倪。经秦汉二代的经营，到东汉永建四年（129年），因政治体制上吴会分治，会稽郡郡治由苏州迁到山阴，这儿又掀起了兴修水利，改造涂田的高潮，开始了我国东南地区历史上著名的水利工程——鉴湖工程。到唐代，这儿挖筑了青田、瓜滋、狭搽、湘湖、贺家池、铜盘湖等众多湖泊，灌田数十万公顷。公元11世纪前后围垦基本完成，原来的一片浩渺湖水变成了河湖棋布，阡陌纵横的良田沃野。

由于治水造田模式不同，这里的聚落格局，田园风光也就和太湖流域不同，这里有众多大面积湖面，湖两岸用长长的石桥、纤道、避塘连系，所以又有桥乡之称（图4-1-16）。由于水面大，聚落和民居总体上讲是环水的，可用“水乡泽国伴台门”7个字概括其特色，就聚落分布格局而言，可叫作“环溇居”。所谓环溇居是指这里有些不通的水

图4-1-16　鄞县水网地带村镇散点分布略图

湾，称为溇，人们往往就环着这些水湾安家立业，有些村的名字就叫某某溇（如丁家溇、周家溇），环溇二字反映出绍兴水乡聚落选址、布局的基本特点。

3. 西溪湿地：桥水堤岸而为屋

西溪湿地是指杭州市区西面留下、蒋村一带那片水网地带，近年被开辟为城市湿地公园，为和社会上的叫法一致，故叫西溪湿地。这儿水的形态既不同于太湖流域的河渠纵横，又不同于绍兴市郊的大面积水面，而是用堤坝将水面分隔成一个个池塘，众多的池塘用河渠连结起来（抑或是在海涂中挖出一个个池塘，用河渠将之连结起来），房子造在堤坝（小陆地）上。这种聚落的特点是房屋多是一排，为长屋，房正面为街，街外是堤岸、水埠头，屋后是湖河。这种村落很小，往往一个堤岸上就那么二、三幢房子，在几条河渠相交的地方，偶尔有稍大的聚落。这里往往有大树木，人们以它为中心，桥头往往有精妙的处理，往往出现非常亲切动人的景象（图4-1-17～图4-1-19）。

4. 水乡其他形式的村屋

上述三处不同的水乡，各自有不同的聚落格局、风貌、模式，当然，也有共同特色，如小桥、流水、人家；轻舟、骑廊、门前浦等。就房屋的地基而言，历史上还曾有下列两种形式：

茭排屋。太湖流域等近湖地区还出现一种称之为“葑田”的农田，这是因为泥沙淤积在茭草根部，天长地久浮泛水面而成的一种自然土地。自宋代起，人们受葑田的启发，将之改造为人造的“架田”。其规模有的很大，动辄数十丈，厚数尺，可以耕凿种植，人据其上如木筏。王祯农书记载：“以木缚为田丘，浮系水面，以葑泥附木架上而种艺之。”《汉阳府部汇考》云：“汉川（县）四周皆水，湖居小民以水为家，多结茭草为排，覆以茅茨，八口悉居其中，谓之茭排。随波上下虽洪水稽天不没，凡种莳、牲畜、子女、婚嫁靡不于斯，至有延师教子弟者。”关于排茭屋，范成大曾有诗吟之：“污莱一棱水周围，岁岁蜗居没半扉。

图4-1-17 温州三垟湿地

图4-1-18 杭州西溪湿地桥水、堤岸而为屋

图4-1-19 杭州西溪湿地

不着茭青难护岸，小舟撑取葑田归。”“这种葑田，浙西最多”，浙东也有，如绍兴鉴湖上一片又一片的葑田，当地人有“路细葑田移”的诗句，至今尚有不少含葑字的地名被保留下来。（图4-1-20）是千岛湖上的浮屋，是为渔家乐设计的，从中可以想象排屋的情形。

沙地屋。小木屋或砖木结构农户，四周皆为芦苇或林木，聚落规模很小，一、二幢，三、四幢一处。这种形态的小屋，崇明岛很多，我读大学二年级时，随社教工作队下乡到崇明岛，就住在这样的沙地屋中达半年之久。

历史证明，杭嘉湖、宁绍、温州一带就地取泥筑塘挖湖开浦的办法，是兼顾生态的好办法，它不仅使人类夺得了一片耕地，还为人类保存了众多水面。感谢我们的祖先，在当今城市问题越来越严重之际，杭州、宁波、温州城市的旁边，都利用他们开创的这一成果，开辟为各自的城市湿地。

图4-1-20　千岛湖上的浮屋

（四）浙江海滨村落选址、布局特征

在地图上看浙江，宛如一片小小的树叶，其实它并不小，除了10万余平方千米的陆域外，还拥有大陆海岸线长度1840千米。这里选一、二个有代表性的海滨地区进行解析（图4-1-21）。

图4-1-21　海岛民居：温岭石塘

宁绍平原海滨在史前时历经4次海浸，古人采取“水进人退、就近上靠”的方式撤到山地，经历千年，海水退后再一次伸入平原腹地。农人对居住环境的选择应该是古今同理的，宁绍海滨人们围田而耕逐水而居这一生活方式古往今来没有明显的改变，翻开慈溪市地图，可见河渠纵横，走进去看，村落多是沿河布置的，而且是一个个村落连绵不断，几乎相连。老的村屋多为“一”字形，三开间，单层或二层居多，新农屋方形为主，层数三层为多。总体特征房子是低矮的。驱车行至杭州湾大桥两头，便可发现村屋越来越稀，越来越少，有的仅三、五幢而已，多数为一层、二层，这是开发时序造成的景观（图4-1-22）。

图4-1-22　海岛民居：象山石浦

而浙江东南沿海的温州到瑞安的海滨村落，这里又因温瑞塘河流域形态和杭嘉湖、宁绍水乡不同，和先有环境人们去选择村址相反，这儿是先要创造环境，再去居住。杭州湾进入河姆渡、良渚文化时期之时，这一带还是一条海峡，南北朝时是淤积过程中的湖泊和沼泽地，而今温瑞塘河还是一条泻湖。人们在原泻湖的基础上，开凿构筑了温瑞塘河，两旁成为一片海涂和盐地。唐代，我国改造低洼地（圩田）达到高潮，温瑞平原这块湿地列入了改造的日程，改造的方法是先挖河渠筑堤塘，排水、去湿，再围淤造涂田。从居住角度讲，经历了渔乡和农耕两阶段，而开发的人是城里人，是先有温州、瑞安城，鉴于人口的压力而去开发的。最初的人口迁徙推想应该是钟摆式活动，外溢式移动，即市郊的渔民白天到涂田上捕鱼养殖，晚上回城。随着农田的形成，房屋慢慢地由市区呈同心圆形态向外扩展。最初的房屋是船屋，形态可能类似于今海南岛南湾淡族人的“渔排”，水和涂田的形象如图4-1-23所示，这种状态的田地，绍兴一带称作“荷叶地”，而那些断流的狭长河湾叫“溇”，上面均匀地分布着船屋，或是竹木结构的棚户，后来演进成跨在水上的干阑式浮屋。温瑞平原的渔乡功能，一直延伸到农耕阶段还交错存在，明万历《温州府志》中写道：“一街一渠舟楫毕达……数处渔家，列居其旁”，号“渔郎”（图4-1-23）。

地造起来了，河渠不断地疏浚、排湿，土壤性能得到改造，逐步变成农田，其形态是迂回交错的，恰似农具——耙、耖状，今天的地形图上还可以看出一渠一地，状若棋枰之形态。村屋布局则是填充式的，形态为散点式，本书称之为滨海荷叶地村落节点走廊式布局模式（图4-1-24），特点是面田背水、家家门前浦。村与村之间的联系，主要靠水网，而不是路网。关于此，古诗有很多描述，如长期居住在水心（地名、四周是水）的叶适写道：“听唱三更罗里论，白旁单桨水心村，湖回再入家家浦，月下还当处处门”，“十里论浪绝岸遥，幽人行处有谁招”，要寻访的农家家门

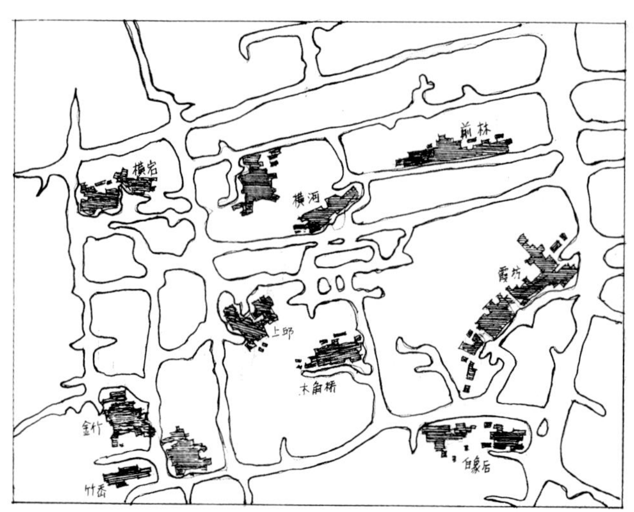

图4-1-23 温州滨海荷叶地和村落

图4-1-24 滨海地区聚落城镇的节点走廊式布局模式

图4-1-25 海岛民居：温州洞头1

图4-1-26 海岛民居：温州洞头2

前都有水浦，广阔的湖面延伸到远处的岸边，这就是今天尚可看到的温州滨海村落的形态（图4-1-24~图4-1-26）。

这里的村落，不像山区中的村落，一村一姓，世代繁衍而成村，而是以围淤形式形成的，一村数姓或者多姓。当然，有的很小的村落也有一村一姓的。鉴于这个原因，村落中起结构作用的建筑就不是宗祠而是由共同的信仰而形成的寺庙了，据说，大罗山（平原中的一座山）及周围有七十二寺庙三十六道观。

还得特别指出的是，温瑞平原中有一条人工开凿的塘河——温瑞塘河，因为这儿山和海靠得很近，或者说平原复地很浅，所以温瑞塘河成了这块平原的主河，甚至可以讲是唯的一条发展轴线，所以田地的开发、人口的聚集都是环绕这条母亲河展开的。两岸的村落，经历了“桥水堤岸而为屋”的过程，发展速度很快，它的形态像泥塘中的莲藕一样，一节连着一节匍匐前进，由于地少人多，几乎首尾相连了，而且很多地段都发展成了城镇，其形态特征可用“节点走廊”来形容（图4-1-27）。

图4-1-27　海岛民居：温州洞头

二、浙江传统聚落的空间形态、特征

（一）浙江传统城镇的空间形态

浙江城镇大部分是经济运行的产物，它的形成、发展壮大，不是按事先设定好的模式进行的，而是生长式的，以适应当地的自然条件、经济规律，方便农产品交换，方便居民生活为原则，在原来的基础上一步步发展壮大。空间形态、特征是适形（与环境协调）、实用、自由，这类城镇在明清以后大量的崛起。它的形成原因也复杂得多，主要原因除商品交易外，还有交通要冲、风景名胜、历史名人等，其空间形态主要有下列三种类型：

1. 团状

如兰溪游埠镇、龙游溪口镇、永嘉岩坦镇、遂昌石练镇等，其用地条件比较开阔，没有特殊的地形（如河、湖泊）可以依附，但是它们位于交通要冲，或者是某一地域的中心，也或有某些文化上的优势，成为某一地域的商品交换地，在原来的村落上由里向外同心圆式发展。镇聚平面呈团状，其中道路不会按王城的经纬涂制事先设置好营建，而是在原来基础上延伸，最后像蜘蛛织网一样成为网格状。

2. 带状

这种形态的城镇多位于有依附的地形上，如河边、湖畔、山脚等，它的原型为带状村落，成为农村商品交易中心后沿河、湖、山脚发展成镇（图4-1-28）。

3. Y字型、十字型

这种形态多半发生在二条河的交叉口，它们也是以河为轴发展成镇。

图4-1-28 水乡聚落沿水带状布局模式：湖州狄港渔村

（二）浙江传统城镇的街巷网络形态

街为商业空间，其规模（长短）由贸易量决定，宽度由用地条件而定，当市镇腹面地人口特别多，商品交易量特别大时街道宽度可能超过4~5米；但一般市镇街道的宽度多在3～4米之间（遂昌王村口，平阳顺溪镇、富阳龙门桥镇等实例），两旁的店房多为一层、二层，少数为三层。两旁房屋檐口高度多在6米左右，街道空间高、宽比一般在0.5~0.7之间，体现了适应以农产品及为农业服务的手工业产品交易市场的农业经济时代城镇的尺度。而市镇中的巷弄则是居民间的联系的空间，没有商业功能，只有交通功能。

由于农民进市镇购物方式是步行手提肩挑，而店主则是展示陈列方式将商品信息传递给顾客的。这种消费和经营方式的最经济、最明确路径是直线。故此，浙江的市镇商业街基本上都是一条街形式。这种形式，除了有最经济、明确的商业路径外，也最容易和地形结合。浙江水乡平原地区的田地系统都是历史上纵浦横塘的水利系统造成的，徐光启的《农政全书》："钱氏有国……七里为一纵浦，十里为一横塘，田连阡陌，位位相承。"这里的七与十正好是船行人走一天来回的合理路程，所以这些地区的市镇多是傍水的，其商业街主体的基本形态是一条街式的。浙江山多地少，山区中的市镇也多位于溪旁关隘中，商业街的主体也基本上是一条街式的，这种商业街形式在交通要道中的优点就更明显，如浙闽交界仙霞岭隘口的江山廿八都，遂昌的王村口，丽水的西溪天台的街头，温岭的温峤等，它们都处于交通要道。这种街不仅起交易作用，还有驿站功能，是通过商业街形式，使其具有最便捷、最明确的优点。浙江山区中即使不是位于溪旁、交通要道中的市镇，也往往形成"一"字形商业街，如永康的方岩，位于一条田垅的垅表，翻山越岭过来的农人，沿着山边通向垅底，商业小街也就贴着山腿一字形延伸（图4-1-29～图4-1-34）。

当然，也有点面结合、纵横结合的商业街，这种市镇多位于盆地、平原、谷地，规模较大，多以十字街形式出现，金衢盆地上的市镇多属此类。

巷与街之间的联系，可以用"仕者近宫，工商近市"的生活方式来理解它。坊，是市民的生活空间，它喜欢封闭一点，安静一点，坊内为屋，屋中有院。坊与坊之间形成夹弄，夹弄汇成巷子。巷宽1米多点，大巷也不到2米，大巷通向商业街，它们之间基本上是垂直相交的，这样子用地最经济，居屋也容易得到最好的朝向。巷与街之间的关系好比树枝与树干，小树枝汇于大枝，大枝汇于树干，从一条巷和街的关系看是干枝杆式的。当然，小巷与小巷之间也有联系。它们之间往往联成方格网状，也有些夹弄是断头的，形成了"死胡同"，这种弄巷，为居民安静提供条件。

（三）浙江传统水乡市镇的河街形态模式

浙江水乡中的市镇，有一种特殊的"巷"——水巷，所谓水巷是联系住家的，不是巷子，而是小河。水巷的典型布局形式有前街后河，这里的河变成商业街的辅助通道，是居民或店主的后方出入线或货运线。第二种水巷是临河单面街，第三种形式是两街夹一河，即沿河两岸都是街（图4-1-35、图4-1-36）。

水乡市镇中，河起着重要的功能作用，一般都是依水设街（或筑路），因水成市，临水建屋，于是在街市与水的关系上出现了面河式和背河式两大类型，归纳起来主要有如下几种模式（图4-1-37、图4-1-38）：

1. 两街夹一河模式

这种模式用于腹地大，货客流多，且水上交通便利的地方，货物可以通过河道并直接上码头进店，省去了一些货

图4-1-29　象山石浦

图4-1-30　遂昌石练

图4-1-31　遂昌王村口

图4-1-32　金华八咏楼街

图4-1-33　嘉善西塘

图4-1-34　富阳龙门镇

①两街夹一河模式

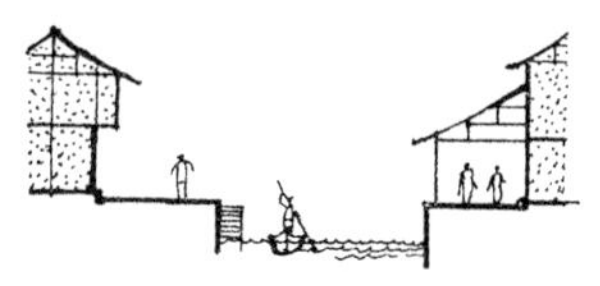

②一街一步行廊夹一河模式

③一街一河（单面街）模式

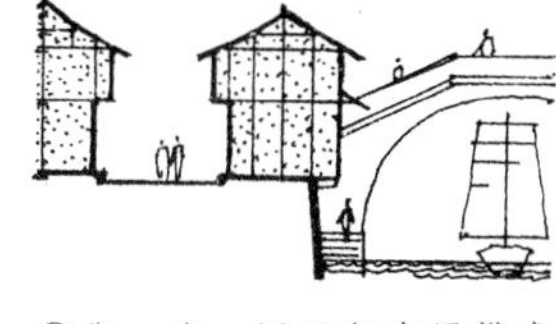

④街一店一河平行布置模式

⑤街一茅宅一河模式

⑥两步行廊夹一河模式

⑦住宅一码头夹河模式

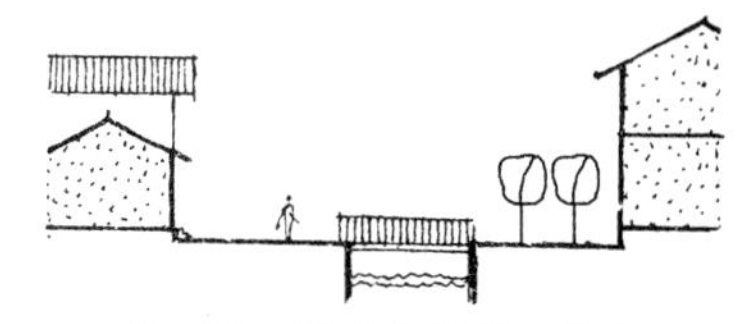

⑧一街一河（单面街）模式

图4-1-35　浙江水乡街道布置模式

图4-1-36 嘉善西塘

图4-1-37 德清新市

图4-1-38 桐乡乌镇

图4-1-39 德清新市

图4-1-40 嘉善西塘

仓。消费者也可划船来去，充分利用水的功能效率。

2. 一街一步行廊夹一河模式

浙江是光雨资源的高值区，因而沿河一面或两面街道往往设雨廊或骑楼，用以避晒避雨，使得一年四季的交易都不受风雨，烈日影响。

3. 一街一河（单面街）模式

这种模式常用于商业规模不大的地方，也或紧靠河岸房屋的前方有一条街道。

4. 街一店面一河平行布置模式

这种模式的最大优点是临河建筑为前店后河，前商业后生活，运输、货物进出、店家起居、洗涤均不影响街市，还有一个大优点，是可把餐饮、酒吧引到水边，极大地促进了消费。市街的另一边往往是前店，后是作坊或杂院（图4-1-39）。

5. 街一宅第一河模式

这种模式往往只建在水乡街市的一部分，宅第既临街又临河，凸现出宅第的高贵品质（图4-1-40）。

6. 两步行夹一河模式

如嘉兴市西塘，把商店设在骑廊内，或面河一面干脆不设商业街，突出了临水建筑的宁静和亲水性。

7. 住宅一码头夹河模式

这种模式也往往只占水乡街市的一部分，它突出了两岸建筑的仓储或中转生产功能（图4-1-41）。

图4-1-41　乌镇东栅

图4-1-42　乌镇

8. 街—河—园模式

河的一边也是商业街，对面是园林绿地或大型公共建筑（如学校、寺庙）或园林宅第，突出了水乡以水为轴的环境之美（图4-1-42）。

（四）浙江传统城镇街坊的建筑类型及其他特征

总的特征是房屋联立长边沿街，在街面上看不到山墙，即市街两边的人是以做生意为主，而不管住房的朝向，具体有如下几种方式：

1. 一字形平面沿街布置

这是最常见的方式，三间五间不等，有的地方多为联立长屋（如温州文成某镇）分前屋、后室，前屋开店，后室仓库或厨房，楼上居住。进深大的则在房后或中间加小天井，间以“纤堂”，联系前后室并带有内天井的形式。

2. 矩形平面

这是街市转角处或桥头常用的布置方式，它很好地解决了流线的转向传承连续关系。这种地方是现代城市交通量大，又多是高层建筑最棘手的地方，传统古镇却解决得如同行云流水，亲切近人。

3. “竹筒式”平面布置方式

水乡临河市街的靠河一边建筑常用，因为沿街每户不能占街面太宽，所以只能加大进深来解决住、储等问题。店屋侧墙左右紧靠，所以在街面上看像是一幢房子连续向前，只是在一定长度后有小弄常通向水埠头或船坞。深度这么大，风部通风采光依靠巧妙地穿插一些小天井来解决，也或采取楼层退缩、开天窗等办法。这种平面称为“竹筒式”，这个称谓形象而通俗，竹子是直“溜”的（注：浙西方言，意为纹路笔直向上，没有横纹），只和天发生关系；水乡临水竹筒式店屋，一头是街，一头是河，它只和这两者发生关系，绝不干扰左右邻居。

4. 中、大型建筑

这些按“臣庶居室制度”建的“大屋”因为位于“共同的经济”所产生的市镇里，也不得不受市场经济的制约，像那些身穿长衫短褂的士大夫到市里赶集似的，挤在粗布短褂的平民中间。它们只能在街、巷中露出门台，要走进去，才能看到深邃的庭院和豪华气魄。不能占据很多的街面而向纵深发展。

5. 一般居民住宅

主体仍恪守一堂二室，结构用厅堂梁架，并尽量争取朝南朝东布置，辅助房就不能那么规矩了，而根据可用地形有长有短，有方有窄。

6. 小摊贩小市民的住宅，尤其是商业街上的建筑。

只能因地制宜，能大则大，形体不一，灵活布置。

7. 临水面空间处理

水乡街市建筑其临水面的空间与立面具有特色，有前挑、后退、支撑悬挑式前挑（类似于吊脚楼这种手法），以及形成正空间的院、阳台与形成负空间的后退处理方式等。有的建筑部分在地面，部分搭在桥上，用公共桥面为自家楼梯直通二楼（图4-1-43）。有的将整栋建筑建在不通航或水面特阔的水面上，称为枕流。沿河立面有连排木窗、木板墙，有凸出、有凹进、有升起，有跌落、有檐廊、有美人靠，整个立面看似零碎但又是连续的，整体性很强，如一卷画沿河和水面平行展开。

8. 各式各样临水面的水埠头

凸出的、凹进的，直的、横的，创造了丰富多彩的私密水空间，各式各样的悬挑，产生了各种浮光泛影的景象，给人以整条建筑是贴着水面生长的感觉、很多水是从房子底下流出来的感觉。

综上，水乡市镇住宅面貌和布局，除少数合院式建筑是中原文化带来的以外，整体上是土生土长的，是河姆渡干阑式建筑的演化而来。两种类型，一种以礼制为核心，强调关系，强调住宅的社会性、政治性；一种以经济为核心，强调生产力，因地制宜、多元共存、士民同巷、和而不同，这是浙江传统建筑文化的一大特色。

（五）浙江传统山地民居形态特征

1. “一”字形长屋

这种住宅在浙南多见。主要成因是用地突兀，为了省出平地开垦为农田，房屋只得横向沿等高线伸展，因此产生了七间、九间、十一间、十三间甚至十五间的长屋，样子非常古拙，有的和商代的复原建筑一样，二重檐；也有不等坡的，矮的房子屋面几乎挨着地了（图4-1-44）。

2. 爬坡

建筑一坡一坡地爬上去，远远看去上坡住宅的门窗就像开在下坡住宅的屋背上，层层叠叠，勾画出一道别致的风景。

3. 掉层

房屋基底随地形筑成阶梯式，使高差等于一层或一层半、二层，这叫掉层。避免了基地大规模动土，同时形成了不同面层的使用空间。

4. 错层

为了尽量适应地面坡度变化，在同一建筑内部做成不同标高的地面，形成错层。 这种类型的建筑，不仅减少了土石方量，也取得了高低错落的景观。还有一种情况是：如果屋脊垂直于等高线布置，有的地方采用屋顶在同一高度，地面不等高的手法，民间称为“天平地不平”。

5. 跌落

这是一种以开间或整幢房屋为单位，顺坡势段跌落，这种手法创造出屋顶层层下降，层层屋顶的山墙节节升高景象。

6. 附岩

在断崖或地势高差较大的地段建房，常将房屋附在崖壁上修建，一般也将崖壁组织到建筑中去，省去了一面墙，起到了省工省料效果，更多的做法是将房屋和崖壁脱开，形成了一个吸壁式准天井，起采光作用。有的把崖壁上的渗水集中起来，作为家庭用水源。

实际上对于居住建筑的爬坡、掉层、错层，跌落乃至于附岩处理是综合的，浙江各地有许多的实例，如杭州中天竺一带，丽水的下南山某宅，宁波陶公忻宅，嵊州市浦江乡屠家埠

图4-1-43　德清新市

图4-1-44 “一”字形长屋：永嘉张溪林坑某屋

村，临海麻利岭陈宅，云和的东街村，景宁溪两旁的众多小村等，都运用得非常巧妙实用，不失为一盅盅精美的旅游小菜。

以上是浙江山地民居巧用地形的常见形式，反映了浙人的环境意识。在此我们不禁联想起一个问题，在古书古画里看到的农舍，几乎都是和树、山、水等环境一起出现的，这并非是中国画生来就有的要求，而是古代真实环境的反映，并由此留给后人这个心理定式。这个情境不仅屡屡在画中出现，古诗词中亦常常出现这种脍炙人口的画面，如：

纵横一川水，高下数家村（宋 · 王安石）。

柴门疏竹外，茅屋万山中（宋 · 杨万里）。

绿树村边合，青山廓外斜（唐 · 孟浩然）。

（六）浙江传统聚落的选址、布局特征（表4-1-1）

浙江传统聚落的选址、布局特征　　表4-1-1

	团状村落	带状村落	环状村落	梯田状村落
	多布局在盆地、谷口或有较大平缓地形的山顶、山腰	多出现在夹谷中，夹谷中有涧溪水流，村屋靠近水流沿河道伸展	多分布于孤山、湖库（塘）河湾之畔，有的地方称之为环山村或环水村	多分布于山高地少，山坡又缓，有多级台地地区
山地村落选址特征		武义山区聚落沿溪点式布局模式		

续表

<table>
<tr><td rowspan="2">山地村落布局特征</td><td>环心布局
常见于规模较大的聚族而居的村落</td><td>轴线布局
多出现在夹谷中，夹谷中有涧溪水流，村屋靠近水流，沿河道伸展</td><td colspan="2">自由布局
多分布于孤山、湖库（塘）河湾之畔，有的地方称之为环山村或环水村
</td></tr>
<tr></tr>
<tr><td>丘陵村落选址、布局特征</td><td>浙江的丘陵都是农业型地貌，小山丘连绵不断，田垅、梯田、田畈相间，主要靠小溪、水渠、水塘灌溉。耕地是村落生成和布局的唯一因素，村落形态整体散点式均衡分布，规模相对均匀</td><td colspan="3"> </td></tr>
<tr><td>浙江水乡村落选址、布局特征</td><td>横塘纵浦圩田系统决定了浙北水乡聚落栉比棋布的总体格局
</td><td>绍兴平原：水乡泽国伴台门
</td><td>西溪湿地：桥水堤岸而为屋
</td><td>水乡其他形式的村屋
</td></tr>
</table>

续表

浙江海滨村落选址、布局特征	这儿是先要创造环境，再去居住。改造的方法是先挖河渠筑堤塘，排水、去湿，再围淤造涂田。河渠不断地疏浚、排湿，土壤性能得到改造，逐步变成农田，其形态特征可用“节点走廊”来形容 		

（七）浙江传统聚落的空间形态、特征（表4-1-2）

浙江传统聚落的空间形态、特征　　表4-1-2

传统城镇的空间形态	**团状城镇** 其用地条件比较开阔，没有特殊的地形（如河、湖泊）可以依附，但是它们位于交通要冲，或者是某一地域的中心，也或有某些文化上的优势，成为某一地域的商品交换地，在原来的村落上由里向外同心圆式发展	**带状城镇** 这种形态的城镇多位于有依附的地形上，如河边、湖畔、山脚等，它的原型为带状村落，成为农村商品交易中心后沿河、湖、山脚发展成镇 	**Y字型、十字型城镇** 这种形态多半发生在两条河的交叉口，它们也是以河为轴发展成镇	

续表

<table>
<tr>
<td>城镇的街巷网络形态</td>
<td>街为商业空间，其规模（长短）由贸易量决定，宽度由用地条件而定，当市镇腹面地人口特别多，商品交易量特别大时街道宽度可能超过 4 ~ 5 米；但一般市镇街道的宽度多在 3 ~ 4 米之间
</td>
<td>两旁的店房多为一层、二层，少数为三层。两旁房屋檐口高度多在 6 米左右，街道空间高、宽度比一般在 0.5 ~ 0.7 之间，体现了适应以农产品以及为农业服务的手工业产品交易市场的农业经济时代城镇的尺度
</td>
<td>点面结合、纵横结合的商业街，这种市镇多位于盆地、平原、谷地，规模较大，多以十字街形式出现，金衢盆地上的市镇多属此类
</td>
<td>

</td>
</tr>
<tr>
<td rowspan="2">传统水乡市镇的河街形态模式</td>
<td>两街夹一河模式
</td>
<td>一街一步行廊夹一河模式
</td>
<td>一街一河（单面街）模式
</td>
<td>街—店面—河平行布置模式
</td>
</tr>
<tr>
<td>街—宅第—河模式
</td>
<td>两步行夹一河模式
</td>
<td>住宅—码头夹河模式
</td>
<td>街—河—园模式
</td>
</tr>
</table>

续表

浙江传统水乡市镇的河街形态模式	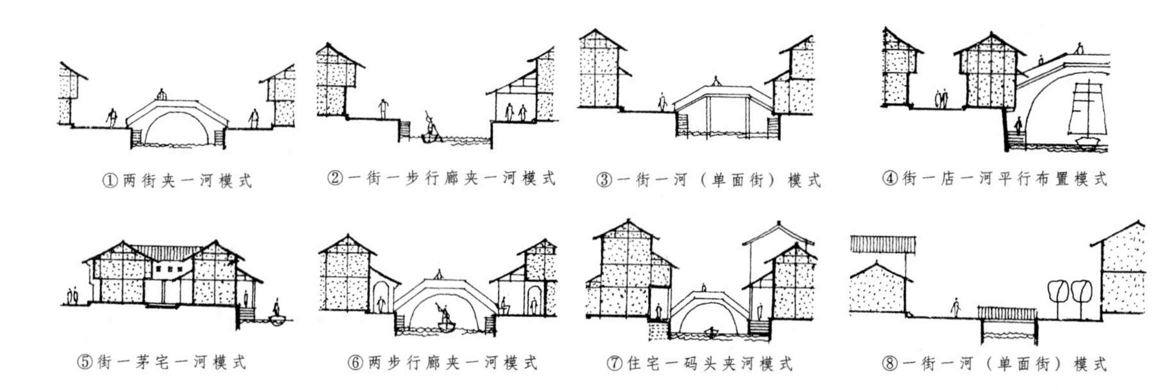

第二节　浙江传统公共建筑（宗祠）的类别、形制与工艺特征

中国古代农村聚落除了住宅外，还建造很多公共建筑和开辟了各种室外公共活动场所，这种广义的住宅空间在会聚族人，纪理宗规，实现人和人的和谐上起了重要作用，同时也将个人的生活网络从第一重的血缘场向血亲场、地缘场与社会场逐层拓展与联结起来。

中国是尊祖礼贤之国家，古人在营建自己家园的时候，首先想到祖、贤和他人，并由此产生了“宗庙为先，厩库为次，居室为后”（《礼记，曲礼》）的公建优先原则。

浙江是文明之邦，文化之邦，广大农村历朝以来，都始终不渝地执行公建优先原则，致使现存的大部分列为文保单位的建筑多是宗祠、书院、寺院、文庙等公共建筑。比如温州永嘉县屿北村，500人，有大小宗祠7座；芙蓉村9座（图4-2-1）；兰溪的长乐村（图4-2-2），鼎盛期曾有16座祠堂；宁波鄞州区姜山镇走马塘村，宗祠面积占全村总面积的26.7%。很多地方除宗祠外还有文庙、平水王庙等圣人、先哲、忠烈的纪念建筑和公学、私塾、书院等教育建筑，这些建筑可以认为是广义住宅，成为农民的公共生活场所、教育中心和农村面貌的结构性要素（图4-2-3、图4-2-4）。

一般来说，宗祠都是村民活动中心，但由于管理上的需要，很多宗祠往往不是每天开着的，要有重要活动、重要节日才开门。因此，宗祠前面一般都辟有广场“道坦”，或者挖有大水池，并配有亭阁或旁边种上大树，这个地方就是该村的公共活动场所。这块场地除有足够的面积外，做得特别精致，地面平整干净，有些地方往往铺青石、花岗岩或卵石地面。除本身风景好以外，也有美的对景，或田坂、或水面、或青山。如

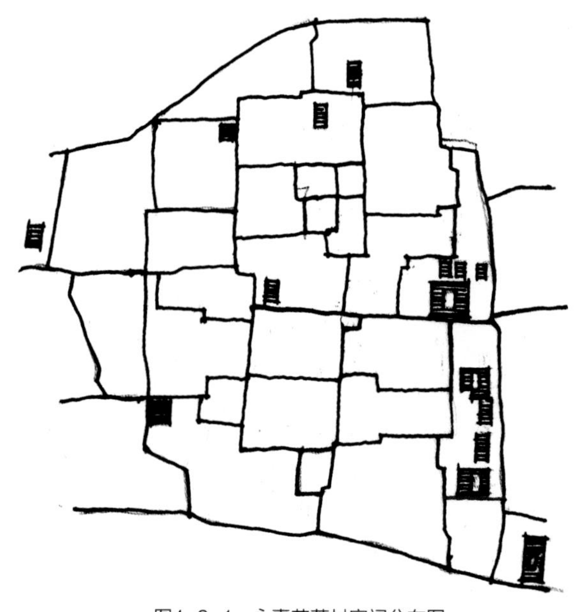

图4-2-1　永嘉芙蓉村宗祠分布图

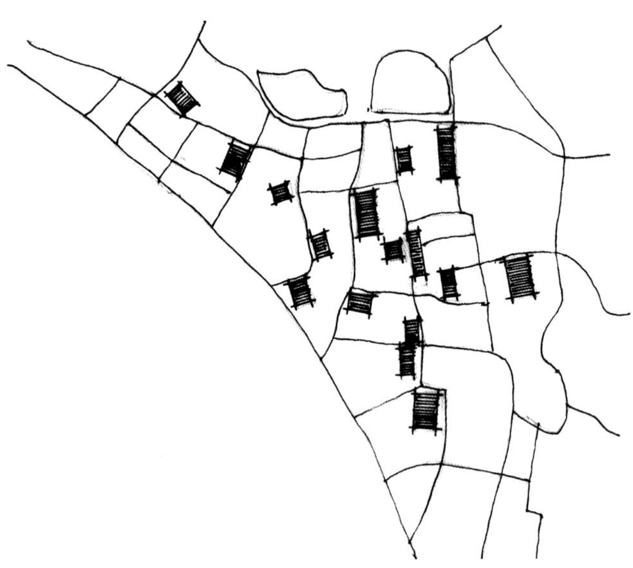

图4-2-2 兰溪长乐村宗祠分布图

图4-2-3 长乐村象贤厅

图4-2-4 长乐村象贤厅

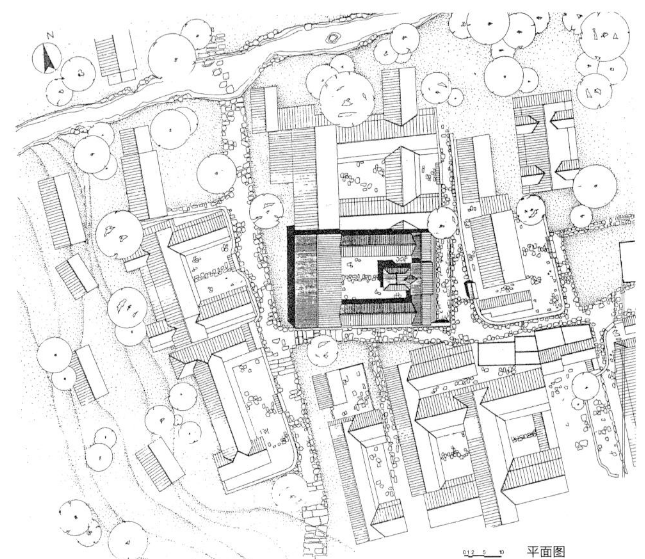

图4-2-5 永嘉蓬西村

遂昌独山叶氏宗祠、兰溪渡渎章氏家庙，兰溪诸葛村大公堂前水池，永嘉若头塔河庙，蓬溪康乐公祠，天台张思村、江山清漾村等宗祠，都是这一类型（图4-2-5）。

一、浙江传统宗祠的生成背景

宗祠的前身是家庙。秦朝时，只有豪族大户的墓地里建此类建筑物。民间祠堂起源于西汉，但是多建家庙于墓所。汉唐沿袭了近千年的门阀制度，到宋代基本消失，取而代之的民间组织力量就是宗族。宋代文坛领袖范仲淹、欧阳修、苏东坡等极力提倡宗祠、写家谱、设义田。吕大钧、吕大临、吕大防兄弟发起组织了一种以教化为目的的地域性自治团体，史称“吕氏乡约”。它为宗祠的建设找到了发起人和组织者。到了南宋，大理学家朱熹加以修订，称《增损吕氏乡约》，并且写了《家礼》，为宗祠的发展建设提出了设计方案。

但是直到明代中期，封建礼仪制度对宗祠还是悉从周代制度，庶民还是不许为自己的祖宗建庙的，只能列宗亲牌位于堂屋。嘉靖皇帝和上代重臣、首辅杨廷和经过“大礼仪”之争，把亲父母立为皇考，并在出生地湖北钟祥为父母建立了皇陵（显陵），这场争论为宗祠的建立铺平了道路，嘉靖帝1536年批准了礼部尚书夏言的“令臣民得祭始祖立家庙疏”，下召“许民间皆得联宗立庙”，于是，宗族祠得以产生并遍布天下。浙江温州籍进士张聪是大礼仪之争中嘉靖帝的主要支持者，取得胜利后便回到老家温州永强推行宗祠建设，同乡官员项乔第一个响应，于嘉靖十七年回乡捐田30亩（约20000平方米），亲自发起主持兴建了项氏宗祠。该宗祠至今完好无损。

浙江的人口迁入，主要发生于永嘉南渡和宋室南渡，明清的海禁运动，和“太平天国”又从南方迁来不少氏族，他们或单独立村，或与土著结合，通过联姻和地缘关系形成具有典型江南色彩的宗族形态，出现众多的单姓、复姓村落，宗祠具有继承祖业、纪理宗规、会聚族人三大作用，因此，宗祠建设的需求也就特别迫切。诚如兰溪西姜《姜氏宗谱》所说：“盖闻天子坐明堂，以临长百官；祖宗安祠宇，以福庇子孙。然百官辅翼其君，子孙不忘其本，故朝廷重举贤之典，姓氏择任事之人，事虽殊而理则一，岂曰祠事细务而可以不择人而任哉”。这里将宗祠的作用和由谁组织营建说得清清楚楚。以上是为浙江农村大兴宗祠的历史背景和营建组织概况。

二、浙江传统宗祠的分布和类别

全族共同祭祀的总祠称家庙或大宗祠，每个房派的有分祠、支祠或厅。

宗祠纪念祖宗的代数是有规定的，明初还是沿用朱熹《家礼》旧制，祭父母、祖父母，洪武十七年（1384年）改祭二代为祭“曾、祖、祢”三代，后又发展为“高、曾、祖、祢”四代。到清代又打破了这一规定，向上延伸至几十世。浙江农村中同一宗族设大宗祠，大宗祠下各房派建小宗祠，叫祠堂，浙西称作厅；各房派下再分析出祠以如房命名四房厅、五房厅等，有的地方还有称“柱”的，如兰溪县如埠街道近年新建的一个宗祠名为“第史柱”，这是“房”下面的一个分支，分支以下为家庭，各家在住宅的正厅设香火堂或牌位。

浙江“家庙”形式的宗祠也随时可见，特别是交通不发达的地区保留下来的较多，如温州平阳县顺溪的陈育球，明隆庆代人，繁衍传留下来，七幢大屋（七房人）有一个家庙；温州泰顺三魁镇下武洋村的林家厝，庵前村张家至今还保留有家祠；兰溪县渡读村的“章氏家庙”，名义上为家庙，实际上已成为该村的宗祠了。

三、浙江传统宗祠的形制特征

作为礼制建筑，宗祠的形制和外形比较保守、定型和封闭。

宗祠的形制尺寸《鲁班经》卷一说：“凡造祠宇为之家庙，前三门，次东西走马廊，又次之大所，此之后明楼，茶亭，亭之后即寝堂。若装修自三门做起至内堂止。中门开四尺六寸二分，阔一丈三尺三分，……两边耳门三尺六寸四分，阔尺九七寸，……中门两边俱后格式。家庙不比寻常，人家子弟贤否能在此外钟秀，又且寝堂及听雨廊至三门只可步步高，儿孙方有尊卑……”浙江的宗祠，大都遵循此制，但各祠又因宗族经济状况的不同而在形制上与装修上又有差别。

浙江宗祠的典型式样有：

1. 独立正厅式

正厅（享堂）在中，寝堂在后，前为门屋，东西两庑，成一回字形格局。其中寝堂、门屋、两庑可以连起来。唯正厅是独立的，这种形制仿自周礼中的廊庑之制，为一族之总祠所采用。浙西较多，如兰溪长乐金氏大宗祠，兰溪水亭乡生塘村胡氏宗祠。

2. 纵向合院式

由若干个三合院或四合院发展而成，沿中轴线纵向布局，宗族中的支祠大多采用，如兰溪长乐象贤厅。祠堂通面阔13米，通进深53米，前后四进，依次为门厅、前厅、正厅（过厅）、后寝。兰溪诸葛村的承相祠则巧用地形拾阶而上，三进两庑五开间，两天井加前院，员式果，石质檐柱、山柱，四棵金柱直径50厘米，分别用柏木、梓木、桐木和椿木，谐音“百子同春”，建筑庄严华丽。有的宗祠因规模大，采用多天井形式，如东阳李宅某宗祠内部有三个天井，呈“品”字形布局，磐安榉溪孔氏大宗也是“品”字形天井，只是天井比李宅宗祠窄一些（图4-2-6、图4-2-7）。

这种模式的天井有大有小，浙西多为小天井，浙南天井较大，称院落，如永嘉屿北汪氏大宗祠，浙中天井适中，如缙云河阳虚竹公祠堂，前院加天井，为苏式祠堂式样（图4-2-8、图4-2-9）。

3. 口字形

如永嘉康东公祠，由门屋、两廊、院落、正厅组成，没有寝堂，浙南多采用（图4-2-10）。

4. 浅院式

家庙常采用此式，如泰顺下武洋林家祠，寝堂生出两厢，前面用围墙、大门围出一个浅院，寝堂中设香火堂，挂祖宗画像。是按朱熹《朱子家礼》家庙图式造的（图4-2-11、图4-2-12）。

5. 前廊轩后天井式

如衢州航埠北二村蓝氏大厅，三进两天井，前有廊轩造型十分壮观，第一进高活动戏台，清代造，四柱七檩，山缝五柱七檩。丁氏大厅前几年毁于火灾，是浙西农村小宗祠的典型式样，有活动戏台（图4-2-13～图4-2-16）。

按功能分的话，又可分有戏台的、没有戏台的，有寝堂的，没寝堂的；按正立面分的话，可分为楼式、门屋式、门墙式（图4-2-17、图4-2-18）。

图4-2-6　磐安榉溪孔庙

图4-2-7　东阳李宅村某宗祠

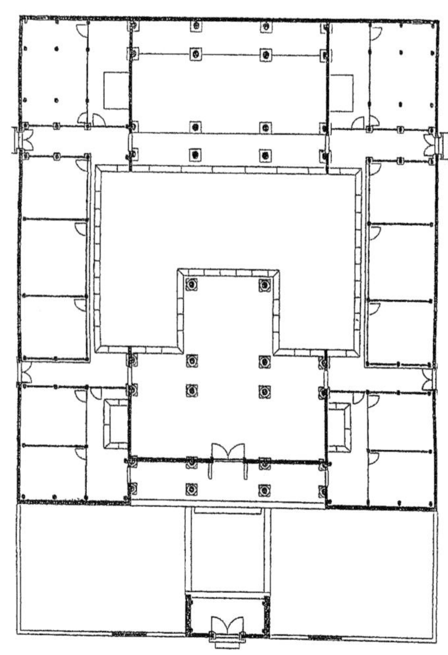

图4-2-8　缙云河阳虚竹公祠平面图

图4-2-9　缙云河阳虚竹公祠

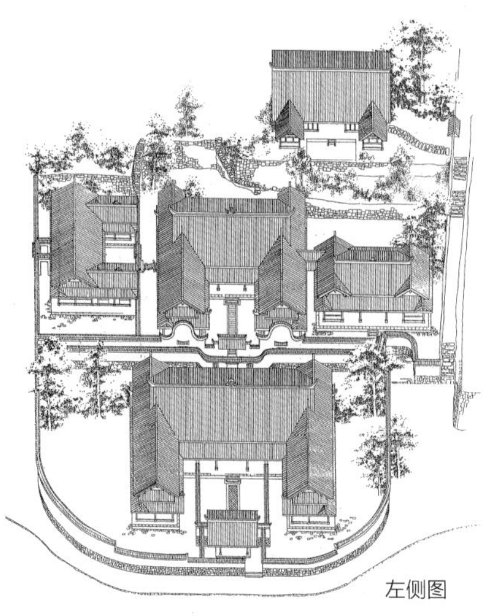

图4-2-10　泰顺下武洋村林家祠

图4-2-11　兰溪水亭乡生塘村胡氏宗祠

图4-2-12　兰溪水亭乡生塘村胡氏宗祠

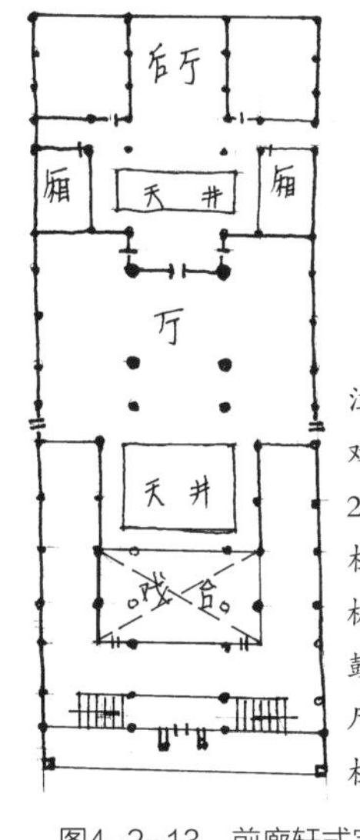

注：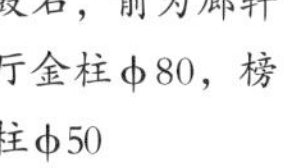为戏台面，底高20米，●为戏台柱，当中戏台面板可拆，▯▯抱鼓石，前为廊轩厅金柱φ80，榜柱φ50

图4-2-13　前廊轩式宗祠

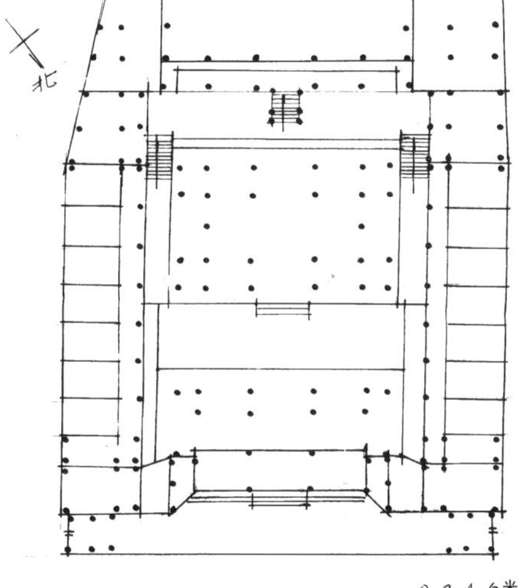

图4-2-14　兰溪诸葛丞相祠堂

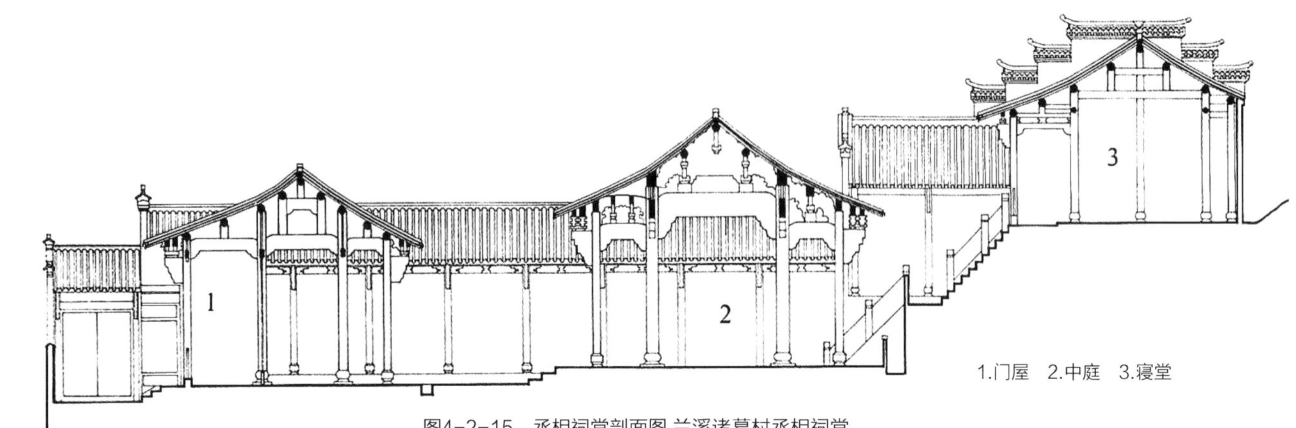

图4-2-15　丞相祠堂剖面图 兰溪诸葛村丞相祠堂

图4-2-16　丞相祠堂大门

图4-2-17　永嘉芙蓉村陈氏宗祠

图4-2-18　龙游湖镇地圩村雍睦堂戏台

四、浙江传统宗祠的梁架工艺

宗祠多为三开间，大的宗祠也有五开间的，木结构，采用厅堂之制，正厅（享堂）进深较其他深。以兰溪长乐金氏大宗祠为例，正厅五开间，歇山顶，四金柱粗壮，二人合抱，明间五架梁带两组前双步和后双步，前檐为高耸的牌楼形式，檐下斗栱古拙华丽，上下檐皆四攒，五踩出二跳。牌楼明间单檐，中嵌“百世瞻依”匾额，次间歇山重檐，翼角高翘，气势威严。又如兰溪生塘胡氏宗祠，渡读章氏家庙等，其梁架十分粗大，工艺精致，航埠北二村兰氏大厅的金

图4-2-19　江山二十八都小文昌阁

图4-2-20　永嘉芙蓉村陈氏宗祠

图4-2-21　兰溪水亭某宗祠

图4-2-22　泰顺泗溪下桥村临水殿藻井

柱ϕ80，其余立柱ϕ45，看了以后不由得赞叹古人在乡共建筑上肯花钱的品质和古代匠师们神工鬼斧般的制作技艺和不求闻达的创作精神（图4-2-19、图4-2-20）。

宗祠每往里一进，地平就或多或少地升高，到寝堂时达到最高，这种空间处理方式有着建筑本身以外的特别含义，在《鲁班经》中有详细明确记述（图4-2-21、图4-2-22）。

五、浙江传统公共建筑（宗祠）特征（表4-2-1）

浙江传统公共建筑（宗祠）特征　　表4-2-1

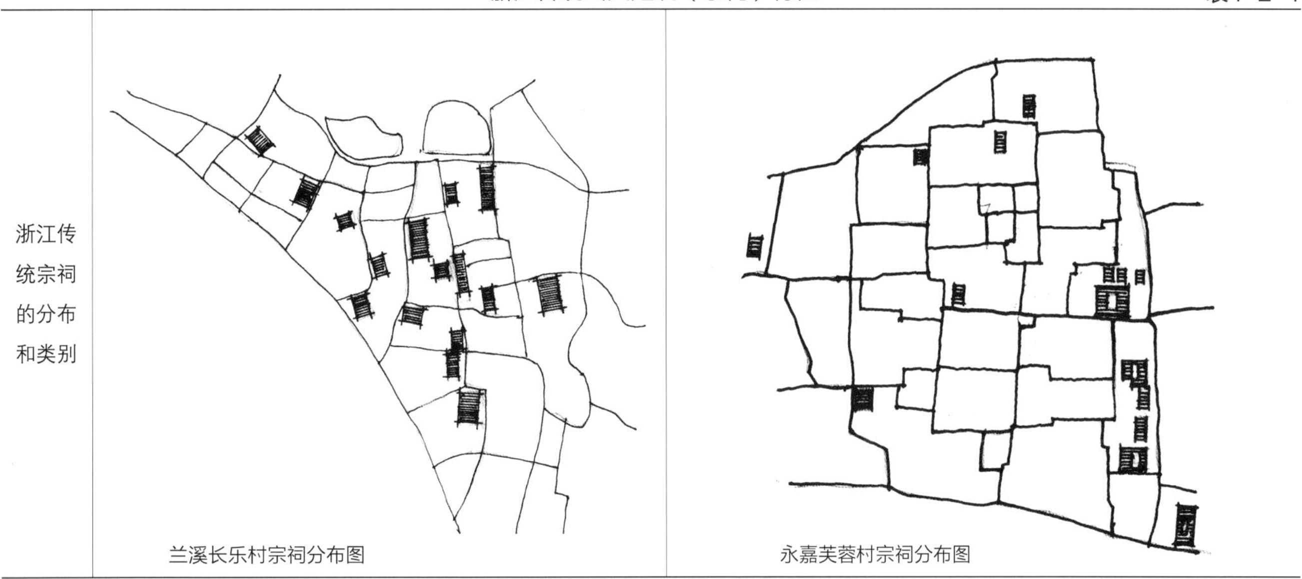

浙江传统宗祠的分布和类别	兰溪长乐村宗祠分布图	永嘉芙蓉村宗祠分布图

续表

	独立正厅式 正厅（享堂）在中，寝堂在后，前为门屋，东西两庑，成一回字形格局	**纵向合院式** 由若干个三合院或四合院发展而成，沿中轴线纵向布局，宗族中的支祠大多采用  	**口字形** 由门屋、两廊、院落、正厅组成，没有寝堂，浙南多采用 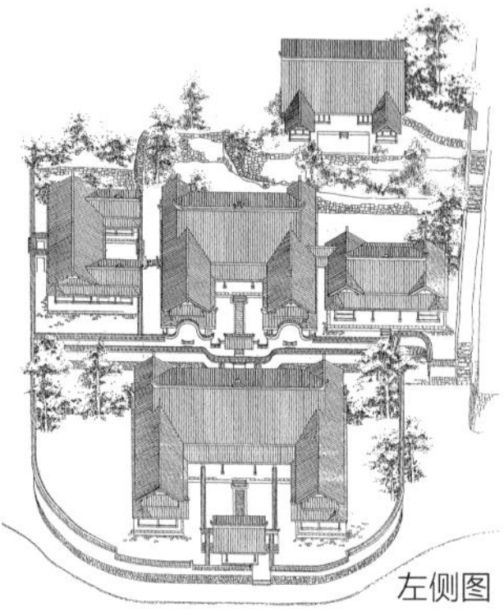 	**浅院式** 家庙常采用此式 
浙江传统宗祠的形制特征	**前廊轩后天井式** 此式按功能分的话，又可分为有戏台的、没有戏台的，有寝堂的，没寝堂的；按正立面分的话，可分为楼式、门屋式、门墙式	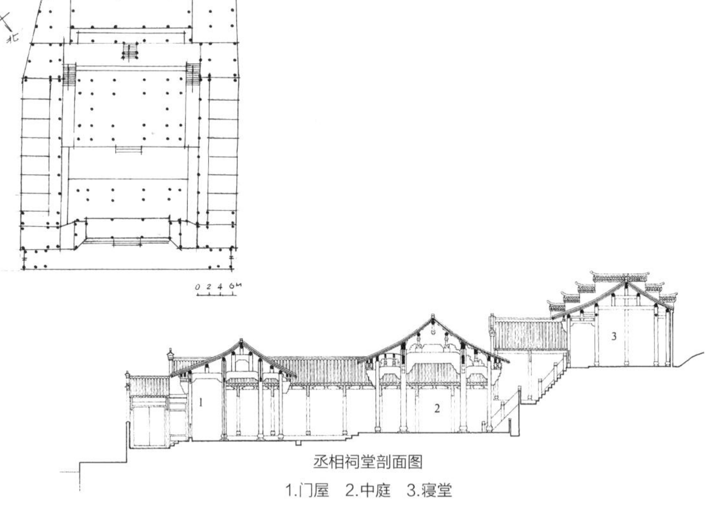 丞相祠堂剖面图 1.门屋　2.中庭　3.寝堂  		

续表

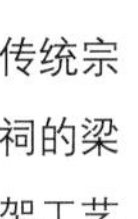

传统宗祠的梁架工艺

第三节　浙江传统民居的地域特色与主要特征

浙江民居建筑遗产非常丰富，这是和浙江的历史发展分不开的。中唐以来，江南地区就逐渐成为中国的经济中心和文化中心。宋室南渡之后，朝廷迁至临安(今浙江省会杭州)，大批士族随之南下，更使江浙一带成为人文荟萃之地。正如朱熹所言："靖康之难，中原涂炭；衣冠人物，萃于东南。"浙江在长达一千余年的繁盛期里，不管是在城市，还是在乡村，都不乏坚实的经济基础做后盾，又有高级人才参与甚至执掌规划和建设。[①]再加上浙江多样的自然地理环境，在浙江境内留下了非常丰厚的乡土建筑遗产。

浙江民居由于各地自然环境和人文历史的差异，不同地区呈现出不一样的风貌特质，虽然整体在江南建筑的范围里，但是各自又在细部、材料等方面表现出一定的区域特征。虽然如此，浙江民居在整体上还是拥有一定的共性，也即是在根本的指导原则上的一致性，就是因地制宜、因材施用、实用经济、尚礼崇祀。在地形利用、平面与空间、形体面貌、材料与构造以及细部装饰中都能看到这些原则。

一、地形利用

浙江地形西南高、东北低，既有山地，也有丘陵和平原，水系丰富，而村落又常常傍水而建，所以在浙江民居中就有很多充分利用地形的例子。在山区，民居往往因山采形，就水取势，把住宅和环境的关系处理得非常协调。山村的民居往往依着等高线层层展开，住宅前后可以在不同高度上设置主、次入口。山怎么转，路就怎么转，民居也跟着走。浙南民居之所以以长屋居多，就是为了顺应地形，水平向展开的一字形长屋是最顺应山地地形的。山边有溪，或有陡崖，这些人家又有许多精巧的做法，来扩展自己狭小的用地，充分创造空间和景观。或者利用各种方法向外挑出，或者采用吊脚楼的方式。在水网地区，河道不仅是给排水的通路，也曾是人们的交通要道。所以又发展出许多巧妙的利用

① 李秋香，罗德胤，陈志华等. 浙江民居[M]. 北京：清华大学出版社，2010：14.

河道的方式，为了取水和出入方便，临河设置各种埠头，和住宅融为一体。有的向河面挑出，争取更多的空间和景观，甚至有些人家就直接跨在河上建造。

二、平面与空间

浙江民居的平面类型很多，由于有不同的阶级、不同的经济条件、不同的地区、不同的规模、不同的职业等差别，从而产生了各种不同的平面与空间的布置形式。一般来说，除了某些大型住宅，各类平面都设计得比较紧凑，在人多地少的浙江，为了节约城市用地和农村耕地，在平面处理上，经过长期的实践，浙江的传统民居找到不少很好的经验。特别是一些小型民居，在占地有限、财力不足的情况下，要求以最经济的手段来最大限度地满足生活及生产上的需要，并能适当照顾到体形的美观，适应不同的地形地势，合理使用材料，充分地利用空间，因此能够自由灵活地布置平面、空间和体形，表现出生动活泼、富有生机、丰富多彩的面貌。[①]而大型住宅往往属于一些名门望族，对于宗族来说，礼制的需求会更加强烈，这也体现在他们的住宅形式上，一般会比较庄重，在平面布局上就讲求对称和轴线。

（一）“一”字形

一字形，三开间堂室之制，一堂二制，是浙江农村传统住宅的最基本形制。所有的平面都在这个基础上发展。就一字形而言，可发展成五间、七间、九间或更多的开间，但总是单数，这是堂室之制所至，当中祖堂，两旁住房，以堂为中心，对称发展，所以总成单数（图4-3-1）。

（二）“L”形平面

在“一字”形平面的一个尽端向前加一两间房屋，形成一个两边长短不同的曲尺形，长边多面向好的朝向，为香火堂和房间，短边多做辅助用房，进而加少许围墙就形成一个带小院的封闭住宅，这种住宅多用于农村、独家使用。一层为多，也有二层的（图4-3-2）。

（三）“I”形平面

为适应城镇中沿街临河或前街后河的街坊而产生。也称街屋式或店屋式。由于侧墙不能开窗，在住宅深度较大的情况下内部采光，通风依靠巧妙地开小天井、天窗来解决（图4-3-3a、图4-3-3b）。

（四）“П”形平面

亦称三合院，是农村经济条件较好的传统住宅，正屋三间或五间，当中间为厅堂，两旁为房，两侧做出翼房，有一间、二间或三间，为辅助用房。这是最基本的合院形式，也是最常见的。很多大型住宅都是在三合院的平面上发展出来的（图4-3-4）。

（五）“H”形平面

该平面和“П”平面不同之处在于厢房向后发展，用作厨房，并产生了后院，家庭起居、会客在前面，相对比较杂乱的生产、家畜部分在后，功能分区彻底、明确（图4-3-5）。

（六）“口”形平面

该平面也称为四合院，是三合院的发展，在浙江地区往往是两层高。大多数正房略高，但是也有的四面檐口一样高，如临海等地，当地称为“四檐齐”。

除了这些基本的平面形式以外，大型宅院往往会发展出层层叠套的多进院落。形成如 “日”形、“目”形、“田”形，甚至更大规模的建筑群。但是基本平面形式是相似的（图4-3-6）。

① 中国建筑设计研究院建筑历史研究所编. 浙江民居（第二版）[M]. 北京：中国建筑工业出版社，2007:89..

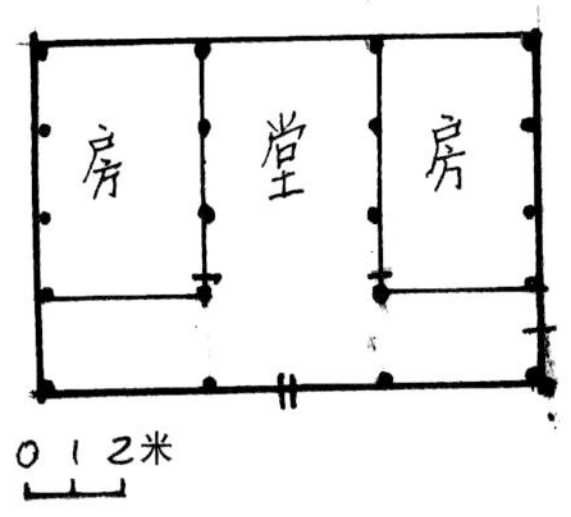

图4-3-1　“一”字形典型平面实例（浙江典型的一堂两室）

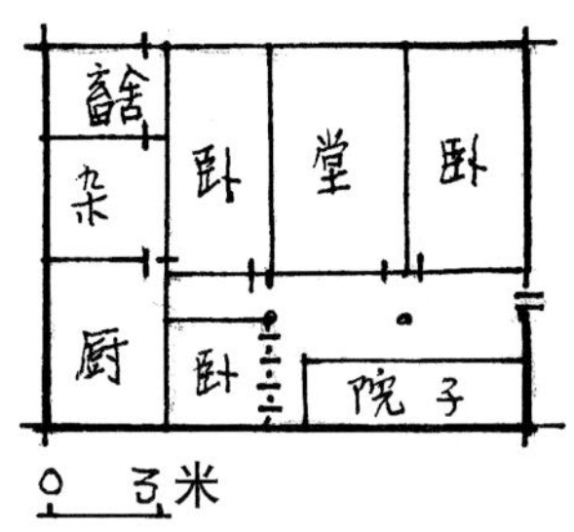

图4-3-2　典型平面实例（“L”形一堂两室带辅房住宅）

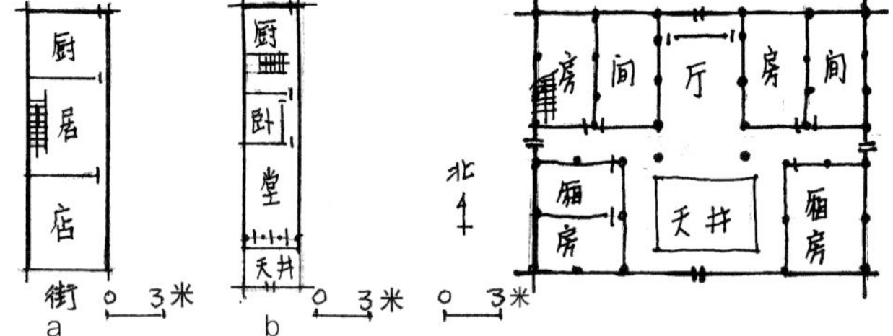

图4-3-3　“Ⅰ”形典型平面实例（竹筒式店面房、竹筒式住宅）

图4-3-4　“Π”形典型平面实例（金华畈田蒋村艾青故居）

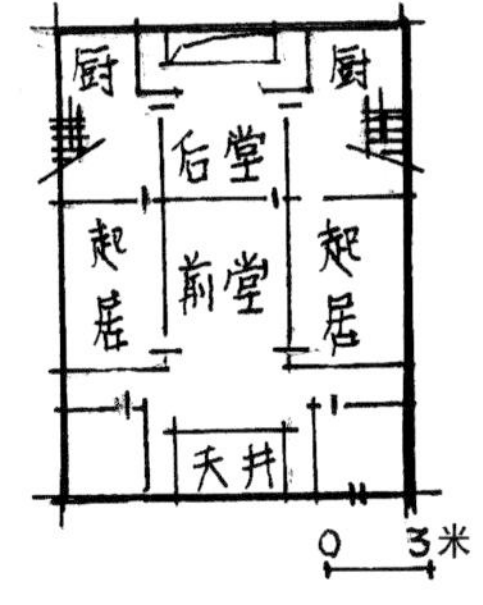

图4-3-5 “H”形典型平面实例（前后堂式小型住宅之一）

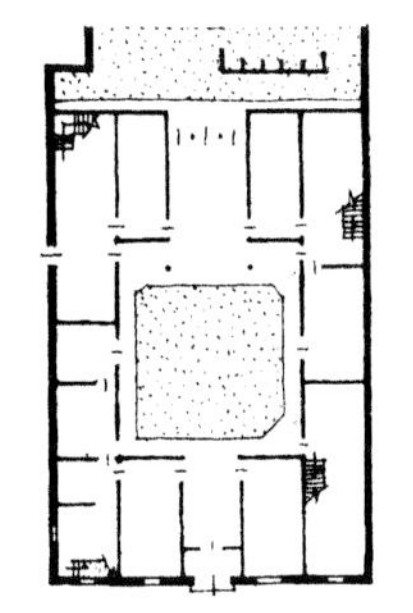

图4-3-6 “口”形典型平面实例

三、形体面貌

浙江小型民居走的是实用、适形的发展路子，户主不受中原庭院住宅形式上的约束，而在有限的用地上，以较少的投资最大限度地满足生活及生产上的需要，灵活自由地布置平面和空间，表现出活泼、丰富多彩的面貌。这其中又以浙南地区的民居为杰出代表。

浙南民居建筑艺术最动人之处在于采用“随山采形，就水取势”的艺术法则和手法，把住宅营造得既适用，又经济美观。因为顺应山地地形，房屋横向展开比较长，为了打破冗长的感觉，升高檩椽把屋面做成三段。进深大，则做成举折屋面，这样便形成了双曲屋面，纵向看两条像农民的“烧担”（挑稻草、挑柴用的长扁旦）一样的曲线（屋脊线、檐口线），横向看出现了两片曲屋面和一个舒展飘逸的“人字山”檐线。为了应付炎热的太阳和飘雨，便做了众多的檐，而且挑出很长，四个面都有檐，从各个方面看去，都可以看到跌落起伏的屋面，参差扶疏的檐，说不上哪个是正立面。从造型角度讲，浙南民居最大的特色是檐多且深远。屋面外伸形成很深的屋檐；在楼房分层处设腰檐，局部屋面升高，形成重檐；为保护山面不遭雨淋，设置山檐；室外走廊多以披屋形式处理，又产生廊檐；在山面或没有腰檐的墙面上开窗、开门加上雨坡，成为窗檐、门檐，有些食物、种子需藏在干燥通风、防湿的地方，又创生了檐箱。为适应沿海风大的特点，在主体建筑山墙的两端往往加披屋，以抵住主体的山墙，增加建筑物的刚度，同时披屋面遮住了主体建筑山墙的大部分，可挡雨又减少太阳的辐射，而且这种披屋也符合各种辅助功能的需要。这些民居不仅体型自由，变化丰富，又使用许多当地的自然材料，下部用卵石垒叠或石块砌筑，上面使用砖墙或夯土墙，局部使用木板壁或者透空，形成自然丰富的立面效果（图4-3-7）。

相比之下，大型住宅讲求宏大肃穆，气度庄严，形体讲究对称，所以也比较呆板。不过很多建筑注意立面的韵律变化，层层叠叠的院落也形成优美的建筑景观。其中以浙中和浙东地区的大型民居为代表，如东阳卢宅、诸暨的斯盛居等（图4-3-8）。

图4-3-7　雪溪胡宅屋面转角

图4-3-8 雪溪胡宅屋面

图4-3-9 松阳夯土民居

图4-3-10 松阳夯土民居

四、材料与构造

浙江民居中很多例子说明，只要充分掌握各种材料和构造的特点，就可以找出与之相适应的构图特点和简易经济的装饰方法。很多民居的造型特点往往是从它的材料和构造方式而来的，这种形式一旦脱离这些材料，离开这种建筑技术条件和自然文化环境之后，就变得枯燥无味了。

丽水一带的民居习用大型夯土块做墙壁。一般下部1米左右是卵石基墙，上面用这种土块沿水平方向依次夯筑，筑完第一层再筑第二层，上下相邻两块之间的联系，或者是在夯筑时加三条木棒，或者是当墙块筑好后再在侧面挖一条凹槽，等第二块筑好以后，两块墙就形成企口缝。这种墙壁因受到施工操作的限制，土块层数不宜太高，一般是4层或5层，所以山墙上不便做复杂的马头山墙，也不能加很多装饰，只是用砖砌成“壶瓶嘴”使檐部的山墙微微挑出，和前后檐相应。在立面构图上，产生大片土墙和一长条卵石基墙的色彩质感对比。在土墙块的规律性排列衬托下，壶瓶嘴和上层开窗所用的小量砌砖起到了重点装饰的作用（图4-3-9、图4-3-10）。

还有许多民居外墙使用石材，不同的石材、不同的构造方式带来了多样的建筑外观。如天台为代表的石板建筑是把石板竖向排列做建筑外墙(板长200~240厘米、宽60~90厘米、厚6~9厘米)，手法简洁巧妙，使构造和艺术处理融会在一起。下层平铺一层石板作墙基．墙基上树立石板，板下出榫头插入基墙，板顶开燕尾榫，用木杆和梁柱系统联结成一个整体。石板墙头砌“单堵墙”。还在单堵墙上开出一些空洞，以利通风，每隔几块开一个漏窗，花纹种类很多，从简单的直棂窗到很复杂的仿木窗格都有。在石墙上开门时通常是空出门洞所需宽度，两旁各竖立一块石板，板的外缘突出墙面10~20厘米作为门道，板上再横压一块石板，挑出约50厘米作为雨搭。有时还稍加艺术处理，把雨搭两角的下棱和正侧三面中部的上棱微微抹去一条，在透视上获得两角起翘的效果，把笨重的石板处理得较为轻巧，并且充分显露出石板薄、平、挺拔的特点（图4-3-11、图4-3-12）。①

① 中国建筑设计研究院建筑历史研究所. 浙江民居（第二版）[M]. 北京：中国建筑工业出版社，2007：143.

图4-3-11　石塘民居（沈黎 摄）

图4-3-12　石塘民居

绍兴、萧山一带的民居也使用石板墙，不过构造方式有所不同，一般采用先竖立石柱，石柱两侧有凹槽，然后插入石板，形成柱、板相间的立面。石墙比较厚，一般不开孔洞，另外雕凿石质花窗，嵌于上部砖墙中(图4-3-13)。

图4-3-13　萧山民居石墙

温州地区民居外墙使用的石材，大多来自溪里捡拾的大块卵石，以规律的竖砌或者斜砌为主，也有乱砌的。一般墙基部曲线放大明显，墙角使用大块石材相互交错搭接，墙体有明显收分。大多数仅下部采用卵石墙，上部用砖墙、土墙或者木墙，在部分石材丰富而其他材料缺乏的山区，也有全部用石材砌墙的（图4-3-14）。

其他还有采用规整的块石砌墙或者片状石材砌墙等，比较有特色的如台州温岭石塘的石屋，磐安乌石村的石头屋等。石塘的石屋采用块石砌墙作为建筑的外围护结构，整个建筑比较低矮封闭，门窗洞口很小，屋瓦上也压满石块。主要是为了抵御海边的大风和台风（图4-3-15）。

温岭、黄岩、嵊县一带民居，大量使用竹材，有一套利用竹材装饰外观的方法。温岭、黄岩一带的民居平面呈“Ⅱ”形，高2层，当地称为“五凤楼”，内部全用木装修，山面及

图4-3-14 温州民居蛮石墙照片

图4-3-15 石塘的石屋瓦上压满石块

图4-3-16 浙北民居的粉墙黛瓦

外侧面窗下用石板墙，窗间全部用竹笆遮盖，竹篾的边缘用宽毛竹片压边，凸出石墙以外，很像凸出的一条条画框，有较强的装饰效果。这种竹笆作为外墙或窗间墙的防护网，也有利于通风。有些民居还把窗间墙大门道两侧敷护墙板，效果也很美观。下层门窗间墙壁全部用竹笆钉盖，一块块淡黄色的竹笆网和深棕色的门窗，窗下是粉红色的石板墙，黑色的小青瓦，白色的山尖粉刷配在一起，色调丰富而协调。

而浙江民居中最普遍的材料构造做法，则是砖砌空斗墙加白灰粉刷，外立面由白粉墙、黑瓦檐和木装修相结合，清爽明快，带着浓浓的江南气息。在街道转角处，往往做成半个歇山转角，后坡砌砖墙做硬山，大片白粉砖墙和木装修有很强的对比衬托效果（图4-3-16）。

五、细部装饰

浙江民居的装饰艺术，主要表现在木雕、砖雕、石雕以及壁画、彩画上，其中以木雕工艺最为突出。我国四大著名木雕中东阳木雕和黄杨木雕都在浙江，而东阳木雕在传统民居建筑中得到广泛的运用，从梁架、檩条到斗栱、驼峰等大木构件，从门窗、栏杆到牛腿、雀替等小木装修，随处可见构图饱满，层次丰富，繁而不乱，富有立体感的精美华丽的雕刻。雕刻的内容有花卉、飞禽、走兽、人物、山水、植物及几何图案等。在宁海、宁波、诸暨、嵊州、兰溪、龙游、武义、衢州等地的民居中也保存了许多精美的木雕艺术珍品（图4-3-17、图4-3-18）。

砖雕、石雕以浙东宁波一带、浙北杭嘉湖以及诸暨、龙游等地民居比较突出，雕刻细腻，造型生动，艺术价值较高。龙游石佛乡三门源村叶氏住宅的砖雕门楼，以戏剧故事为题材，有“过江杀相”、“白猿教刀”、“渭水访贤”、“三气周瑜”、“刘备招亲”、“义释黄忠”、“雪里访普”等，内容非常丰富，雕刻技法娴熟，是金衢地区清代晚期民居建筑中的砖雕代表作（图4-3-19）。

浙江民居木构架大部分施桐油和清漆，彩画非常罕见。但是在白粉墙上却常常喜欢施以彩绘或者墨绘装饰（图4-3-20～图4-3-22）。

图4-3-17　东阳民居木雕

图4-3-18　东阳民居木雕

图4-3-19　桃渚民居石雕花窗

图4-3-20　东阳卢宅肃雍堂梁架彩画

图4-3-21　浦江郑宅山墙内壁墨绘梁架

图4-3-22 东阳李宅民居外墙彩绘

本章小结

本章从浙江传统聚落、公共建筑（宗祠）、传统民居三个层面对浙江传统建筑的地域特征进行解读，体现了浙江传统建筑的四大特征如下：

一、族群构成决定了建筑的基本类型——堂室之制、庭院之制

浙江传统建筑在中国民系中属于吴越民系，建筑类型基本和中原地区形制相同为堂室之制、庭院之制，这是由其地理位置和族群构成决定的。人口的流动，族群的融合，随之带来了文化的扩散。中原人入浙，带来了法典、刑政等朝廷制度和礼乐文化以及以孔孟为代表的社会和谐愿望，大一统思想。经济上，则是从渔牧、采集经济，所谓“断发文身”，不冠不履，与草芥鱼鳖为伍，以舟为车，以楫为马，“水行山处”的野蛮之邦走向了农耕经济的文明之邦。就聚落形态和居住文化而言，商人的聚族而居，周人的以宗为本，魏晋门第，南北朝的世家大族以及先有族姓，后有门户、地望观念都在浙江落种，发扬光大。就民居建筑而言，继承和发扬了中原的小户人家的堂室（一堂二屋）之制，大户人家的庭院之制，从建筑结构上讲为木构架、大屋顶的建筑形制。同时，源自本土河姆渡文化的干阑式，木构榫卯建筑，也发展为穿斗式建筑，与抬梁式建筑并存于江南大地。

二、高温多雨气候条件决定了建筑的基本特征——干阑式、穿斗架

自7000年前的河姆渡文化遗址中所体现的干阑式木构架房屋以及使用木榫卯技术开始，浙江传统建筑一直在适应环境的基础上发展了“以材为祖”的建筑用材原则，就地取材合理节约使用木头，后来慢慢发展成穿斗架。而在建筑利用多水地形上，产生了浙北的水街水巷，绍兴湿地上的环溇居，以杭州西溪湿地的桥水堤岸而为屋，温州的上岸下岸等乡土街村特征。

三、农业范式辐射出建筑的分布格局——跟山走跟水走跟着田地走

历史上，本地人的基本生产方式是农业生产方式。即农业范式又辐射出民居的环农业特征。浙江的江河水系分布是集束式的，大致分成三个集束，最大的一束流向北面的杭州湾，一支向东面的台州湾，一支向南面的温州湾。浙江江河的分布格局也是城市、村庄、人口分布的基本格局；人们分布在水的两旁，随着水面的增大，从上游到下游，到河口到海湾，人口越来越多，村邑、城市也越来越大，越来越密。

水还间接影响了人口分布和居住形态，根据温州地区老鼠山、瑶溪龙岗山、瑞安等古遗址发掘，早期聚落的地理环境不是近大江大河，而多在傍邻小河的台地、丘陵上。因为早期农业文明大体是利用自然的结果，而非征服自然。推而可知，浙江属于考古上的“湖熟文化”区，早期人都居住在突出地面的土墩、近水的台地和丘冈上，成群散布，古书上称之为“丘民”。现代依然有很多地名为某丘、某阜、某岗，印记着这个信息。

浙江的杭嘉湖、宁绍平原，历史上多次海浸，沦为一片

沼泽、海涂，今天的棋盘式人口布局和沿河村镇布局形态，是由纵浦、横塘的圩田水利系统造成的。浙江温州有一种叫上岸下岸的街道形式，也是治水而成的。

由是观之，浙江传统建筑分布形态进程是：从近小河的台地、丘冈，靠着河贴着河口、谷口、海滨、海涂，跟着田地走，田地不够了溯河而上，向山上开发梯田。大约到明朝嘉靖年代，浙江现代形态上的田地开发基本完成，村镇布局形态、景观风貌也基本形成。这一人口分布和居住形态是以水为轴，循序渐进的，是农业范式辐射的结果，因此这一特征可叫做浙江民居分布的环农业特征。

浙江的山多但不高，众多大大小小的山脉连在一起，山峰微微隆起，形成优美的曲线，浙江众多的山体，为人提供了符合中华文化理念的理想城市、村邑住宅环境，这些好像母亲张臂环抱，抑或像明清原木太师椅状的居住场所，因此，浙江民居从整体上说都具有强烈的环境意识和文化内涵，如武义俞源的太极图说，永嘉屿北的莲花说。

浙江传统建筑的山水性质还表现为传统建筑形式的多样性。东、南、西、北各地的地形条件不同，经济、文化也有差别，形成了水乡民居、山地民居、丘陵民居、海岛民居，民居规模、形式多样，各不相同，但茵蕴其间的人文精神，礼仪精神是统一的，这可称作浙江传统建筑形的自由、文的自觉，追本溯源，这一性质也是山水孕化出来的。

四、儒雅、发达的文化条件孕育出传统建筑的文化特色——内省品质、崇饰居

浙江是全国学术思想基地。诗书文化是浙江的最大优势，这一优势自隋唐开始萌芽到南宋时期，理学的产生、活动、传播舞台，就在浙、闽、赣、皖四省交界的山山川川里。南宋以来的浙江，不仅仅出了一群思想大师，出现“浙东儒者极盛”的局面，文化艺术方面，也是居全国前列。不要说比较富裕、文化密度较大的浙北水乡地区，就连浙西南的一些较穷的乡县，也都涌现出很多连科开第，众桂齐芳的家族，要出这么深的学术思想，出这么多人才，其背后必定有一个浓厚的学术基础和庞大的士人系统，是他们构筑起古民居的辉煌。

浙江学派的历史功绩是显而易见的，它们大大促进了社会经济和文化的繁荣，为传统建筑的建设提供了精神食粮。号召人人都要发挥儒家传统的人生社会责任感，维护社会稳定，达到社会和谐。它造就了人们自宋以来的主体心理结构——自觉归位，小道理服从大道理，平静地对待喜怒哀乐，使感情处于一种平静的客观状态。朱子理学的核心是道体，本质是穷理，确立理想人格，目的是要求人人遵守社会秩序和道德规范，宗旨是治国平天下。它和古代儒学一样，表现在人制造物（器）时，情理结合，以道正格。因此，在这种思想、人格指导下的浙江传统建筑具有相当内省气质和自律精神，一如朱熹注《诗·小雅·斯干》中“如跂斯翼”道“言其大势严正，如人之竦立，而其恭翼翼”——像人一样中规中矩，遵守国家的礼仪制度，建筑风格有“和顺”的精神，和乡邻普通的房屋一样，和顺形乎外，英华藏于中，表面朴素而内部豪华。不仅如此，对于使用的“器”——传统建筑，不仅仅作为一种憩栖场所，而且还将之作为教育的场所，处处用居室装饰装修中的寓意和人文控制手法以及隐藏在住宅、宗祠之中的礼仪品节来教育后代、规范自己的行为，同时再付于巨大的心智，把住宅和文学结合起来，用所居住宅的题名、门额、楹联等来要求自己、提升自己。这种品格，还孕化为建筑和文学结合，创造出到目前为止世界上品位最高的居住载体——园林宅第。明清时期的吴越之地，出了那么多文化名人，诗文绘画，学术著作等，就是这些众多的园林宅第造就出来的。对于那些经济、文化、条件还不足以建造园林宅第的大多数人来说，他们则找到了另一居室中求乐、提高自己文化品位的途径——在居室中大力进行大木装饰、小木装修、石雕、砖雕，并酿成高尚和谐的社会风气——崇饰居。

下篇：浙江当代地域性建筑实践诠释

第五章　浙江地区现当代建筑创作历程概述

一个世纪以来，浙江地区现当代建筑的地域性创作历程是在中国当代建筑发展的社会大背景下展开的。总体而言，其主要发展过程先是有自20世纪20年代始对于民族建筑的研究，后有50年代始政治意识形态主导下的对于民族主义形式的追求，至80年代中后期，西方古建筑保护运动及其他建筑理论思潮的引入，又激发起另一波地域性建筑的创作热潮，研究范围也从传统官式建筑和宫廷建筑转而拓展至具体的区域性民居等。从整个发展历程来看，既有与中国其他城市建筑发展相近的影响因素，如社会经济的整体发展水平、外来政治形态模式、新型现代建筑理论的引入等，又受到当地具体环境因素的影响，主要有浙江地域内的自然环境、气候条件、历史人文以及社会经济、政策等因素。

以时间演进为主导，结合不同历史阶段的语境差异与地域性建筑创作表现特征进行考察，大致可分为1949年以前的现代地域性探索、20世纪50～70年代的民族主义风潮、20世纪80～90年代的折衷的地域化风潮、新世纪以来地域性建筑多元化探索四个主要阶段。

第一节　1949年以前的现代建设探索

中华人民共和国成立以前的那一段历史是中国近代历史中最为动荡和残酷的历史，浙江省范围内的现代建设和国内其他地域一样，处在黑暗的摸索和爬行式的探索阶段。清末《马关条约》将浙江杭州作为“海口商埠”，清政府被迫同意在杭州划出一块地盘作为日本租界，其界址为：西沿运河塘路，南至拱宸桥脚，北至瓦窑头，东至陆家务河，径直3里（1.5公里），横约2里（1公里），周11.2里（5.6公里）。1896年9月26日起，杭州的开埠、日租界的设立以及杭州海关的设立大大加速了以杭州为中心的浙江省域城市近代化的进程，不仅成为近代杭州城市发展的转折点，也成为浙江省域内各地区建设发展的源点。

但是杭州的日租界始终未像上海、天津、汉口等城市中的租界区那样形成气候，具有浙江典型性的杭州，其近代建筑的建造主要还是靠民间资本，从而形成更具有自由性和创造性的民间建筑风格，不拘泥于纯粹的对西式建筑的模仿，而是以“自然相融”的姿态，将传入的西方建筑和在地的传统建筑共同演进，形成了特色鲜明的中西合璧景象。

随着建筑营建的近代化，建筑材料、建筑技术以及建筑施工等方面与传统营建方式都有了很大的变化。古代传统建筑材料多为木材、砖、石及石灰，随着清末民初西方的钢筋、水泥等传入，使建筑结构也有了巨大的发展；多采用石灰三合土基础的古旧建筑较为低矮，到了清末民初则开始建造二至三层的砖混结构建筑，到了20世纪20年代～30年代，出现了砖石混合结构与水泥结构的建筑；建筑施工也由清末开设泥木作从事承包工程或代业主雇工演变为民国时期由营造厂承包建筑工程。

1927年杭州建市后统一规划和实施城市建设，成立专管城市建设的工务局，杭州市系统的市政规划及建设也由此拉开了序幕，从而推动了浙江省近代城市的发展，成为以杭州市为中心的浙江城市建设的转折点，也成了后期浙江地域性建筑创作发展与传承的坚实基础。这一时期建造了一些既体现时代特征又充满地域特征的新建筑。在1929年举办了盛况空前的西湖博览会，新建了工业馆(1928年)。闭幕后，又建造浙江省立西湖博物馆（图5-1-1）用以保存会上陈列的展品，使其成了近代中国最早创建的博物馆之一。

这一时期为响应国民政府所提倡的“中国固有文化之复兴”，浙江范围内主要的建筑活动有浙江图书馆大学路馆舍(1928～1930年)（图5-1-2）、青白山居(1935年)（图5-1-3）等的建造。而中国盐业银行杭州支行(1929年)以及中央信托局杭州分局(1935年)等，采用的现代建筑简洁的装饰风格，体现了当年建筑创作的重要一面。

在1937年至1949年间，由于连年战争给城市建设带来了极端负面的影响，成为一段停滞不前的凋零期。在这一时期中建造的杭州城站大楼（1942年）（图5-1-4）以大屋

图5-1-1　西湖博览会大门（来源：杭州老房子 四编[M].杭州：浙江大学出版社，2009：115.）

图5-1-2　浙江图书馆大学路馆舍（1931年）（来源：留住城市的脚印[M].杭州：浙江大学出版社，2000：141.）

图5-1-3 青白山居（1936年）（来源：留住城市的脚印[M].杭州：浙江大学出版社2000：69.）

图5-2-1 浙江工农速成中学科学馆旧址（1954年）(来源：书籍）

图5-1-4 杭州城站大楼第二次重建（1942年）（来源：书籍）

图5-2-2 毛泽东思想胜利万岁展览馆(现为浙江展览馆)，建于1969年（来源：书籍）

顶重檐形式展现了建筑的民族特征，在当时的华东地区，称得上是最为先进的火车站建筑。

第二节 20世纪50～70年代的民族主义风潮

20世纪50～70年代，即新中国成立的初期，百废待兴，这一时期在政治制度、社会意识形态等方面发生了重大转变。在国家性政治因素与浙江地区的经济发展水平、历史文化与建筑营造要素相结合，与全国范围的“社会主义内容”和“民族的形式”趋势相一致，也受到“苏式”建筑理论的影响，共同促成了浙江区域内建筑地域特征的出现。这一时期的建筑创作主要运用直喻式的传统纪念性建筑语言作为民族地区新建筑形式道路的探索，侧重于建筑的外部形式，常以符号的方式在新建筑中加以体现，如以具有特有民族形式的大屋顶作为古典构图的主要形象表现和视觉美学特征。该特征在当时成了浙江各地响应政治意识形态的表现，同时也作为现代建筑传统传承的主流形式。这个阶段成为浙江当代建筑地域性演进的起始阶段。

在这一时期中，国家经济水平和建设活动的逐渐恢复，直接影响了建筑活动的产生。但“计划经济”的特有建设方针，主要以国家支持并出资的方式，建造了一批重要的公共建设项目。这些公共建筑在满足基本功能要求的同时，注重建筑艺术的形态表现，通常采用西方古典构图与中国传统形式相结合的方式，具有明显的本土风格，但受到经济恢复时期状况的制约，以简洁朴实的造型展现地域的本土性，而舍弃了过于繁冗的装饰和不必要的艺术表象。（图5-2-1、图5-2-2）

然而随着“文化大革命”运动的深入开展，直接对文化发展和城市建设造成了严重的打击，建筑活动陷入低迷，受遍及全国的"极左"政治思潮和"无政府主义"运动影响，浙江的建筑设计和建设活动基本停滞，建筑艺术被否定，先进的建筑理论被认为是"资产阶级反动思想"，许多优秀的设计师被冠以"资产阶级反动权威"，建筑地域性探索遭受重创。

第三节　20世纪80～90年代的折衷的地域化风潮

随着改革开放之后思想禁锢的打破，经济得以快速发展，西方建筑理论和先锋思想涌入，为中国本土化地域建筑的创作环境提供了前所未有的良好氛围。这个时期充满了各种新思想和新观念，既有外来文化的影响，又有本土文化的传承，也有因经济发展而引入的新技术、新材料，让浙江地域建筑的本土性探索再次焕发生机，成为创作探索的快速发展阶段。

1980年代在国外历史建筑保护、名城保护、地域主义思潮、文脉理论等的影响下，充斥着各种地域性思想，而思想与实践建设水平的差异，使得国内的一些创作存在了无所适从的脱节，将传统和地域特征进行表象的模仿一时成为主要表达方式，从而形成一股折衷的地域化风潮，并延续到21世纪初，在局部非多元地区依然盛行。

在这一阶段的创作风潮中，以具象模仿传统空间与形态为主，而空间意境创新不足。无论是"形似"还是"神似"，我国的地域性建筑创作往往与保护城市风貌混为一团，集中体现在对传统建筑形式的依赖，建筑造型受制于历史样式，创作思路往往集中于历史文化信息的传达与转译，建筑形式则围绕着传统建筑的外观作文章，差异无非表现在变形或抽象的手法、技巧上。如果说到其中的变化，变化体现在选择题材上，这和近代"中国固有式"的历史主义有颇多相似之处。然而，单纯从建筑风格上加以分辨的话，地方主义的许多作品其实与保护城市风貌是有相当距离的。以世界地域主义的建筑形态而言，它旨在抵抗国际式建筑文化时对本地区自身建筑文化的再创造,相对来说是富有开创性，探索性的创造过程，它关注地方文化，自然环境，建筑历史等众多地域因素，其表达方式和设计手法具有相当的差异和丰富性,它所应用的材料和结构变了，同时，不再局限于原有的古典审美法则，构图、形态更自由。从这个意义上说，浙江，乃至中国的地方主义或地方特色的再创造还有相当大的发展空间，同时也存在着很多难题求待解答。

第四节　新世纪以来浙江地域建筑多元化探索

进入21世纪后，浙江地域建筑的创作发展又进入了一个新阶段。自2001年中国正式加入世界贸易组织（WTO）后，受到经济、文化全球化的进一步作用，浙江建筑创作也加速融入了全球化的步伐，又凭借着改革开放所积累的理论和实践经验，浙江地域建筑呈现出多元化探索的趋势。近期则呈现从注重民族性与传统性本身到重视世界性、现代性与民族性、传统性并存的研究趋势，特别是近15年来，更注重传统文化内涵的发掘，地域性创作实践手法也更趋于多样化。

在这一阶段的"多元化"探索中，主要体现了两个方面的"多元化"。一是建筑地域性的生成要素与创作环境的复杂多样，各种创作思想、先进理念和社会需求相较以往变得更为繁复。二是建筑地域性特征的表现更为多元，不仅仅局限于传统造型与传统符号，而是通过材料、空间、肌理和结构等方面加以解析和重构来表现浙江地域建筑的本土性。

另外，在全国范围内对建筑地域性的研究分布看，呈现东部与西部，南方与北方分布不均衡的情况，观念的差异及重视程度成为不容忽视的主观因素，在一定程度上反映出相对落后地区本土文化的不自信以及建筑本土性价值认知的偏差。而在浙江省域范围内也存在着小地域间的认知差异，如杭州、宁波、绍兴等大中城市较全面而主动地对本土建筑的地域性价值提出重视，而更多的小城镇和欠发达区域则重视不够，或完全缺失，甚至对原有地域特征作毁灭性的改变。

虽然研究的整体框架正逐步建立，呈现从沿袭西方建筑理念到自我系统分析和理性批判的趋势，但依然缺乏具体落实到地区层面的深入探讨，目前的建筑地域性研究情况从数量到内容都相对缺乏。

结合现有发展状况和探索过程，尚存有如下两方面的缺失。

一是传统建筑特征与现代建筑空间尺度存在矛盾。

在历史长期的发展进程中，浙江传统建筑在青山绿水之中，沿山筑屋、滨河构房、依湖而居、枕江而卧，形成了独特的江南水乡风格。对于建筑形态的关注不应直接针对单个建筑物本身，而是关注建筑所组成的群体及其对城市空间形态的影响。具体内容包括建筑体量、建筑高度、容积率、沿街道后退、建筑风格、材料质感等。

二是抽象提取符号化表达与传承关联度的缺失。

自20世纪80年代，在旧城改造和城市化进程中，浙江大批古建筑被拆除，剩余的历史建筑也处于现代建筑的挤压之下。杭州市规划局编写的《迈向钱塘江时代·战略规划》一书中对浙江城市空间环境的缺损作出了如下描述：消逝的城市历史——自1907年修筑沪杭铁路设置车站于清泰门起，至1999年停止河坊街、吴山区旧城拆迁工程止，在将近百年的时间里，浙江70%以上的古城和历史街区被拆毁。建成已有1400余年的杭州，在拆毁历史街区的同时，也给自己摘掉了“历史文化名城和七大古都之一”的桂冠。

在留存的历史文化建筑分布来看，文化遗存分布并不均匀，并且历史文化遗存点线间的网络互联还比较弱，在城区中并不足以构成强烈的历史文化氛围。在片断化的历史建筑遗存问题上还存在片断之中的建筑风格混杂现象，造成在历史建筑风貌中符号提取依据的难度。

此外，由于早期的大量历史建筑消逝、浙江遗留历史建筑风貌中数量较大的并非能够反映纯正浙江传统建筑特色的历史建筑，而是受外来文化影响的徽派、欧式，以及各类折衷风格建筑成为主流。那么在营造浙江传统建筑风貌时，应该“认族归宗”还是“延续遗存”就成为现代浙江传统建筑风貌中营造“立场”取舍的难题。

本章小结

本章以时间演进为主导，结合不同历史阶段的语境差异与地域性建筑创作表现特征，概述了浙江地区现当代建筑创作的历程，大致可分为1949年以前的现代地域性探索、1950～1970年代的民族主义风潮、1980～1990年代的折衷的地域化风潮、新世纪以来地域性建筑多元化探索四个主要阶段。

1949年中华人民共和国成立以前的那一段历史是中国近代历史中最为动荡和残酷的阶段，浙江地区的现代建设和国内其他地区一样，处在黑暗的摸索和爬行式的探索阶段。杭州的开埠加速了以杭州为中心的浙江城市近代化的进程，不仅成为近代杭州城市发展的转折点，也成为浙江各地区建设发展的源点。

20世纪50～70年代，即新中国成立的初期，百废待兴，政治制度、社会意识形态等方面发生了重大转变。在国家性政治因素与浙江地区的经济发展水平、历史文化与建筑营造要素相结合，与全国范围的“社会主义内容”和“民族的形式”趋势相一致，也受到“苏式”建筑理论的影响，共同促成了浙江建筑地域特征的出现。

随着改革开放之后思想禁锢的打破，经济得以快速发展，西方建筑理论和先锋思想涌入，为中国本土化地域建筑的创作环境提供了前所未有的良好氛围。这个时期充满了各种新思想和新观念，既有外来文化的影响，又有本土文化的传承，也有因经济发展而引入的新技术、新材料，让浙江地域建筑的本土性探索再次焕发生机，成为创作探索的快速发展阶段。

进入21世纪后，浙江地域建筑的创作发展进入一个新的阶段。浙江建筑创作也加速融入了全球化的步伐，又凭借着改革开放所积累的理论和实践经验，呈现出多元化探索的趋势。近期则呈现从注重民族性与传统性本身到重视世界性、现代性与民族性、传统性并存的趋势，特别近15年来，更注重传统文化内涵的发掘，地域性创作实践手法也更趋于多样化。

第六章　浙江当代地域性建筑特征的生成语境

一个地区地域性特征的呈现不是凭空而生的，而是在众多因素的共同影响下，在其特有的生成语境下，在“地脉”与“风土”的系统背景下，由时间酝酿而成，并持续影响着周边和未来。

地域性传承和发展至今，已不同于过往，时代赋予其新的内涵与意义。在当代地域特征影响下，新的“人一地”关系得以建立，从物质性与精神性的双重层面，以自然地理条件、历史人文要素、城市风貌特征、国际发展格局四个方面为主要生成语境，形成当代地域特征传承的合理途径。

第一节 当代建筑地域性的内涵属性

一、当代建筑的风土观

风土在词汇语义中表述为一个地方的环境气候和世俗民风的总称。“风”可指风气、风俗，“土”可指水土、土地，而在这种脉络之上所衍生出来的建造产物，作为人类活动的空间，即我们所认为的风土建筑。由此所产生的对这一区域的过往空间记忆以及在该地营造技艺的演进过程中所表现的空间文化“基因”，我们称之为建筑的风土观。

地域性建筑必然是融入“地脉”和“本土”中的建筑。就如同美国建筑师赖特(Frank Lloyd Wright)所认为的“风土的建筑应需而生，因地而建，那里的人们最清楚如何以‘此地人’的感受获得宜居”。这一观点表达了建筑的风土观本质，即对所居地域的归属感。而在地域性中所体现的传统内容就是从历史长河里筛选并保留下来的精华。继承地域的传统性就是在结合当今的经济、技术及生活内涵而发展并相互融合的历史遗产。尊重文化的地域性背景，以“特性”的准则，梳理自然、社会、经济、人文等各方面系统的地域性要素，实现工作成果的地域适应性。

环境选择机制是文化形成并且相互之间保持特色的重要因素，因而地域性也是建筑现象成其为文化的一项重要条件，建筑文化一定是特定地域之下的某种文化现象。我们所涉及的建筑文化继承，主要就是浙江省地域建筑文化的继承与创新。

二、“人－地”关系的当代意义

自古以来，人类的任何营造活动都依附于土地之上，形成了人（建筑）与自然环境相辅相生的“本土”状态，这种状态表现为“人－地”关系的固定性，从而促成了地域性建筑的基本特征。而“人－地”关系中隐含的时间要素使得建筑地域性及其特征的产生具有现实而重要的作用。

而在全球化进程中，人与环境的固定关系在某种特征上被高速发展的科技和交通网络体系所打破。衍生于“人－地”关系的建筑地域性特征被融合或消解，随着城乡一体化和全球化的进一步扩展，当今信息、技术及物流的高速发展，建筑地域性得以依存的物质基础发生了前所未有的改变。如今，较之以往更重要地提及和追寻原有的“人－地”固定关系，更强调由此所带来的地域内涵，是为了留存并延续营造过程中所展现的文化历史价值，从而超越了构成建筑的物质本身，而朝向与其相关的人文、历史、生态、哲学等领域的渗透。

三、建筑地域性内涵的衍生

建筑地域性的内涵，其实包含了物质性与精神性两个相互交合的层面。建筑作为人类文明的物质载体，自古以来就集中体现着物质功能与精神意义，并随着历史的更迭，也发生着时空关系的转变。而在全球化的浪潮中，这种转变被迅速地放大而强化，从中衍生出地域性的自我诉求。这种与建筑地域性相关联的主体意识源于人们与生俱来的领地意识，是潜意识中不自觉的对外界同化过程的拒绝。一方面衍生为主体对外部异质要素的消极对抗，摒弃一切可能改变本土质素的途径，如现代的科技、新型材料等；另一方面从彰显多元价值的角度看，衍生为主体对外来要素的合理接纳，其主体诉求在消弭现代建筑价值同一性和风格雷同方面具有积极的当代意义，如批判性地域主义、后现代主义、历史主义、复古主义的某些特征，是对异质要素的同质化表述，是当代地域性建筑实践的合理途径。

第二节 环境因应与本土化特征语境——自然地理条件

当代建筑生于当代，服务于当代，面向未来，而其地域性却是根植于“人－地”关系的环境中。相比以前的风土特征研究，多局限于行政区划，更多的关注地区、民族的单元局限，在整体认知上存在不足。气候、地形、地貌等环境因应特征在浙江当代建筑的本土化创作中体现出尤为重要的作用。

浙江山地和丘陵占70.4%，平原和盆地占23.2%，河流和湖泊占6.4%，遂有“七山一水二分田”之说。这种整体的山水格局影响了不同片区的城市格局。大致分为浙南中山区、浙西丘陵中山区、浙中丘陵盆地区、浙东盆地低山区、浙北平原区和沿海丘陵平原区六个主要片区，从而形成了拥有各自建构方式，不同地区材料，风格各异的地域性建筑和亚文化片区格局。

以省会杭州为例，其特有的地形地貌所形成的城市格局可以用“三面云山一面城”来形容。而随着杭州主城区的向西扩展，“山、城、水相交融”的关系格局愈加完善，如何使建筑形态、风貌在保护景观山体同时又能与山体相互因借，是当代杭州城市地域建筑风貌的又一亮点和着眼点。

在各类主要的自然资源要素中，水元素作为浙江独特的环境要素成为建筑和城市设计非常重要的出发点和落脚点。有别于同具江南特质的江苏，浙江的水资源分布更为广泛，水体形态包括“江、河、湖、溪、瀑”更为完善，绍兴更是被冠以“东方威尼斯”的美誉。如杭州城中就包含了大气磅礴的钱塘江、宁静潋滟的西湖、细水温和的西溪和稳重浑厚的大运河，四种不同性格，不同功能条件和不同流经环境的水体，也展现了杭州城特有的城市个性和丰富的地域水文化内涵。水作为浙江地域风貌的重要要素，可以说，利用好、保护好水系资源，处理好沿湖、江、河等水系视域内的建筑风貌，对于重塑江南水乡的城市风貌具有举足轻重的作用。而如何科学利用水体，重构不同尺度空间，重塑水乡传统风貌，营造现代特色城市风貌应是浙江当代建筑地域性营造的重要组成部分。

第三节　文化辨识与地域特征语境——历史人文层面

一个城市和地区的地域特征主要是在对当地历史民俗的文化辨识过程中产生的。而其文化体系的构成，则有三个层面的要素组成。

第一层面有经济形态和社会制度组成，并影响着整个历史演进过程。意大利学者布鲁诺·赛维(Bruno Zevi)提出“建筑就是经济制度和社会制度的自传”[①]的观点，很形象地阐述了建筑与经济形态和社会制度的关系。确实，建筑的风土性就是在经济与社会的不断演变中，转换、融合，从而形成新的风土性表现。从农耕文明的经济语境看，由于人们的生活行为束缚于一方水土之上，其本土性由于由内而外的自给自足而呈现单一性、聚焦性。在农耕文明中，建筑表象的本土性与其内在的深层内涵具有一致性。也就是说，气候、经济、文化习俗等本土性深层影响因子能够物化为成熟的本土建筑形式。[②]而时代演进到工业文明阶段，随地区间隔绝的模式被打破，科技和生产力得以飞跃式发展，社会结构在城乡变换中重组，特别是城市与乡村人口呈现虹吸式的转移。人与土地，以及土地所承载的固有资源之间的关系被打破后重新建构。一方面，经济水平与社会制度的改变，为风土建筑的发展提供了发展的可能，潜意识中影响了建造技术与空间风貌的方向；另一方面也影响着建筑风土观的留存和本土性的表达。

第二层面由民族意识与传统文化组成。我国是一个多民族大融合的国家，浙江省域范围内除了人口占大多数的汉民族外，另有53个少数民族。其中人口数在万人以上的少数民族有7个：畲族、土家族、苗族、布依族、回族、壮族、侗族。不同民族间的聚居性明显，其建筑文化特征由该民族的生活方式和所处的自然环境决定，这些具体的民族特色成为其建筑本土性的重要内容。民族意识与

① （意）布鲁诺・赛维（zevi B）.[M].张似赞译.北京：建筑空间论–如何品评建筑.中国建筑工业出版社，1985:98.
② 李蕾.建筑与城市的本土观[D].同济大学.2006:163.

传统文化可以说是我国社会发展过程中和合文化的综合结果。虽然民族意识在不同的民族与地区间具有迥然不同的价值取向，但由于民族存在迁徙与流动的特性，传承本民族文化的同时，在于旁邻外民族交融过程中吸收了外来文化。由此可见民族性不是故步自封的，而是变化的、开放的。传统相较于民族性而言更为宽泛，可规定为人类创造的不同形态的特质经由历史凝聚下来的诸文化因素的复合体。①我们可以称某个民族的传统，也可以称多民族的共同传统。民族性意识是形而上的，传统是内在的、隐藏的、潜意识的，文化是外在的、表象的、显露的。这三者互补互济，相辅相成，但也存在着对冲与排斥。由此产生的互应制约而达到的动态平衡，就能使地域的风土观得以存续并不断发展。

第三层面包含了方言体系与风俗习惯。方言即地方语言，在风土建筑上呈现出一种在地的特殊性。如传统匠人的口传心授，施工与行业内的技术交流等。方言的传达主要呈现了当地生活的多样性、民间自发性、传达有效性和建造的经济性。体现出源于同一文化生活环境中人们对风俗习惯、生活方式和生活环境的共识。乡土建筑所呈现出来的建构方言，就是人们在深切了解了自己的功能需求之上，采用自己所熟知的营建手法和逻辑语言，并与现世的基本要素相匹配，定型为地方所独有的建造体系。这一体系的建立又作为空间载体，演绎着特有的风俗习惯而形成的生活行为，进入惯常的生活，成为一种约定俗成的集体无意识的状态得以赓续。而从反面观之，当外来人口进入某一区域并呈现虹吸式形态，将周边人口往这一区域集中，方言随之弱化，甚至趋于湮灭。而由于外来人口的密集化，没有同一的风俗习惯，对当地风貌没有源自内心的认同感，从而逐渐呈现出国际式的现代风貌表象，缺失了原有的地域性面貌，如深圳、上海等迅速城市化所兴建起来的新区。

浙江拥有久远的历史和多元的文化，特别是在典型的江南水乡格局下，呈现出特有的历史文化底蕴。这些文化的传统共同成为浙江地域性建筑风貌营建的依据和创作的源泉，使浙江的地域建筑呈现出多元化的态势。建筑作为当地文化的产物，各个历史时期的建筑都或多或少留存至今，均有着不同寻常的文脉与传承。远古有如旧石器时代的建德原始人洞穴、萧山跨湖桥遗址、新石器时代的余姚河姆渡建筑、余杭良渚遗址等。进入古代文明社会，浙江省会杭州更是经历沿山沿水的历史发展阶段，得皇家园林和私人园林的勃兴，受吴越文化、南宋文化、清文化、佛教文化和西洋文化的浸润，成了优秀建筑的一个“博物馆”。

第四节 地域风貌的时空存续语境——城市风貌延续

城市地域风貌的形成是一个缓慢的历史演进过程，即使是一个面积不大的村落也是“麻雀虽小，五脏俱全”，并经历了选址、产生到发展的整个过程。而反映城市风貌形态的显性和隐性要素，都成为该城市或地区的文脉。一个城市的时空存续及折射出的活力源泉与所呈现的城市文脉密不可分。而伴随着现代化旧城更新的步伐，把原本历经百年甚至千年所延续下来的母体群落拆得消失殆尽，除了留下几栋孤独的文保建筑和标志性单体外，早已看不出半点原有地域的肌理风貌，也就失去了地域的时空存取语境。

在当代浙江的各大城市和局部地区，失去自有地域风貌时空存续语境的情形不胜枚举，在全球范围内也是如此。因而美国建筑理论家柯林·罗（Colin Rowe）提出“拼贴城市”的概念，强调了城市历史以及城市文脉的重要性，提倡从都市既有的形态中衍生建筑和城市设计、文脉化设计。他强调

① 邵汉名.中国文化研究二十年.[M].北京：人民出版社.2003:466.

具体城市环境的质量和链接，使个体与整体相对独立而又有机连接，将城市脉络编织成一个紧密结合的整体。建筑师王澍在宁波城市中心所设计的宁波博物馆就成了一座控诉剥离地域文脉的纪念碑。

虽然情况不容乐观，但依然有不少城市或多或少留存着延续的基本脉络。特别是形成脉络的原初水系、山体等环境条件的存续，为城市地域风貌的进一步延续发展提供了必要与可能，典型的城市有如杭州、绍兴等。而留给当代建筑设计师和城市规划师的课题就是该如何通过当代的设计手法，让历史的时间演进得以继续，在进行空间上的衍变的同时，将原本破坏的区块进行缝合与弥补，让历史不在我们这一代形成断层。

第五节　全球化与时代演进语境——国际发展格局

由农耕社会的传统中国向工业文明的现代中国演进过程是非常缓慢的，20 世纪近一个世纪的时间内，虽有制度层面的激变，社会的动荡以及初期工业化改造的跃进，但从未在社会及物质层面上改变城乡二元结构及其历史空间的整体风貌，更未从文化深层改变人们的思维和行为习惯。[①]然而改革开放以来的 30 多年，城乡二元结构得以突破改变，“人－地”关系变得不清晰，城市旧区、郊区以及村镇被不断地撤并，原有的城市社会肌理和自然生态系统被逐步瓦解，地域特征几乎是在一夜之间迅速消失。

全球化视野的语境下，当代建筑地域性特征在一定程度上被外来的设计风潮所掩盖，特别是一些大型标志性建筑在设计手法上采用国际式和功能主义，完全抛弃了当代建筑的地域性特征，使迅速建设的城市转眼成为千篇一律的国际范式。

而时代更替和工业化进程中，建造技艺的改变，也将地域性营造技术被彻底抛弃，仅存在于边远的尚以农耕文明为主的地区。正是建造技术的变化，使得当代建筑体系得以与传统风貌建筑完全脱离开来，而工业化时代大规模建设的需要也必然以现代建造技术的方式进行，从而在整体风貌上呈现出非传统的、非地域性的、非风土的建筑风貌，也同时形成了一大批逐步丧失甚至是完全泯灭了地域特征的城市和地区。

浙江当代建筑创作的地域性特征再现就是在这样的时代语境下不断摸索实践着，抱着对前述情境的反思和回应，越来越多的优秀当代建筑展现出“再生的地域主义”(regenerative regionalism)和“批判性地域主义”(critical regionalism) 的信心和尝试。

存在于本土浙江地域之中的农耕文化性格，拥有着与之相契合的传统建筑材料、构造和功能。这些虽已不能完全满足当代人们对现代生活的基本需求，但农耕文化所带来的建筑本土性价值观早已深深扎根于地域文化之中，扎根于人们的深层次意识领域内，而衍生于农耕文化的固有观念作为对外来文化的对抗，在很大程度上影响着浙江当代建筑本土性的生成过程。

本章小结

本章从当代建筑的地域性内涵出发，重塑当代建筑的风土观，建立属于当代的“人－地”关系，探究其过往的空间记忆，并重新演绎地域性空间文化“基因”，促成属于当代的地域建筑基本特征，留存并延续营造过程中所展现的文化历史价值，从而超越构成建筑的物质本身，而朝与其相关的人文、历史、生态、哲学等领域的渗透。

于此，详细阐释了浙江当代地域性建筑特征的生成语境。

① 常青.序言：探索我国风土建筑的地域谱系及保护与再生之路[J].南方建筑.2014(05):04-06.

在自然地理条件方面，气候、地形、地貌等环境因应特征在浙江当代建筑的本土化创作中体现出了尤为重要的作用，形成了拥有各自建构方式，不同地区材料，风格各异的地域性建筑和亚文化片区格局。在历史人文层面，有经济形态和社会制度要素、民族意识与传统文化要素、方言体系与风俗习惯要素三个方面对建筑地域性特征产生重要作用。在城市风貌延续层面，凸显其地域风貌的时空存续语境，城市的时空存续及折射出的活力源泉与所呈现的城市文脉密不可分，需从都市既有的形态中衍生建筑和城市设计、文脉化设计。在国际发展格局层面，由于全球化与时代演进，当代建筑地域性特征在一定程度上被外来的设计风潮所掩盖，城镇化的迅速发展也打破了原有的“人－地”关系，而呈现出新的地域性特征。

第七章　浙江当代地域性建筑创作取向分析

这里所述的传统地域性建筑特征的现代性表达，一方面意指地方性建筑特征的一些最基本特征在现代城市建筑形态中的重现和继承，另一方面探讨现代地域建筑如何打破旧有形式本身的局限，在地域性表达的显性与隐性特征中找寻突破，创作出具有时代性的现代地域建筑，营造和谐的建筑形象，重塑和谐城市肌理。在浙江当代建筑创作中，设计师对待风土建筑的视角各不相同，有的注重形式，有的着眼于空间，也有人偏好地域性的材料和建构技术的应用。

我们从浙江当代建筑的大量调查走访和问卷统计后选取了具有典型地域建筑特征的当代建筑，根据广义地域建筑的概念和内涵，从以下10个方面来进行提炼和系统分析，以期获得浙江当代建筑地域性特征取向。

第一节 具象建筑语言模仿取向

形式是建筑营造中极为重要的语言要素，它不但是形成建筑功能空间的首要方式，也在一定程度上反映了在地的文化内涵。因而“原型”的语言要素成为建筑本土化表现的重要媒介。以运用“原型”要素为落脚点的创作取向，在建筑的外像上走向历史主义。历史主义包括复古主义、折衷主义、符号语义等。历史主义的意义即包含有历史样式的建筑语言能够轻而易举的表达出地域文化的特性，尽管有很多人反对采用这种单一的造型手法。

在反对现代主义的后现代思潮中，历史主义较为明确地倾向于和历史建筑发生关联。后现代主义建筑很突出的一个特征是对历史的重视，和实用性地采用某些历史建筑的因素,比如建筑构造、建筑符号、建筑比例、建筑材料等在现代建筑上体现历史的特征，增加建筑文脉性和地域性。这种源自保护城市风貌的举措，应该承认前者可以用较为稳妥，保守的手法来达成保护的效果，在某些特定场合，甚至可以沿用传统样式，甚至仿古建筑。但这对于创造地方特色而言，并不是一个完全相同的概念。近年来，城市规划中逐渐开始注重传统建筑风格的复苏。河坊街等一些复古建筑群落在这样的环境中应运而生，并在一定层面上获得了较为广泛的好评。

中西方建筑创作过程在模仿与创新的关系上经历了多次变动和转换，模仿也是建筑创作领域最常见的创作方式。在这里所称的具象模仿是以传统建筑本身为原型，并利用该原型本身为目标做最初级的理解和效仿来完成建筑造型的设计。具象模仿就是建立在对固定原型进行视觉形式上的外像表达，因为具象模仿最直接，也最容易被大众所接受的，受时代发展的影响非常明显。所以具象模仿是为最初级的地域性语言要素创作，也是地域性建筑实践中最常见的实践模式。

具象模仿的创作实践，对浙江当代地域性建筑而言其模仿目标主要有三类原型，第一类是以传统明清官式大屋顶为原型，主要出现于20世纪50年代，是顺应全国时代风潮的产物，多见于该时期建造的大学教学楼、宿舍楼等公共建筑，如原杭州大学校园内的西二教学楼、西三教学楼、东二教学楼以及教工宿舍7、8两幢建筑组成的建筑群落，青砖黑瓦，建筑风格统一，为建国初期建造的城市优秀教育类建筑代表。浙江大学西溪校区生命科学院建筑群包括行政教学楼和教工宿舍。均采用砖墙大屋顶，檐角起翘。目前两幢建筑都保存完好，仍继续目前的使用功能（图7-1-1～图7-1-3）。

第二类以宋代官式建筑造型为原型。南宋皇城遗址建筑就属于此类。余健教授指出：就宋代建筑特征而言，历史真实与当下设计是不同的，专家眼光与大众观感也是不同的，这里就存在双重译码的问题。如厅堂作的出现，是宋代建筑在技术上的一个重要成就，它为后来彻底否定繁难的铺作

图7-1-1 原杭州大学教学楼 （来源：老屋遗韵[M].杭州：中国美术学院出版社，2006:167.）

图7-1-2 浙江大学西溪校区生命科学院行政教学楼（来源：老屋遗韵[M].杭州：中国美术学院出版社，2006:169.）

图7-1-3　浙江大学玉泉校区主楼 （来源：老屋遗韵[M].杭州：中国美术学院出版社，2006:165）

层，也就是殿阁作奠定了基础。而清代的大式、小式建筑在继承宋代的厅堂作、梁柱作而来，殿阁作不见了，这是一个技术上的大进步。对于普通人而言，这些特征并不重要。宋代《天圣令·营缮令》中记载“诸王公以下，舍屋不得施重栱、藻井”，但时至今日，这早已不是认知建筑意义的区分标准了。人们对建筑年代准确性的判定，大致上是一条与人的遗忘律相似的曲线，所以即使是具象的模仿也无法做到精细微的精准（图7-1-4、图7-1-5）。

温州太平寺寺院（建筑师张静）建筑呈现庄重、稳健、雄劲的仿宋代建筑风格。按照整体布局太平寺以大雄宝殿为寺之主体，其余建筑均从体量、尺度到形式以大雄宝殿为度量标准，避免喧宾夺主。建筑细部设计结合江南的做法，使建筑呈现活泼、轻快感。如屋角的发戗、昂、正吻等。充分

图7-1-4　南宋皇宫的正门丽正门（来源：http://sns01.19louimg.cn/10_2011/17/14888015434e9c3be65beea2.92756704.jpg）

图7-1-5　南宋皇宫复原建筑群（来源：http://sns01.19louimg.cn/10_2011/17/6334696944e9c3b65a86126.42914267.jpg）

图7-1-6　太平寺入口山门（来源：温州设计集团有限公司）

图7-1-7　太平寺东流通处（来源：温州设计集团有限公司）

采用唐末宋初建筑整体风格特点：屋面坡度较缓，屋檐和椽起翘以及造型遒劲的鸱尾（图7-1-6、图7-1-7）。

重建于2009年的杭州湖墅香积寺，基本形制采用了传统庙宇的布局方式，仿造宋式大式建筑风貌。其中的大圣紧那罗王菩萨殿为二层重檐、抱厦式、歇山屋面仿古建筑。而其中让人耳目一新的是大圣紧那罗王殿和钟鼓楼采用铜来建造，在其他一些大殿屋顶上，采用铜瓦，屋脊、栏杆等部位也做包铜处理，独具一格。在建造设计中采用创新材料，建筑风格既以仿古形式展现庙宇建筑的整体风貌，又创新地运用现代设计手法简化传统斗栱铺作建构形式，以新的方式体现了杭州传统寺庙建筑的符号和元素，而以铜质材料为主殿的主要表现材料，沉稳地展现了寺庙的庄严，以铜的光辉衬托佛殿的瑰丽，再现“杭州运河第一香，湖墅市市井风情地”的繁荣胜景（图7-1-8）。

第三类以现存明清本土民居为原型。大多数的具象模仿，特别是很多仿古商业街，都以本土民居为原型作为创作的源头。而这之中较为成功的要数杭州的河坊街建筑群落、绍兴鲁镇建筑群落等。河坊街在充分反映杭州地域性民居的前提下，模仿南宋街巷格局，一定程度上再现了民俗民风的地域生活特征（图7-1-9、图7-1-10）。

而安缦法云度假酒店（建筑师郑捷）的创作手法和设计意图又为纯粹民居模仿的作法提出了当代地域建筑新的风土观念和地域性传承的新思路。其主要设计原则着重把握如下三条：

图7-1-8　杭州香积寺（来源：朱炜 摄）

图7-1-9　杭州河坊街（来源：中国最美的老街[M].南京：江苏人民出版社，2012:9.）

图7-1-10　鲁迅故里建筑群落（局部）（来源：http://img1.imgtn.bdimg.com/it/u=24830367,2243687884 & fm=21&pp=0.jpg）

1）通过对村落原生结构的认识，提炼出能代表该村落传统特质的历史和人文信息，再把它回归到村落生态之中，重组其文化结构和空间和功能等要素。

2）通过对该村落演变历史和发展趋势的研究，提出法云弄未来的发展方向应该是一个生态型，有深厚佛教文化底蕴的杭州传统山地村落的复兴，通过本次保护整治为其注入新的生命力。

3）尽量利用和保护现有水系、植被、地形等自然资源和有价值的现存民居、村民生产生活场景等人文资源。

建筑单体在设计过程中强调单体风貌的把握落实及与外部山地环境的相互交融。为了强调体验的真实性，有价值的木结构建筑采用原地修缮保护的方式，建筑各部做法均不做改动。新建钢筋混凝土建筑的内部空间满足预设的功能要求外立面则模仿木结构民居装修。同时大量应用块石、夯土墙等当地传统建筑材料和工艺，并通过利用山地环境的变化，形成山地建筑景观空间特色（图7-1-11、图7-1-12）。

图7-1-11　安缦法云度假酒店-客房组团（来源：中国美术学院风景建筑研究院）

图7-1-12　安缦法云度假酒店-中餐厅单体（来源：中国美术学院风景建筑研究院）

在具体模仿设计手法上又主要分为全形模仿和风貌表征两个方面。在全新建造的建筑创作中，通常采用全形模仿的方式，无论是建筑立面还是整体布局都有意无意中展现了地域性建筑的风貌和空间关系。而在一些街道改造和细微建造时，无法做到全方位、多角度的形式模仿，只能以最主要的感官面展现地域风貌。

全形模仿的实例较为多见，并多被地方建筑创作所采用。在创作途径上既有完全按照古法进行设计建造的，也有在现代功能建筑体量上加以传统形式套用的。前者手法较为精微，一板一眼均参照传统手法和意韵，在形式比例上稍有不同就会大大走样，而失去创作的效果。而后者就较为随意，大多建筑创作的结果只求形到，不求意达，一些过于牵强附会的拼贴失去了传统建筑原本具有的适宜形象。

云栖玫瑰园仿照江南中式园林，精耕细作，无论是建筑建构的过程，还是各种构件要素的语言表达，抑或是园林景观的意趣呈现，都以古法之制为之，充分展现了传统居住环境的微妙之处，然室内布局又不同于传统居住形式，提供了

图7-1-13　浙江云栖玫瑰园新中式大宅水院（来源：http://www.gad.com.cn/upload/2014/10/30/14146598758966csqnc.jpg）

现代居住功能需求的必要，成为全形模仿案例中的典范（图7-1-13、图7-1-14）。

位于杭州西湖西侧的金溪山庄（建筑师：卜菁华、吴璟），是一个匍匐大地、水系环境、气韵贯通的建筑群聚落；通过运用坡顶、庭院、屋檐、墙裙、白墙等传统建筑语汇，达成了杭州地域性建筑的建筑创作表达（图7-1-15～图7-1-17）。[①]

图7-1-14 浙江云栖玫瑰园新中式大宅正厅（来源：okhttp://www.gad.com.cn/upload/2014/10/30/1414659878433ppgi.jpg）

图7-1-15 金溪山庄鸟瞰（来源：吴璟 摄）

位于钱塘江边的钱江管理处业务用房（建筑师：钟承霞、梁擎天）设计总体布局主次相继、高低错落、与地形地貌特征相呼应。内院空间吸取中国传统园林特色，因借自然、内外交融、以小见大。建筑形式采用中国传统样式，借鉴中国园林的设计手法，将主楼按庭园式格局布局，并采用多种手法营造空间，因借环境，多层次摄取自然风光，使建筑与环境取得全面和谐。主体建筑之间采用连廊、漏窗、角亭、水面等将内庭分成大小庭院、增加庭园的景观层次，追求与外部的山林特色相互因借和渗透。时围时透、韵律感的界面处理，间以转角处空透的连廊、局部架空的底层、秀美的角亭、格构式室外楼梯等构图元素，延伸庭园景深，使庭园景观与山林景色通过转角部位互相渗透、融为一体。屋顶形式采用了传统歇山式，却又不同于传统屋顶组合方式，顺应现有功能需要，创造性地进行交叉拼合，从而在有限的空间布局中呈现错落有致的多形态组合方式。在细部设计中结合现代的建筑材料和施工技术，对屋顶形式、檐、梁、柱等主要建筑构件的形态及比例进行了提炼，取其“神似”。并进而对屋脊、悬鱼、吻兽等细部进行简化，采用“意到笔不到”的概念，从而使立面造型既不拘泥于古代的形制，又具有传统建筑的神韵。虽然用材经济，着色素朴，造价不高，但在形式、材质、空间、细部等多方面与环境的自

图7-1-16 金溪山庄主入口（来源：吴璟 摄）

图7-1-17 金溪山庄外观（来源：吴璟 摄）

① 卜菁华、吴璟，风景环境感悟——杭州金溪山庄创作体验，建筑学报，1999（05）：30-34

然与人文要素相契合，对环境起到了较好的点缀作用，也成为该种创作条件下较为出色的设计手法典型（图7-1-18、图7-1-19）。

风貌表征的创作手法较成功的案例是杭州胜利河沿岸和沿街的立面空间营造（设计师：朱仁民），设计师对原有街道上的建筑予以完全保留，仅在人们视线接触的主要立面进行传统元素的塑造，并在局部公共节点中添加独具江南河岸民居特征的木屋构架，整个建筑群落被营造成檐廊水岸荫荫，屋顶错落有致，色调灰瓦白墙，呈现一派小桥流水人家的江南河岸风光。即使依稀可以辨别改造之前与传统要素差

图7-1-18　杭州钱江管理处业务用房（来源：杭州市建筑设计研究院有限公司）

图7-1-19　杭州钱江管理处业务用房立面细部（来源：杭州市建筑设计研究院有限公司）

图7-1-20　胜利河内街和水岸（来源：朱炜 摄）

异巨大的异质要素，但统一的江南格调早已掩盖了这些不和谐的因素（图7-1-20）。

在胜利河端头转合处，设计师整合原来现状空间的杂乱状态，以一组传统空间形态的建筑景观作为收头，很好地把握了与旧有街道建筑脉络的起承关系，将河道水系、屋架连廊、建筑体量、街道融合一体（图7-1-21）。

位于普陀景区前的朱家尖慈航广场（设计师：朱仁民）的一组景观建筑营造，设计师很好地把握了当地海岸边的民居形式，以面向广场的一面作为景观的主立面，背靠凸起的崖体，顺应山势立体地展现了独树一帜的海岛建筑群落风貌。这一仅仅以单纯立面的表达方式呈现，而弱化了建筑的使用功能层面，虽然表面上违背了建筑本身的意图，却以艺术家的眼光和浪漫主义的手法表达了地域建筑的风貌特征（图7-1-22、图7-1-23）。

另外如花家山宾馆、黄龙饭店、绍兴饭店、富春山居度假村等，这些作品一定程度上会给人以一种嫁接的感觉，就是把中国的元素或者符号，嫁接在现代主义建筑上，或是屋顶，或是室内，或是入口等等，无法给人一种水乳交融的和谐感觉。所以可以说过去50年的探索虽然取得了一定的成就，但却并没有得到一个可以让大家信服，而且可以指导我们实践的成果，更没有形成一个理论体系（图7-1-24～图7-1-26）。

该取向虽运用最为广泛，也最容易，但也存在着很大

图7-1-23 朱家尖慈航广场日景（来源：http://bbs.zsputuo.com/data/attachment/forum/201308/15/143608133n53u7pks5zopd.jpg）

图7-1-21 胜利河环楼（来源：朱炜 摄）

图7-1-24 黄龙饭店（来源：http://file28.mafengwo.net/M00/86/93/wKgB61PQpRiAXgTTABch1N7V40g38.rbook_comment.w1024.jpeg）

图7-1-22 慈航广场全景——朱仁民以当地海岛民居的风格将裸崖演变成“海上布达拉宫”（来源：http://www.sai360.com/uploads/allimg/141204/01122C431_0.jpg）

的局限性。其一该模式以具象为主，在创作过程中没有发生创作理念上“质”的变化，只体现在地域性的“形似”层面，没有深入挖掘地域性本质内涵。而且存在一概性和盲目性，若不能很好地把握原型特征，反而会落入盲从、简单复制和抄袭的窠臼，最终降低建筑所隐含的文化价值，失去表现的特征。采用该设计取向更应加强对建筑生成环境的整体文脉考量，并从原型的建构逻辑和饱含地域文化信息作为切入点。

图7-1-25　花家山庄（来源：http://img5.imgtn.bdimg.com/it/u=1560008205,2267625218&fm=21&gp=0.jpg）

图7-1-26　绍兴饭店水院（来源：李浩 摄）

第二节　抽象建筑语言转换取向

抽象较之模仿的手法而言，更具创新意识，其本身也作为一种创新的设计手法被人们推崇。对传统建筑原型进行抽象后运用于新的建筑设计中，来体现建筑的地域性特征，是在借鉴西方的古典理性分析思想基础上的。抽象转换的过程中对传统原型中的地域性要素加以抽取，再对抽取的要素进行分类解析，最后在重新阅读的基础上进行重构，形成新的建筑形态。经过了由表及里再到表的过程，从而使最终建筑创作产生地域性的特征。

而从整个设计历程来看，对传统地域性建筑语言的抽象转换过程也经历了从简单的拾取拼接，到精细化创新运用，再到转换重构的过程。这一过程是循序渐进，逐步完成了，甚至在一定程度上有过功利化和表面化的歧途。但无论处于哪个阶段，都有较为出色的创作典型，其本身只是抽象转换的程度不同，并没有哪个先进、哪个落后之分。

杭州良渚美丽洲教堂（建筑师：津岛晓生），位于良渚山林中，教堂为集成材大跨结构，教堂综合体建筑与景观设计充分结合，追求纯净而细节丰富的空间表达。建筑主体是双坡顶形式，采用木结构与素混凝土的有机组合，从形态到构造细部，都充满了简洁的现代感（图7-2-1～图7-2-3）。①

杭州湖滨商贸旅游特色街区一期工程（建筑师：田钰、方志达），建筑的产生经历了双重还原的过程，首先从历史模型形式的还原（抽象）中获取类型，然后再将这一类型结合具体场景还原到具体的形式，这一抽象——还原的操作过程中，时间是透明的，它将过去、现在和将来联系在一起，对过去的历史性抽象，是建立在当前的把握和对未来的臆断基础上的，而结合具体场景的还原场所本身就是积淀了历史性的要素。建筑师试图找寻一种开放的、包容性的现代建筑语言，以这种建筑语言来解决现代设计中的历史性表达与尊重传统文化的复杂问题，并以一

① 孙田.美丽洲堂[J].时代建筑，2012（02）：84-89.

图7-2-1　主教堂正面夜景（来源：建筑学报，2012（05）：56）

图7-2-2　回廊东端看教堂整体（来源：建筑学报，2012（05）：55）

图7-2-3　主教堂北角看回廊、小广场、钟楼（来源：建筑学报，2012（05）：55）

种独到的方式再现现代建筑的场所精神（图7-2-4～图7-2-7）。[①]

嘉兴市南湖国际大酒店（建筑师：戴锋）以传统的江南建筑语言为载体，来营造一处园林层叠，出入有致，空间交错，明亮通透，湖光倒影，饶有新意的酒店度假场所。其建筑造型从传统江南建筑中寻找建筑元素，利用白墙灰瓦，创造出属于嘉兴特有的江南水乡风格建筑，建筑注重山墙，檐口，墙基，柱廊，门扇等细节的处理，以期通过传统的建筑语言来阐释现代酒店的生活模式。在建筑细部处理上，中国

图7-2-4　屋顶及其西湖远景（来源：田钰 摄）

图7-2-5　内庭院（来源：田钰 摄）

① 方志达，田钰，孙航.依旧创新——杭州湖滨商贸旅游特色街区一期工程创作随笔[J].时代建筑，2004（01）：88-95.

传统建筑都有其明显的地域特征，尤以江南水乡建筑为甚，水乡建筑布局形态基本上取决于河道的走向，随弯就曲，遇水搭桥，呈现出丰富的景观效果和生动的环境意向。在这里中国传统建筑细部——露窗、隔扇、砖雕、木雕、柱础、抱鼓石等得到了很好的运用。该设计从选址到规划，从建筑到景观，从细部到材料，每一项都体现出江南水乡灵秀、隽永的气质（图7-2-8~图7-2-10）。

海盐图书馆（建筑师：陈清、徐苗）继承坡屋顶与粉

图7-2-6　砖墙面与玻璃体的结合（来源：田钰 摄）

图7-2-7　内庭院（来源：田钰 摄）

图7-2-8　嘉兴南湖国际大酒店入口（来源：浙江宏正建筑设计有限公司）

图7-2-9　嘉兴南湖国际大酒店细节（来源：浙江宏正建筑设计有限公司）

图7-2-10　嘉兴南湖国际大酒店大堂（来源：浙江宏正建筑设计有限公司）

墙黛瓦的传统建筑要素特征。屋顶形式平坡结合，与周围环境机理较为接近，屋顶的收头部位设计铝合金构件，使之不同于传统的坡屋顶。采用片墙、花格窗、小庭院等要素手法，并辅以竹子的种植，来表现传统建筑的风雅之气。墙面材料则选用白色涂料，屋顶则选用深色瓦屋顶（图7-2-11）。

位于湖州的太湖古木艺术馆（建筑师：郑捷）设计从场地的自然环境条件出发，布局顺应地形，突出场地自身的空间特色并充分发挥其景观价值优势。整体风貌和建筑形态在与周边自然环境和谐相融的基础上，力求营造富有山水画意的场景体验，体现了对传统人文美学意境的追求。在设计选材和建造工艺上采用现代的技艺加以提炼和演绎，用仿传统草坡屋面檐口造型之亚光钛锌金属屋面板、仿木铝合金格栅、中空玻璃等现代材料及构造手段，体现了传统与现代的结合，使整个建筑被赋予了兼具地域传统和时代精神的独特人文气质。细节上更注重其文化性的表达，造型灵感源自宋代文人山水画中建筑的形态：屋舍四面隔扇，中开大门，重檐简易歇山顶，檐下板引檐，廊庑回转，矮栏环绕……从中轴线串联的多进式院落布局方式到建筑风貌和细部形态，注重地域性文化气质和细节的表达，呈现出浓厚的传统韵味和人文气息，体现了艺术馆独特的文化品位和艺术追求。该项目是对江南地区新宋式园林建筑设计的有意探索和尝试，为风景秀丽的太湖之畔增添了一处充满江南人文气韵的文化景点（图7-2-12～图7-2-14）。

嘉兴市海盐县澉浦镇政府办公楼（建筑师：倪晶 张锴）的设计是立足于地域特征的现代建筑，其以山水为本，引山水筑院的理念成为其最终形态的基础。整体风貌白墙黛

图7-2-11 海盐图书馆（来源：浙江省城乡规划设计研究院）

图7-2-12 空中俯瞰古木艺术馆（来源：中国美术学院风景建筑设计研究院）

图7-2-13 太湖古木艺术馆（来源：中国美术学院风景建筑设计研究院）

图7-2-14 太湖古木艺术馆（来源：中国美术学院风景建筑设计研究院）

瓦，造型现代、简洁、明快，很好地体现了当代办公建筑与古镇地域风貌相结合的特色，从而达到建筑和自然的和谐共生。其中立面造型强调简洁、典雅、现代，建筑材料以白色涂料为主，局部穿插有青灰色线脚与瓦片，局部点缀木色构件，呈现一种白墙、青砖、黛瓦的建筑风貌，既显示了现代建筑的性格特征，又与澉浦古镇的总体风格相协调（图7-2-15～图7-2-17）。

图7-2-15　澉浦镇政府办公楼全貌（来源：浙江省城乡规划设计研究院）

图7-2-16　澉浦镇政府办公楼主入口（来源：浙江省城乡规划设计研究院）

图7-2-17　澉浦镇政府办公楼沿街立面效果（来源：浙江省城乡规划设计研究院）

钱江时代（建筑师：王澍）是位于杭州钱塘江边的一组高层住宅，设计师将其称为“垂直院宅”。该建筑尝试将传统合院民居的形制创造性地运用到叠合的高层住宅中，并自始至终以地域性特征的表达为设计理念，将江南民居的天井院落、宅第关系、色彩等形态感官符号从民居原型中抽取出来，并加以抽象转换。将这些地域性要素融入高层建筑之中，使新建筑产生独具特点的地域性倾向（图7-2-18）。

位于杭州西湖边南山路上的中国美术学院南山校区（建筑师：李承德），用地十分有限，且区位又很特殊，创作过程显得非常谨慎。设计师通过对江南地域所特有的建筑特征进行归纳总结，抽取传统大式建筑的比例逻辑、色彩关系，对建构框架模式进行抽象转译，并对传统建筑的斗栱铺作、屋面曲线、装饰构件等进行抽取，用现代建筑语言表述的方式进行元素的重构，从而达到虽然一眼就能分辨出现代建筑的体量和功能，却从中无时无刻地展现着地域性要素的气息传达和地域性元素的语言叙述（图7-2-19～图7-2-21）。

图7-2-18　钱江时代—垂直院宅（来源：世界建筑，2006（03）：86.）

西溪湿地二期公园游赏区及艺术家村落设计（建筑师：郑捷）中新建传统民居风格的小品建筑，采用主体框架结构以木构外立面装饰的形式来满足现代功能的使用和西溪风貌协调的要求。民居建筑强调室内外的开敞通透，设置折叠玻璃门窗、玻璃移门，以期达到既要让室内环境满足空调封闭，又能保证内外视线通透的效果，从而形成传统与现代的完美结合（图7-2-22～图7-2-24）。

图7-2-19 中国美术学院南山校区水院（来源：朱炜 摄）

图7-2-20 中国美术学院南山校区教学楼（来源：朱炜 摄）

图7-2-21 中国美术学院南山校区立面（来源：朱炜 摄）

图7-2-22 西溪湿地二期小品建筑——观鸟屋外部环境（来源：中国美术学院风景建筑研究院）

图7-2-23 西溪湿地二期小品建筑——观鸟屋内景（来源：中国美术学院风景建筑研究院）

图7-2-24　西溪湿地二期公园游赏区（来源：中国美术学院风景建筑研究院）

第三节　形式与空间的回应取向

建筑语言的意象表达是建立在实体与空间两者的相互塑造之上的，这也成为建筑形态最基本的一对概念。形式的状态是设计表达最终的归宿，因而建筑设计最终还是要反映到建筑形式的表达上来。但是形式只是一个外在的视觉表现，其实质应该是对设计进行深入的研究，在某一方面具有独创性，或拥有相对深刻的内涵。

“空间”既包括室内空间，也包括室外空间。因此，建筑的灵韵一方面表现于室内空间的具体性，另一方面也表现在内外空间的独特关系上。中国传统建筑，包括浙江的传统建筑在外部环境对内部的限制和内在要素特别是内部空间的外在表现的结合——构成的建筑群体空间具有许多可以传承的精彩表达。而这种室内外空间关系的具体性是与环境的因素紧密联系在一起的。而剖析其建筑体量与环境的关系对现代建筑设计中体现地域性的特征具有重要启示意义。

任何建筑都不可避免地表现为某种形式上的东西，当它被作为文化的载体的时候，则形式还常常成为某种符号化的表达，而与建筑本身的要素（空间与材料）无关。作为对于这种符号化的对抗，建构理论提供了一条可能的途径。此时，建构讨论的重点并不在于建筑具体的构造方式，而是希望建立一种建筑本体论基础上的评价体系。形式也就生成于作为本体的建筑，至于文化等建筑本体以外的因素，其对于建筑形式产生的影响首先是对于建筑本身的影响，再经由这种影响而反映在形式上，而绝非一种简化的符号移植。这是我们在尊重文化的同时又能避免那种符号化使用的一个有效途径。

在杭州历史博物馆（建筑师：张毓峰、卜菁华、金方、崔光亚）的设计中，单体平面借鉴了传统民居的合院式布局方式。与传统民居中轴线沿单向延伸不同的是，主楼结合山势，设置了一纵一横两条轴线。主轴线与等高线平行，布置三进院落，作为陈列空间；次轴线与等高线垂直，布置院落两进，作为临时展厅；两条轴线相交于主院落的中心。因此在平面上形成两组方向不同的建筑单元，它们之间通过连廊、庭院、巷道结合在一起，不仅很好地解决了参观流线的组织问题，而且大大丰富了建筑空间和造型。此外，建筑以白墙、灰蓝色的金属屋面、金属压型板压顶，传达出类似传统民居中黑白对比的韵味（图7-3-1～图7-3-6）。①

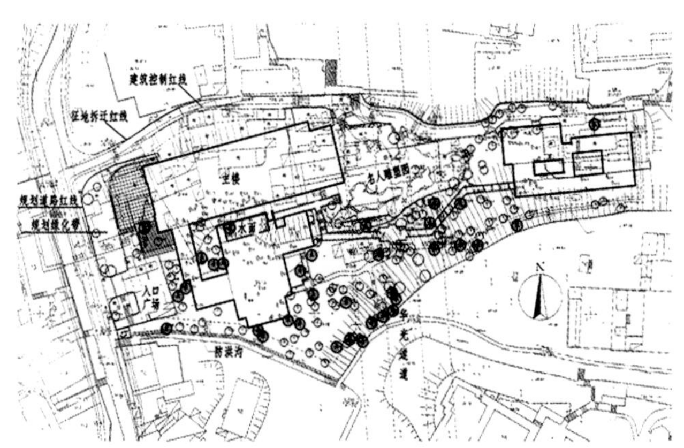

图7-3-1　杭州历史博物馆总平面图（来源：《建筑学报》）

① 金方、卜菁华、崔光亚，熟悉而陌生的空间体验——杭州历史博物馆建筑设计回顾，建筑学报，2004（03）：62-65

图7-3-2 从粮道山路看历史博物馆（来源：《建筑学报》）

图7-3-3 入口庭院（来源：《建筑学报》）

图7-3-4 爬山廊与内庭院（来源：《建筑学报》）

图7-3-5 檐口处理借鉴了传统民居的做法（来源：《建筑学报》）

图7-3-6 巷道空间（来源：《建筑学报》）

王澍设计的中国美术学院象山校区，以中国传统园林院落式的大学建筑为原型，指向了全方位的本土建筑学的探索：涉及了城市、村落、园林和建筑的全面思考。象山校区遵循场地的基本形态，采用了以象山为中心、围合式的自由布局，呈现为一系列“面山而营”的差异性院落格局。建筑群敏感地随山水扭转偏斜，突显了山水关系对空间秩序的决定作用。山体形势被新生的区域关系承接，如水波传递带四周，转化为新的结构关系。群体空间的组织传统借鉴自江南的自然村落，兼具合院的据守气质和园林格局的运动性特点。村落的构成是自由、蔓延的和累加式的，类似于园林之叠石成趣，山石和村舍形态学关系在更大程度上成了校园单体建筑之间比例关系的原型。环境则被视为具有高度连续性的漫游缝隙。在建筑的群体关系中，人们感受不到明确的场所边界。建筑空间被迷宫般地串联起来，由内到外、由外到内，一直蔓延到以山体聚集的山水关系中。场地原有的山地、林野、阡陌、溪流和鱼塘被小心保持原状，中国传统园林的精致诗意与空间语言被探索性地转化为大尺度的淳朴田园（图7-3-7～图7-3-14）。①

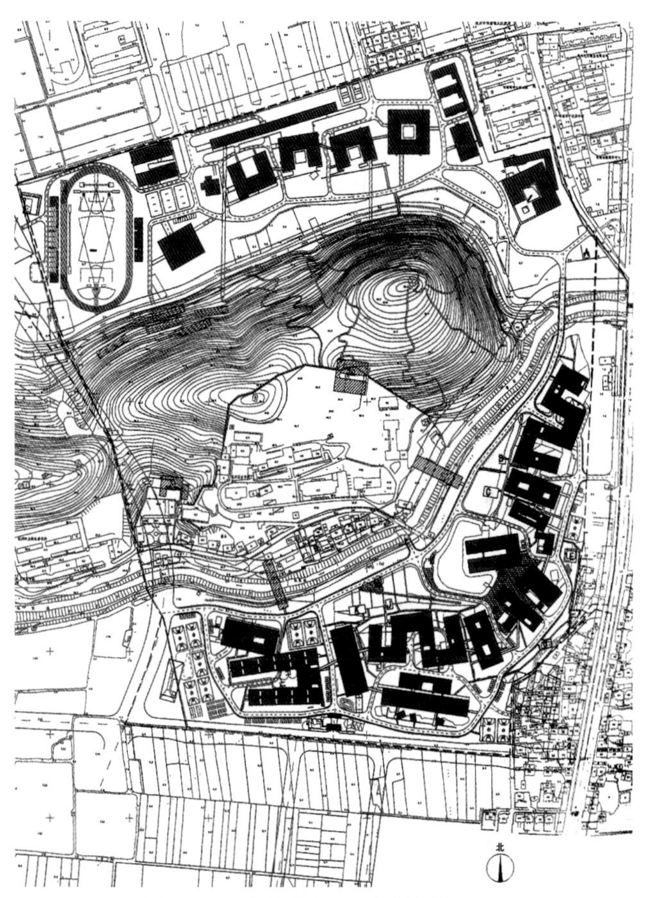

图7-3-7　总图（来源：《建筑学报》）

图7-3-8　从3号楼和4号楼向北望象山（来源：《世界建筑》）

杭州富阳的抱华楼国画研究院（建筑师：王登悦），建筑师试图去除传统建筑形式中的那些标志性符号，而抓住“写意”的本质，由描绘“意”而唤起人们心中对传统的共鸣。具体的手段是，通过线性组织庭院、高台、水面，布局轴线和对景，顺应山地的地形营造开合收放空间效果，以此来表达中国传统精神中“正大、开阖、谦抑、幽通”等语汇的空间感知，以实现和中国画的精神互通。整个项目按照山体分为东西两区，东区的美术馆的主展厅分为两层，由一个十字采光廊隔开而形成八个展厅。采光廊里设置了一个立交的楼梯，廊子由连续的拱券形成序列，参观流线可以保证参观者按照逆时针从展厅的一楼到二楼正好走一圈再下来，路径不重复。教研机构的住宿楼部分，外立面形成有趣序列的同时具备隔离噪声的功能。

① 李凯生.形式书写与织体城市——作为方法和观念的象山校园[J].世界建筑，2012（05）：34-41；业余建筑工作室.中国美术学院象山校园一、二期工程，杭州，中国[J].世界建筑，2012（05）：42-59.

图7-3-9　1号楼西南角平台（来源：《世界建筑》）

图7-3-10　14号楼与鱼塘连接的内院（来源：《建筑学报》）

图7-3-11　15号楼西侧院（资料来源：《世界建筑》）

图7-3-12　从二期建筑学院小图书馆与13号实验楼间的小径，正在上的建筑戏剧课的一个幽默的学生作业，一堆椅子从太湖洞爬出（来源：《世界建筑》）

图7-3-13　隔水望入二期14号楼（建筑学院教学楼）内庭院（来源：《世界建筑》）

图7-3-14　二期校园建筑学院区域俯瞰（来源：《世界建筑》）

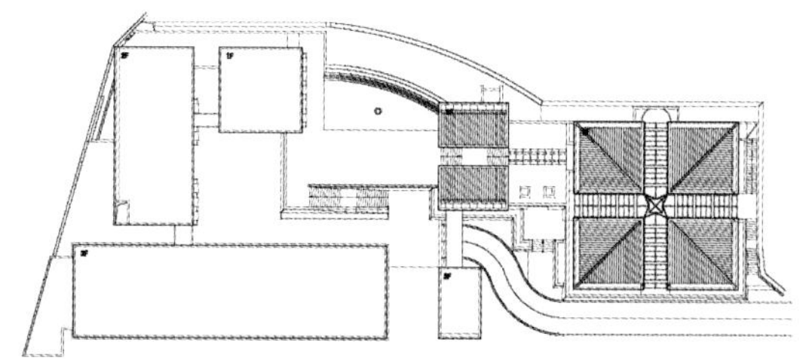

图7-3-15　东区屋顶平面（来源：王珂 摄）

西区树木茂密，主要是画家工作室部分。建筑布局强调建筑和树木的共生关系，并有若干个露台可以欣赏湖面的美景（图7-3-15～图7-3-20）。

位于嘉兴市新塍镇的江南·润园，依托古镇自然人文景观，创作出符合当地地域特色，具有深厚传统文化底蕴且满足现代人物质及精神要求的高档住宅区，以舒适而奢华、简洁而别具韵味、本土性格十足等特质，打造名副其实的现代江南水乡。其一，规划将部分底层住宅区布置为临水格局，通过半岛及6～9米宽的水巷来反映水乡的设计主旨。其二，通过起居室正对南向的院落，增加了室内空间与阳光、雨水、绿化的有机联系，并与院外嘈杂的公共环境隔离开来。此外，住宅周边还有许多由建筑与围墙组成的“夹院”，不同大小的院落相对独立又互相穿插，使建筑与园林空间交错，形成舒适而隐私的室外环境，表达了国人内敛而含蓄的品位。其三，在入口庭院、主庭院、屋顶花园等处大量采用柳条式井方格廊架，这种简化的檐廊，正是将传统住宅的经典符号通过现代建筑语言进行重构，重现雅韵。其四，江南·润园的色彩以黑、白、灰三种无色系为基调，大片“虚”的白墙，“实”的平直而简化的金属压顶及青石条基，浮想写意山水中黑与白的交融，高低起伏、轻盈简洁，舞动出一份独属江南的素雅与宁静，低调而不低俗，高雅而不张扬。墙体局部开漏窗，引入外部景色。其五，江南·润园通过内凹板条木门，入口花池、门斗外墙黑洞石精致门环及门上深挑檐雨篷，提炼简化了传统大门意象，在一片素雅的白墙上画龙点睛般地突出了门第观。此外，在多层及

图7-3-16　东区外观（来源：王珂 摄）

图7-3-17　东区主入口（来源：王珂 摄）

图7-3-18　东区的美术馆主展厅入口（来源：王珂 摄）

小高层立面的构成上吸取中国传统家具——博古架之构成手法，赋予现代建筑立面以抽象的历史元素（图7-3-21~图7-3-25）。①

浙江省大学科技创业研发大楼（建筑师：王燕、姚欣）所在基地最初属于城市郊外，缺失了原有的城市肌理，然而城市的蔓延使得原本地处城市边缘的地块具有了门户特性，也成了链接城市的空间节点。综合开发强度和周边城市肌理，设计师将南北的平行条状东西两端起折，形成呈扇形开放的东西入口。由此得到一个相向而立的折线型结构：延展了南北面长度，同时也让南面沿河绿地自然“嵌入”基地，内部空间形成状似川谷的流动空间。建筑之间、建筑和环境之间的关系也由此变得松动而自然，清风绿雨流淌其间，形成了中央谷状绿地的安宁（图7-3-26、图7-3-27）。

图7-3-19 东区的美术馆主展厅内景（来源：王珂 摄）

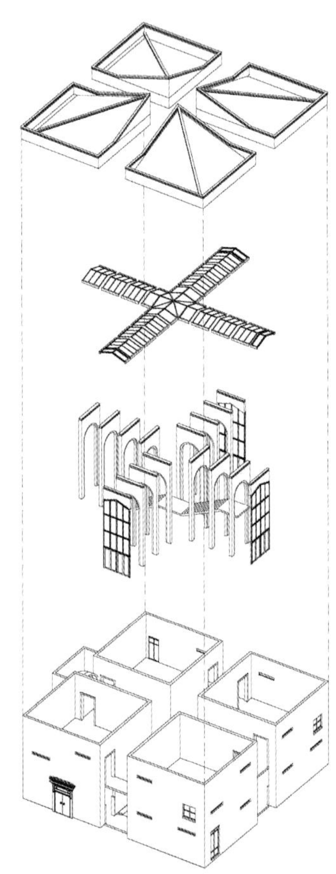

图7-3-20 东区的美术馆主展厅分解轴测图（来源：王珂 摄）

图7-3-21 亲水别墅街景（来源：《城市建筑》）

① 龚革非，孙蓉.嘉兴江南·润园[J].城市建筑，2010（1）：57-62.

图7-3-22　合院别墅街景（来源：《城市建筑》）

图7-3-23　合院别墅景观（来源：《城市建筑》）

图7-3-24　亲水别墅滨水景观（来源：《城市建筑》）

图7-3-25　亲水别墅滨水面（来源：《城市建筑》）

图7-3-26　浙江省大学科技创业研发大楼西入口远景（来源：姚欣 摄）

图7-3-27　中央绿谷俯瞰（来源：姚欣 摄）

杭州江洋畈生态公园内的杭帮菜博物馆建筑群（建筑师：崔愷），建筑的多个组团随山势和水脉蜿蜒辗转，在转折处自然断开。断开的意义不仅是将较大的建筑体量进行拆分与切碎，更在于使北面的山体脉络穿过建筑群落导向南面的水塘围堰。层次丰富的屋顶，嵌入的灰砖粉墙体块，以及斑驳稀疏的草顶，更彰显了空间的有机与时间的沧桑，让建筑自身成为了一个聚落。各功能组群之间以木栈道和休息木平台等连接成整体，这些景观的构成元素是整个公园木栈道系统的有机组成部分，可供游客休息、观景之用，在长长的屋顶挑檐下，也将室内活动的空间延伸到了室外水边和公园之中（图7-3-28~图7-3-32）。[①]

良渚文化博物馆（建筑师：戴卫·奇普菲尔德、David Chipperfield），由4个条形体量组成，这些体量具有相同的宽度，为18米，但高度不同，从而形成了一种外部可见的雕塑感形式。庭院被置入每个体块，这些庭院既是游览路线的一部分，也起到连接不同展厅的作用。尽管博物馆展厅是线性的，但精心设计的室内庭院，不但作为自然采光空间和休闲空间，还为博物馆相对独立的游览路线提供了更高的复杂性。周围景观的边界区域在已有建筑的方向密植树木，从而只留下一部分视线开口，来引导周围山岗和公园的景观（图7-3-33~图7-3-35）。[②]

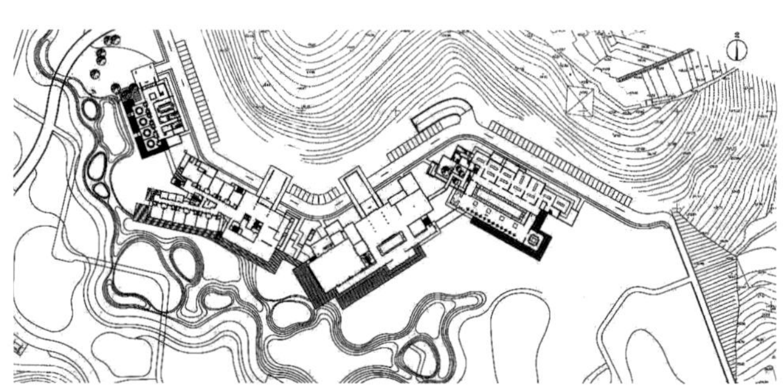
图7-3-28 首层平面图（来源：《世界建筑》）

图7-3-29 山墙立面（来源：《世界建筑》）

图7-3-30 外景（来源：《世界建筑》）

① 崔愷.杭帮菜博物馆，杭州，浙江，中国[J].世界建筑，2013（10）：38-41.
② 王小玲译.良渚文化博物馆，良渚文化村，浙江，中国[J].世界建筑，2007（05）：78-83.

图7-3-31　水岸外景（来源：《世界建筑》）

图7-3-32　杭帮菜博物馆全貌（来源：http://att2.citysbs.com/hangzhou/2015/07/20/09/1968x1082-093638_v2_13401437356198611_5f76e5f629a9bb770cfacbac5835bcdb.jpg）

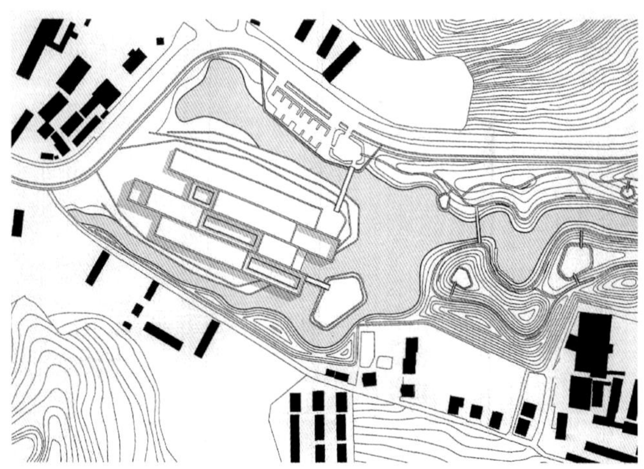

图7-3-33　良渚博物馆内院（来源：《世界建筑》）

图7-3-34　博物馆外景（图片来源：《世界建筑》）

图7-3-35　良渚博物馆入口庭院（来源：《世界建筑》）

第四节 表皮与材料的地域性隐喻取向

建筑表皮具有物质—本体和精神—表现两个基本属性。当今的建筑表皮概念已不仅仅是外立面、围护体系，而是具有双重含义。第一层含义是建筑表层材料的地域性表达，这是粗浅的、直接地通过建筑表面呈现地域性的特征，更贴近于传统建筑的风土性；第二层含义则注意建筑的表层空间，从层叠的三维空间层面和现代创造性的手法，通过建筑与外环境相关联的表层空间形态来呈现其地域性。对于第二层面，文丘里有这样一个观念：即“空间中的空间”，这一认识突破了把建筑表皮单纯地理解为包裹整个建筑外表的看法，把表皮概念引入了建筑内部，成为与“空间”相对的概念。文丘里认为室内外的矛盾有一种表现方式为外墙内有一层脱开的里衬，里衬和外墙之间多出一层空间，包裹空间的表皮具有层次性，称它为“残余空间”。他还赋予残余空间以使用功能，这些都使表皮在尺度和意义上有了质的飞跃。通过这层残余空间，建筑外表皮与建筑结构的关系甚至是内部空间功能的关系变得可以相互分离。而这种“残余空间”，我们可以理解为表皮的支撑体系，或多层表皮之间。为了隐现支撑体系的美丽，透射“残余空间”的光影，当今建筑表皮无论从形式、材料还是色彩都呈现出丰富多彩的特点。

实体与空间最终需要通过界面来得以呈现，而界面又由具体的材料经由特定的构造而达成。材料，是建筑的原点；从某种意义上说，建筑就是用材料构筑的空间构成艺术。构造指的是建筑各个构件之间的链接关系，表现出来的形态，是体现建筑设计深度，是节点的艺术。古希腊产生了多种柱式，而中国则产生了斗栱。解决构件之间如何连接，如何在达到功能和技术要求的同时，表达出建筑的某种精神。[①]实体与空间最终需要通过界面来得以呈现，而界面又由具体的材料经由特定的构造而达成。因而材料与构造在形式的表现力上具有重要的意义，也是当下的“建构”话语主要关注的对象。

诚然，视觉形象是建筑至关重要的要素之一。然而，当我们沉迷于建筑的图像化效果之时，却恰恰忽略了那些真正的建筑品质——建筑的材料与构造。他们在建筑的地域性表达中占有重要的位置。

德国思想家瓦尔特·本雅明于20世纪30年代写过一篇文章——《技术复制时代的艺术作品》，集中探讨了新的制作技术，尤其是复制技术的发展给艺术作品的灵韵——或者说艺术作品的“此时此地性”——所带来的灾难性挑战。但是，在艺术形式上，瓦尔特·本雅明几乎没有涉及建筑，而是集中于绘画和音乐。然而，在一个更加技术复制的时代，正是建筑——假如我们仍旧可以把它当作一种艺术形式的话——以其具体的物质性，尚还提供了保有它的灵韵的可能性。这种灵韵不一定是地区性的，但是它一定是具体的，并在对于地形、空间、文化、材料的具体考察与运用中显现出来。

因而材料与构造在形式的表现力上具有重要的意义，也是当下的表皮“建构”话语主要关注的对象，而就表皮材料地域性而言，越来越多的建筑创作将其作为地域性特征的切入点，甚至成为建筑设计的首要理念和主要建构方式。

丽水文化艺术中心（建筑师：董丹申、叶长青、莫洲瑾）作为一个现代功能和城市中心区位的大型公共建筑，其正立面表皮材料为当地较为多见的深灰色块状石材，立面石

图7-4-1 丽水文化艺术中心东南角外景（来源：《建筑学报》）

① 陈皞，回归秩序，同济大学学报，2003（2）:18-23.

材与建筑本体间呈现略微脱离的关系，并在整体的基础上隐含着内部空间的划分，乡土的石材与铝材柱子、格栅等现代材料共同组合而形成的建构方式给人以浓郁的地域情感的表述（图7-4-1~图7-4-3）。

在“瓦山”（又称水岸山居）项目中，王澍重新唤起夯土这种几乎快被我们遗忘了的面向自然的乡土营造做法。为了真正实现传统夯筑技艺在现有技术条件下的运用，王澍在将近10年的时间里一直在进行这方面的研究和探索。通过对场地现场挖出来的土进行取样，并送到实验室做土性分析。通过大量的数据获取，我们来判断这个土源是否适合夯土墙的建造，或者是否需要通过调整其砂、石、土的配比满足大面积夯筑施工的要求。实际施工的过程中，如果墙体和楼板交接附近产生了裂缝；解决的办法是设想采用类似传统的做法来制作一个外露的拉接构件。后来采用了另外一种更为隐蔽的拉结做法，就是每当夯筑到楼板面位置的时候，放置纵横两个方向的钢筋，编织成网状结构，其中横向的钢筋一直延伸出来固定与楼板的一个可以上下活动的固定点上，在固定点上给钢筋预留了足够沉降的距离，这样既解决了墙体的外倾问题，又不影响墙体自身的沉降变化，同时又保持了土墙临空一侧立面的完整性（图7-4-4~图7-4-12）。[①]

图7-4-2　丽水文化艺术中心西侧外景（来源：《建筑学报》）

图7-4-3　丽水文化艺术中心下沉庭院入口（来源：《建筑学报》）

图7-4-4　象山下的瓦山（来源：《建筑学报》）

图7-4-5　从瓦山顶上山道远望（来源：《建筑学报》）

① 陈立超.匠作之道，宛自天开——“水岸山居”夯土营造实录，建筑学报，2014（01）：48-51.

图7-4-6 隔岸望瓦山腹内（来源：《建筑学报》）

图7-4-7 瓦山中腹木拱洞（来源：《建筑学报》）

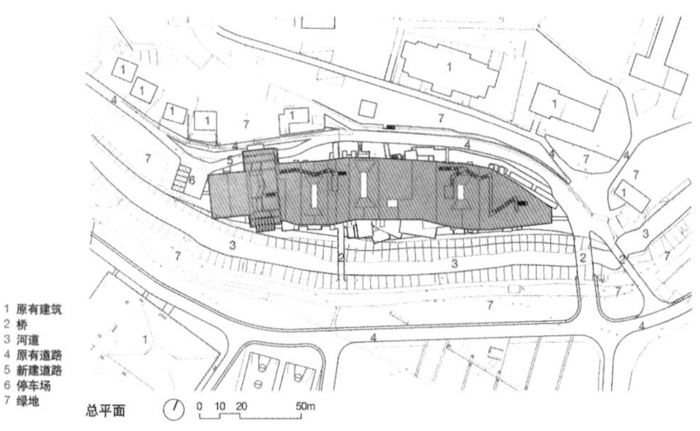

图7-4-8 总平面（来源：《建筑学报》）

图7-4-10 正在进行的夯筑（来源：《建筑学报》）

图7-4-11 传统夯土墙和主体结构的连接（来源：《建筑学报》）

图7-4-12 墙体内的钢筋网（来源：《建筑学报》）

图7-4-9 一层平面（来源：《建筑学报》）

从2000年至2008年，王澍主持的业余工作室试验了一系列使用回收旧砖瓦进行循环建造的作品。使用大量回收材料，除了节约资源，在新建造体系下接续了“循环建造”的传统，也是因为这类砖、瓦、陶片都是自然材料，是会呼吸的，是“活的”，容易和草木自然结合，质感和色彩能完全融入自然，从而产生一种和谐宁静的气氛。其中一种做法就习得与宁波地区的民间传统建造，使用最多达八十几种旧砖瓦的混合砌筑墙体，名为“瓦爿墙”。2003年，王澍设计了一组名为“五散房”的小建筑，实施在博物馆前的公园里，于2006年完工，初次试验了“瓦爿墙”和混凝土技术的结合。在2004~2007年间，这个试验被放大推广在杭州中国美术学院象山校区的建造中。而宁波博物馆，这种试验第一次被政府投资的大型公共建筑所能接受。对建筑的探索而言，问题主要在于“瓦爿墙”如何与现代混凝土施工体系结合，传统最高8米的这种墙体如何能被砌筑到14米的高度。经过反复实验，发展出一种间隔3米的明暗混凝土托梁体系，保证了砌筑的安全，内衬钢筋混凝土墙和使用新型轻质材料的空腔，使建筑在达到特殊的地域文化意味的同时，获得更佳的节能效果。“瓦爿墙”与竹条模板混凝土几乎等量的使用，互相纠缠的衔接方式，则形成了一种形式简朴但语义复杂的对话。在这些实践中，王澍想办法把传统的材料运用与建造体系同现代技术相结合，更重要的一点是，在这一过程中，提升了传统技术，这也是他们在使用现代钢筋混凝土结构和钢结构体系的同时，大量使用手工技艺的原因。王澍设想10年以后，当“瓦爿墙”布满青苔，甚至长出几簇灌木，它就真正融入了时间和历史（图7-4-13~图7-4-17）。①②

在传统村落的改造设计中不仅在某些材质表现出地域性，其建构方式也以最为乡土的手法进行。浙江无蚊村小卖部在功能上既是村里的商业设施，也是村民在此纳凉小憩的亭子，总面积不到30平方米。但建造的过程却颇为特别，当地的工匠将此地山上的毛竹一分为二，钉在木工板上构成模板，按照墙的位置把模板固定后，将拌好的混凝土注入其中，待其凝固、硬化后，拆掉模板，建筑表皮上竹子的肌理就清晰地显现出来，而这一肌理的呈现很好地回应了村子所在地域盛产毛竹的特点（图7-4-18、图7-4-19）。

上吴村蔬菜采摘与茶室用房建在浙江上吴村的一片农庄地里，出于蔬菜采摘、储存以及供游客喝茶休息的目的，并充分利用当地的建筑材料和建构手法，以最廉

图7-4-13　“五散房”画廊的背面，最早的“瓦爿”墙体砌筑试验（来源：《世界建筑》）

① 王澍.我们需要一种重新进入自然的哲学[J].世界建筑，2012（5）：20-21.
② 王澍.自然形态的叙事与几何——宁波博物馆创作笔记[J].时代建筑，2009（03）：66-79.

图7-4-14 博物馆立面局部，下部用回收旧砖瓦砌筑的“瓦爿”墙体，上部是用毛竹模板浇筑的混凝土（来源：《世界建筑》）

图7-4-16 三层的屋顶“山谷”狭窄处（来源：《世界建筑》）

图7-4-15 博物馆主入口局部，在“瓦爿”墙体上方是毛竹模板浇注的混凝土“悬岩”（来源：《时代建筑》）

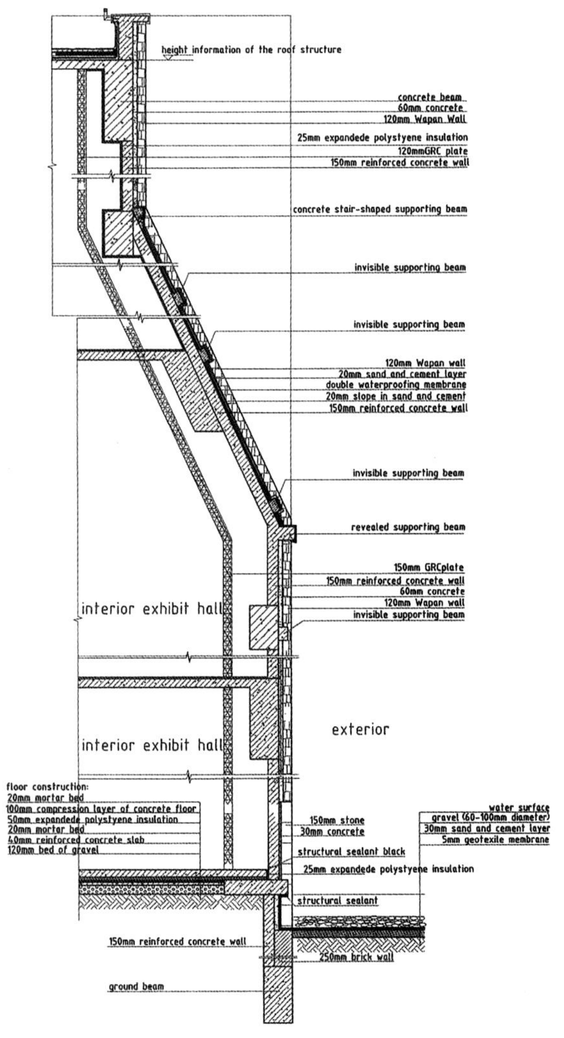

图7-4-17 墙身大样（来源：《时代建筑》）

价的手段进行建造。关于建筑的布局与大致感觉，村里早已经有了想法，建筑师只不过是利用自己的专业知识，将其更加清晰、合理地表达出来。由于劳动力的缺乏与昂贵是这个项目中遇到的一个很大问题（工人基本都是村里的村民），如今村里的一个大工（泥工、木工等）一天的费用接近300元，小工也至少要160元，如何快速地建造则成为一个主要问题，于是原本的夯土改为了空心砖加外抹黄泥，原本的木结构长廊改为了轻钢结构，而廉价的当地竹子成了重要的维护体系。通过现代建造手段将地域性表皮材料进行建构方式的转换，从而达到既经济又风土的双赢，而这种地域性表达的经济性也正是当代风土观的重要理念之一（图7-4-20~图7-4-22）。

图7-4-18　无蚊村小卖部（来源：贺勇 摄）

图7-4-19　无蚊村小卖部墙面的纹理（来源：贺勇 摄）

当前建筑表皮空间层面的多样性与复杂性反映当今社会的多元化和快速变化的信息时代特征。那么传统建筑又如何在建筑表皮中得以传承呢？依据风土传承策略、营造传承策略、文脉传承策略，可以找到答案：

图7-4-20　上吴村蔬菜采摘与茶室用房（来源：贺勇 摄）

图7-4-21　上吴村蔬菜采摘与茶室用房表皮材质（来源：贺勇 摄）

图7-4-22　上吴村蔬菜采摘与茶室用房竹制围墙（来源：贺勇 摄）

首先，表皮的生态性。随着时间、季节而不断变化的可调节气候表皮（生态腔体）正瓦解静态、永恒的表皮。因卓越的表皮作品而获普利兹建筑奖的托马斯·赫尔佐格，1996年起草制定了《建筑和城市在应用太阳能宪章》，其中明确要求了建筑的外墙要对光、热和空气穿透具有可调节性。根据不同的气候变化作出相应的调整。比如，避免太阳直射、避免眩光、通风。隔热、调节温度等。托马斯·赫尔佐格认为建筑表皮不仅是建筑内外的空间分隔，也是内外能量交换的媒介。建筑表皮的节能设计体现在对建筑采暖和保温隔热的设计上，体现在对太阳能的利用上。注重能量的动态平衡，满足建筑内部空间的舒适性。

其二，表皮印象传统营造。（1）天人合一，朦胧的表皮边界模糊了人工环境与自然环境的界线。（2）浙江“灵山多秀色，空水共氤氲”，浙江的传统营造有四水归堂的雨帘、挂冰；有披檐下的氤氲与帘幔；有“疏影横斜水清浅，暗香浮动月黄昏”。表皮的“残余空间”，能很好地营造这些历史印象（图7-4-23、图7-4-24）。

浙江松阳的茶园竹亭（建筑师：徐甜甜），采用松阳盛产的竹子为建构材料，以尽量减少对茶园生态环境的影响。结构体系采用直径100~120毫米的毛竹。四角脊线竹龙骨加上顶部“口”字形结构单元形成的基本屋面结构，辅以四坡面顺坡面次竹龙骨形成大大小小稳定的三角形单元，共同组成一个稳定大跨越空间屋面体系；墙身系统由竖向布置的柱龙骨组成，其布置四角到中间由密至疏的渐变既反映了受力变化趋势，也节约用材。屋面格栅采用直径40~50毫米的雷竹，尺度与作为结构的毛竹区分开来，呼应茶田的水平线条。抬高的活动平台，铺设宽度50毫米的竹片，以茶树高度为界面的上下错落，创造或收或放的活动区域。每个立柱顶部第一个竹节的底端都开有一对孔洞，排除雨水同时可以捕捉到茶园里不同方向的风声，也是参与茶园生态环境的一种互动。4个竹亭和2个平台围合出3个大小不一的庭院，地面使用当地溪流涧河里的鹅卵石，点缀小叶植物凤尾竹和南天竹（图7-4-25、图7-4-26）。[①]

图7-4-24 中国美院象山校区民艺馆屋顶（来源：朱炜 摄）

图7-4-23 中国美院象山校区民艺馆外廊（来源：潘洋 摄）

① 徐甜甜.茶园竹亭，松阳，浙江，中国[J].世界建筑，2015（02）：38-41.

浙江湖州莫干山庾村蚕种场竹棚（建筑师：庄慎），作为一种“非正规建造”的体验，采用当地盛产的竹子覆盖大面积室外场地，用内边矩形、外边发散的独立竹棚形成一系列重复形式的中心来加强场地的整体感，以解决原场地建筑方位感、外部空间感混乱涣散的问题；用直接“打钉子”的桩基和固定竹子的建构方式来实现快速建造和节约成本；用大模型、现场指导作为现场施工的依据与保证，来适应民间施工与调整的需要；这类工作不得不适应持续的变化和具体的需求，没有现成的经验，没有明确的法则或普适的规律，更倾向于建筑原则的自然运用，与普通生活和日常状态直接关联，更像是典型建筑学实践之外，建筑世界的另一部分（图7-4-27、图7-4-28）。①

图7-4-25　茶园竹亭外景（来源：《世界建筑》）

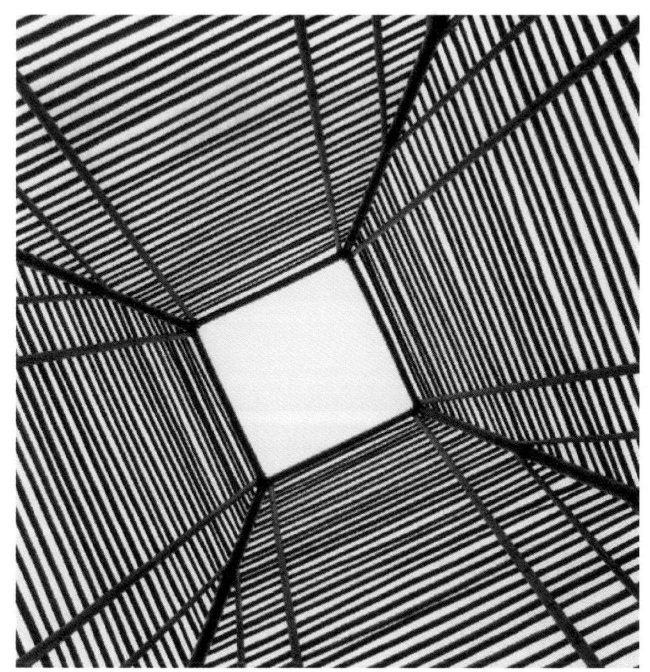

图7-4-26　茶园竹亭屋面格栅（来源：《世界建筑》）

浙江省宁波市郊九龙山涤尘谷中的The Screen 建筑（建筑师：李晓东），建筑师分别赋予了该建筑围合内院的内界面与直面自然的外界面两层富有特质的表皮。内界面是精致的木格栅Screen，能将视觉及透入的光线再作细

图7-4-27　莫干山庾村蚕种场竹棚外景（来源：《世界建筑》）

图7-4-28　莫干山庾村蚕种场竹棚外景（来源：《世界建筑》）

① 庄慎.莫干山庾村蚕种场，湖州，浙江，中国[J].世界建筑，2015（02）：84-87.

化，使其产生更多的光影变化及提供更高的私密性界定。在外界面设计中，先将建筑的立面格状化，使其看起来有如网格构成，然后再将网格分解，让垂直与水平的线交叠错开，形成由两层线构成的点阵面。经过二次“碎化”之后，最后看到的是一个组成看似简单但其实复杂，如同像素般，由石板堆砌而成的Screen，质地坚硬，图案抽象。通过这层表皮的Screen，建筑师希望让建筑的体量从远处看时能与背景的环境产生“同格化”的错觉，达到协调甚至融入的效果。而构成这层Screen的材料，是当地的一种石板；它的颜色在遇到下雨时会因为潮湿而转变为类似山里的颜色，能与环境产生对话。而在近距离时，建筑则会因体量构成元素的统一而使形态具有一种纯粹性的美感（图7-4-29~图7-4-32）。[①]

其三，建筑的表皮更新。建筑外表皮更新作为一种可持续性的设计理论体系与方法，是有着广阔发展前景的建筑实践活动。旧建筑在利用中的建筑外表皮更新是对建成环境及其外部空间形态的变更，其相关影响要素非常多。为富有创新的建筑表皮注入了时代信息和生机，建筑外表皮本身就可作为一个文化实体对外界传达信息，包括其材质、单元细节、形态、风貌等（图7-4-33、图7-4-34）。

图7-4-29 上层中庭的木百叶表皮（来源：《世界建筑》）

图7-4-30 外景（来源：《世界建筑》）

图7-4-31 下层入口（来源：《世界建筑》）

图7-4-32 外界面的块石表皮细部（来源：《世界建筑》）

① The Screen，宁波，中国[J].世界建筑，2014（09）：76-85.

不同时期的历史建筑，其立面形式、比例、材质，都可以被解读到新建筑表皮或旧建筑的更新表皮中，形成的拼贴性、可读性、地域性内容，它不仅反映着社会文化意识形态的演变，也反映出生活时代的变迁，形成“老城历史街区文脉信息延续”和“商业社会信息与技术的增生”的共体。鉴于赫尔佐格的看法这样理解：“从空间转化到表皮，建筑的形式和功能之间的关系除了像皮肤和肌肉及骨骼外，还可借鉴人类个体多样性和社会丰富性在感受上的关系，就像人们用各自的衣服与身体展现了丰富，甚至是迥异的社会面貌。”

在这种对于通常意义上的形式主义文化关注的反抗中，我们已经触及了具体建筑的另一个重要方面，即它的材料与建造的问题。

在湖滨路的商业街改造中，设计者同样将青砖、坡顶和玻璃幕墙、钢架结构相互融合，现代和传统的碰撞中产生了独特的艺术效果。我们的商业街一改以往的嘈杂和纷闹，具有了宁静典雅的艺术气息。让在此消费的人们也获得了不一样的心境。玻璃和青砖，这样的组合与其说是一种材质上的对比，倒不如说是一种互补的融合。现代和传统在这里交汇，两者的特点体现得更加淋漓尽致，艺术的美就开始游走在两者之间（图7-4-35~图7-4-37）。

图7-4-33　杭州运河大河造船厂更新利用（来源：朱炜 摄）

图7-4-35　杭州湖滨国际名品街沿湖（来源：http://www.imageedu.com/bbs/images/upfile/13116039520076202116\29.jpg）

图7-4-34　中国刀剪博物馆外墙更新（来源：中国美术学院风景建筑设计研究院）

图7-4-36　杭州湖滨国际名品街内街（来源：http://www.imageedu.com/bbs/images/upfile/131160395200762021\2217.jpg）

图7-4-37 杭州湖滨国际名品街（来源：朱炜 摄）

第五节 文化与象征的地域性表述取向

每一个建筑，都是当地地域文化的一种表达，因为每一幢建筑从设计到建造，都应该体现当地的建筑文化特性，这一持续性的积累，将不断形成当地建筑的地域文化的创造与传承。

建筑的地域文化，可以概括为：顺应当地自然条件的限定，资源水平的制约，注重社会、经济与文化的参与，人们通过自我调适与选择，进而采取的谋生手段与生存态度，反映出特定地区历史纵向社会生活发展的真实性，建立起适宜运作的技术体系，是对自然条件、经济状况、技术水平的积极回应，利用地区资源作为营建材料，用能模式，最终求得与生态的和谐共生。

如果把祖辈留给我们的遗传叫作“人体基因”的话，那么每一个地区的文脉都会给这一地区的人一种“地域基因”。同理，可以说一方水土也能生成一方的营建体系。

程泰宁在设计浙江省美术馆之初，认为浙江省美术馆应该拥有的强烈现代审美意识，同时又具有明显中国江南文化内涵的美术馆，希望从中国水墨的画境——“杏花春雨江南”的诗境中获得启示。在实施的过程中，浙江美术馆的江南水墨意境与素雅风格通过玻璃、深色的钢梁及浅色的石材所具有的黑白灰色调来得以呈现。而若干玻璃大厅的造型以及脊部的钢梁也都传达着传统建筑的意蕴①。而在沉重砖石砌筑的基座与漂浮其上的轻盈钢屋盖之间形成了具有传统意味的典型对立（图7-5-1~图7-5-4）。

镇海海防历史纪念馆（建筑师：齐康、张彤），位于浙江镇海的招宝山南麓。近500年的海防史为镇海留下了丰富和独具特色的遗迹遗物。它们构成了镇海城的历史记忆和独特的场所构造。招宝山东麓的安远炮台，距离场地不足百米的是迄今为止保留最为完整的海防构筑，其以糯米汁调和黄沙、黏土建成的墙垣壁垒，至今仍异常坚固。招宝山西侧始建于唐代的后海塘，形制独特、规模恢宏，

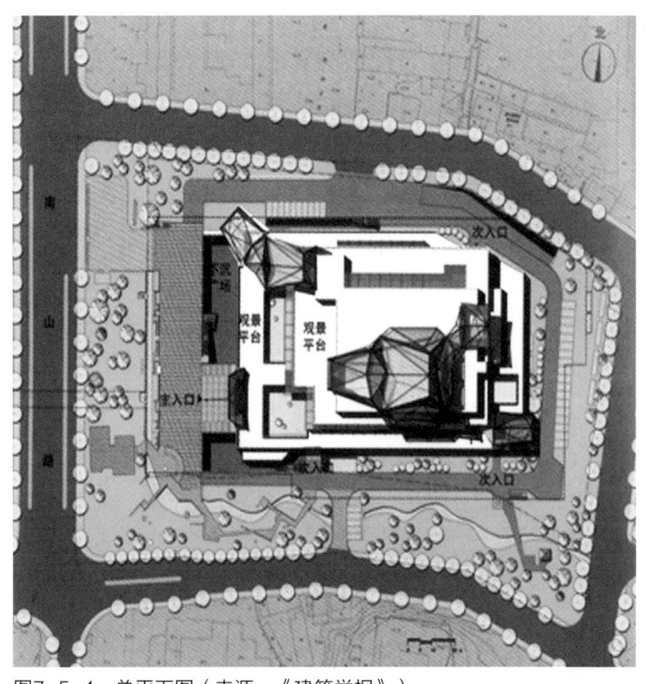

图7-5-1 总平面图（来源：《建筑学报》）

① 程泰宁，王大鹏.通感·意象·建构——浙江美术馆建筑创作后记[J].建筑学报，2010（06）：66-69.

图7-5-2 概念草图（来源：《建筑学报》）

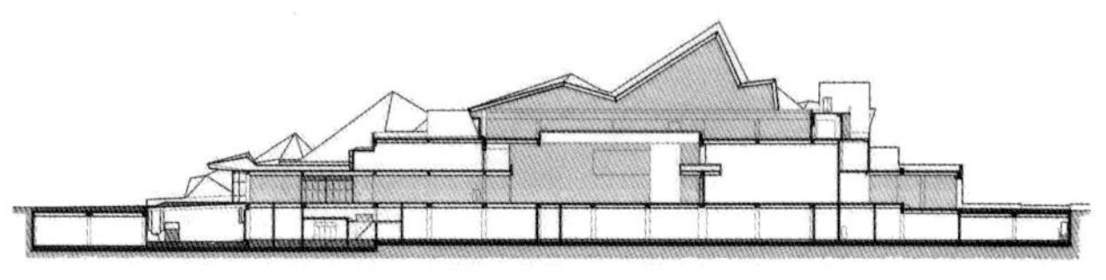

图7-5-3 剖面（来源：《建筑学报》）

其现仍留存有4800米，其塘面宽达3米，高约10米左右。上部竖直，是镇海旧城城墙；下部向外倾斜，以青石砌筑成夹层塘。堵缝镶榫，构造精确，是抵御海潮的塘堤。这种城塘合一的形制在全国尚属孤例。在以招宝山为中心不足2平方公里的范围内，集中了30多处较为清晰的古代海防构筑。

建筑师并没有通过简单模仿外观上的图解符号来谋求建筑的地域性，而是深刻体会这些独特的构筑形态及其所附着的形象记忆与潜在精神，仔细研究场所的意义，探寻

图7-5-4 外景（来源：《建筑学报》）

其中潜在的秩序，认为纪念馆在形体上应该成为招宝山的延续，要继承海防构筑遗迹中的厚重、坚实、强有力的抵御感。

纪念馆在建筑的西部，朝向未来公园的立面上，引入了山的尺度，构筑了一道长达60米，宽至1.5米的石墙。上部垂直，下部倾斜，用以唤起人们对相距不远的塘堤的记忆。这一建筑中超尺度的表现使得建筑在精神上更接近于那些至少存留了上百年的海防构筑。冲出屋面和东立面的四片石墙将纪念馆的东半部分隔成四个单位体。这四片石墙本身也构成了东立面上强有力地控制性因素，对外表现出抵抗的意味；向内切入很自然地将室内空间分隔成四组展厅。在周围环境的塑造中，用灰白色的细卵石满铺建筑周边的场地，以烘托昔日战场悲凉怆然的气氛。在建筑西南侧，清浅的水庭边，插立着一座以黑铁和素混凝土构筑的抽象刀形纪念碑，对整个场地的形态构成起着控制性的作用。

在游览序列的尾厅，浮雕石墙上留出一个7.4米宽的缺口，再其背后上下两层各有一个弧形挑台。在结束了全部参观之后，人们穿过石墙，走到平台上，凭栏远眺，郁郁葱葱的招宝山和昔日的古战场尽在眼中。这是全部旋律的尾声，它将建筑的空间精神又一次引向了地方的场所精神。建筑的纪念性与地方的纪念性在这里得以最终融合

（图7-5-5、图7-5-6）。[①]

杭州城站火车站（建筑师：程泰宁）位于杭州城市的核心地段，在建造之初是铁路进入杭州的门户，是外地人们来杭的第一印象，其象征意义不言而喻。大型的铁路交通枢纽体量被具有地域性内涵的形式和比例分割为若干个功能区域，而将入口和站前平台抬高于空中，底层完全架空作为风雨连廊，但又完整地统一于标志性的主楼之中，在城市的界面内，凸显其地域性标志特征（图7-5-7、图7-5-8）。

西湖文化广场的主楼造型寓意传统的高塔，与西湖边的保俶塔、雷峰塔，钱塘江边的六和塔等共同成为杭州城市的传统名片，而其具有现代意义的塔身比例、建造手法、材料表现无不展现着不同于传统却处处体现地域特征的文化内涵（图7-5-9）。

坐落于宁波新城区中心地带的宁波博物馆（建筑师：王澍）似乎是在孤独而振聋发聩的呐喊。由于周边早已失去了

图7-5-5 西立面形象（来源：《建筑学报》）

图7-5-7 杭州铁路新客站（来源：建筑学报2002（6）：14.）

图7-5-6 从坡道处看二层入口（来源：《建筑学报》）

图7-5-8 杭州铁路新客站草图——程泰宁绘（来源：http://www.ikuku.cn/wp-content/uploads/user/u0/POST/p107373/06-hangzhou-tielu-xinkezhan-chengtaining.jpg）

① 齐康，张彤.内在的地方——对镇海海防历史纪念馆设计创作的思考[J].建筑学报，1997（03）:40-43.

传统脉络关系，设计师抱着回应地域的历史内涵，用拆毁旧城所得到的旧砖瓦建了一个如同城墙般的建筑物，似乎是一座旧城的纪念碑，又如同老城的墓碑，上面的旧砖瓦正是这座逝去的城市的墓志铭，缓缓地向前来参观的人们述说着老城的血泪史（图7-5-10）。

另有一部分建筑，特别是纪念性建筑，它们的价值往往并非体现在传统的物质化功用上，而是体现在象征与意义这些精神功能上。如何深刻而有效地表达出这些特殊的意义，便成了它们的设计主旨。

图7-5-9　西湖文化广场（来源：朱炜 摄）

丹麦建筑师伍重在两个独特的层面上，通过建构的方法来展现文化与形式之间的关系。他说："在西方，人们被墙体所吸引，在东方吸引人们的则是地面。"他敏感地注意到注重触觉的东方形式对于身体的影响，并在包括中国在内的许多文化中，发现介于沉重砖石砌筑的基座与漂浮其上的轻盈屋盖之间的典型对立。这些发现并没有使他局限于对东方传统建筑在形式上的模仿或是修改，相反，在伍重那里，这些文化上的特质化作了一种建筑形式上的原型，并在他的许多大型公共建筑上应用。

弘一大师纪念馆（建筑师：程泰宁）位于平湖市规划中的东湖风景区中心。基地为独立小岛，周边临水，由北端小桥进入。鉴于弘一大师特定的佛教文化背景，以及平湖市希望纪念馆成为该市的一张名片，建筑采用莲花造型，坐落在水面上，"水上清莲"的造型将给人们以深刻的印象，公园内将尽量多地保留树林，郁郁葱葱的林木与建筑相互映衬（图7-5-11）。①

在龙泉青瓷博物馆（建筑师：程泰宁）的设计中，作者确立了让"瓷韵，在田野中流动"，通常的建筑语言在这

图7-5-10　宁波博物馆（来源：钟温歆 摄）

图7-5-11　弘一大师纪念馆（来源：新建筑，2008（01）：85）

① http://www.acctn.com/project_detail.php?id=27&type=0&cate=0&sl=0

里显得有点乏力，因而尝试以青瓷器物，匣钵为原型，经过抽象转换形成一种新的“语言”。即以双曲面的钵体单元和收分的圆形筒体相结合，来塑造建筑的整体形象。这些单元自由地镶嵌在这片坡地上，恰似沉睡在地下的青瓷器物破土而出，令人浮想联翩。钵体采用清水混凝土，大片暖灰色调与出窑后的匣钵相似，与点缀其间的青绿色的瓷筒片断，以及象征钵体的略显粗犷的文化石基座相互组合，色彩及材料质感浑朴自然；立面上的瓷胚碎片、变形的门洞、散乱的投柴孔，似乎留下了些许历史的印迹，但建筑整体形象显得清隽典雅而又不失大气浪漫，颇具青瓷气质。它隐喻青瓷的新生，也再现了建筑与自然共生的田园意境（图7-5-12~图7-5-15）。[①]

浙江省人民大会堂（建筑师：林士茂、冯惠芳、朱黎炜、徐晓雷）表达象征意义的手法是多样的，体现在总图布局与造型方面的构思也具有鲜明的特点。不仅仅在于完成内部空间的合理性，而是向往更高境界，充分展现建筑的个性，体现传统与现代的结合。也正是在符合功能的前提下把建筑融于宝石山、西湖水，乃至浙江起伏的山山水水之中。建筑整体虽然使用的是金属铝板、玻璃幕墙等现代材料，建造体系也完全不同于传统方式，但其所展现出来的庄严和凝重，与传统官式大殿的比例气势有异曲同工之妙，建筑功能的特殊性和所传达的纪念意义被呈现得淋漓尽致（图7-5-16）。

图7-5-12　东北向全景（来源：《建筑学报》）

图7-5-13　不同标高的5个单元（来源：《建筑学报》）

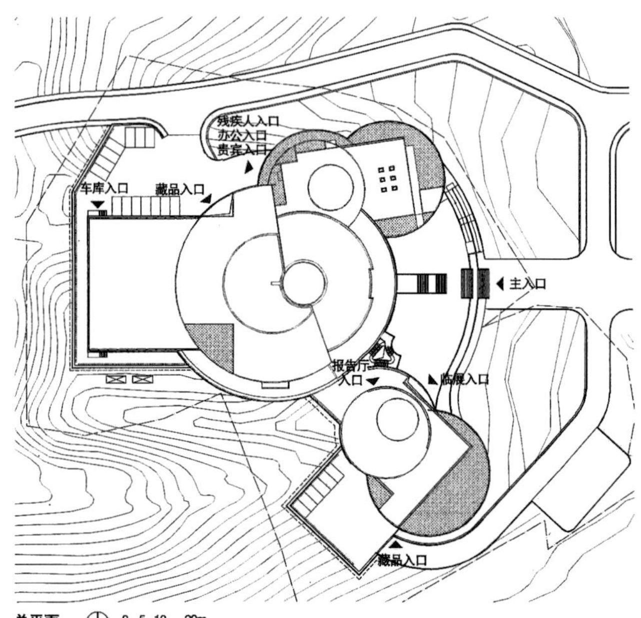

图7-5-14　总平面（来源：《建筑学报》）

图7-5-15　器物（来源：《建筑学报》）

① 程泰宁，吴妮娜.语言与境界——龙泉青瓷博物馆建筑创作思考[J].建筑学报，2013（10）：23-25.

图7-5-16　浙江省人民大会堂（来源：浙江省城乡规划设计研究院）

第六节　地域性秩序与肌理脉络取向

秩序，从理论上讲是事物或者系统要素之间的相互联系，以及这些联系在时间、空间中的表现。肌理，原本是属于美学的概念，是指由于材料的不同配列、组成和构造而使人获得的一定的视觉特征。

逻辑是哲学与科学的基础，同样也深刻影响着建筑形式的生成过程，为之提供了简单、有效而深刻的形式操作依据。而秩序则是以逻辑为基底的形式关系。逻辑与秩序赋予建筑以和谐之美，也使得建筑形式在主观的美学判断之外获得了另一种比较理性的规范性依据。

秩序有人工的和自然的，前者我们借助于网格、特定的比例关系（黄金分割）或者主从关系而达成；而后者则常常见于传统聚落的形态肌理，那是自下而上的一种自然生长，特别是在群体建筑或者聚落层级的形态中显现得较为明显；与街巷形态、密度、界面等因素有关。任何一个聚落均有其特定的秩序，并且通过建筑单体的秩序化表现出聚落整体形式的结构化特征。传统聚落建村的时间一般都较长，基本都有百年以上的历史，很多秩序关系和形态肌理能够展现出丰富而独特的历史文化信息。建筑的尺度、形体、色彩、高度、组合的结构和密度都会影响聚落肌理的形成和变化。

秩序与肌理不仅仅呈现在形体上，也体现在空间上。空间的秩序可以体现室内外关系（从内部-内外之间-外部）、空间性质（私密-半私密半公共-公共、静态空间-中性空间-动态空间）等。传统城市的建筑密度较高，具有均质性的形态。城市空间建筑物覆盖密度明显大于外部空间，因而公共开敞空间容易获得完形，创造出一种积极空间或物化空间。旧城区的建筑密度一般在50%以上，高建筑密度是传统城市肌理的一项重要特征。因而，在传统城市的保护更新项目中，住宅建筑的高密度是实现传统城市肌理保护的基本与要素。[①]

良渚万科玉鸟流苏建筑聚落（建筑师：齐欣）的设计构思就是在这样的语境下设计完成的，虽然所用的都是现代建筑的语言，也几乎看不到传统建筑的元素。然而建筑个体在群体中所呈现的形态意味和与城市空间的密度关系，无一不在阐述着地域性建筑的场地特征。这些特征的形态表述是隐含在尺度关系中的，是流淌在设计师创作的建筑秩序之中，并通过与当地的城市肌理所对应，体现了对城市文脉的要素保护和传承（图7-6-1）。

西溪会馆（建筑师：齐欣）也同样展现了聚落的地域特征，以小型的建筑体量形成组团式聚落，用以回应地域文脉特征，并在建筑体量中创作若干个庭院和传统街道尺度的条形空间，将整个聚落以与地域性相关联的空间尺度相融合（图7-6-2）。

浙江大学农业科技园（建筑师：陆激）以乡土风格为基调，融入现代设计手法，在尺度上采取民居化的同时，造型上师法江南民居，但不求其形，但求其意，以几何化的手法处理建筑的结构、材料和色彩等，呈现出地域性的肌理脉络（图7-6-3、图7-6-4）。

杭州灵隐景区法云古村改造项目（建筑师：郑捷）中，

① 罗丹青，赵辰.低层高密度住宅的居住物理指标研究——基于传统城市肌理保护的思考[J].新建筑，2010（03）:25-29.

图7-6-1 玉鸟流苏（来源：张川 摄）

图7-6-2 西溪会馆（来源：住区[J].2011（04）：36）

图7-6-3 浙江大学农业科技园（来源：浙江大学建筑设计研究院有限公司）

不同于一般景中村改造，法云古村欲托借传统山村的形态完成对传统郊野自然式文人隐逸园林的意会式的演绎，期望以最常规的素材和不着痕迹的形式语言，来状写对尘外之致的品格与内涵的追求与向往，由杭州山地村落的形象塑造，通过对游人进行引导，以期完成对传统山林隐逸文化的心相呈现（图7-6-5~图7-6-10）。①

宁波柏悦酒店（建筑师：George Berean, Kirk Potter, Bill Bensley），坐落在东钱湖北岸的中心地带。基地曾是3个老村落的世代乡土，是经典的江南村落格局。酒店策划便将其定位为“供现代人居住的新村落”。因而度假村总平面布局不拘一格，顺山沿水自由叠落展开，俨然一个江南村落的秩序与肌理。村落内部因功能和地势不同，形成多组建筑群、院落，自然而质朴。为了保持江南

图7-6-4 浙江大学农业科技园（来源：浙江大学建筑设计研究院有限公司）

① 郑捷，陈坚.心相的呈现——浙江杭州灵隐景区法云古村改造设计[J].建筑学报，2012（06）：74-84.

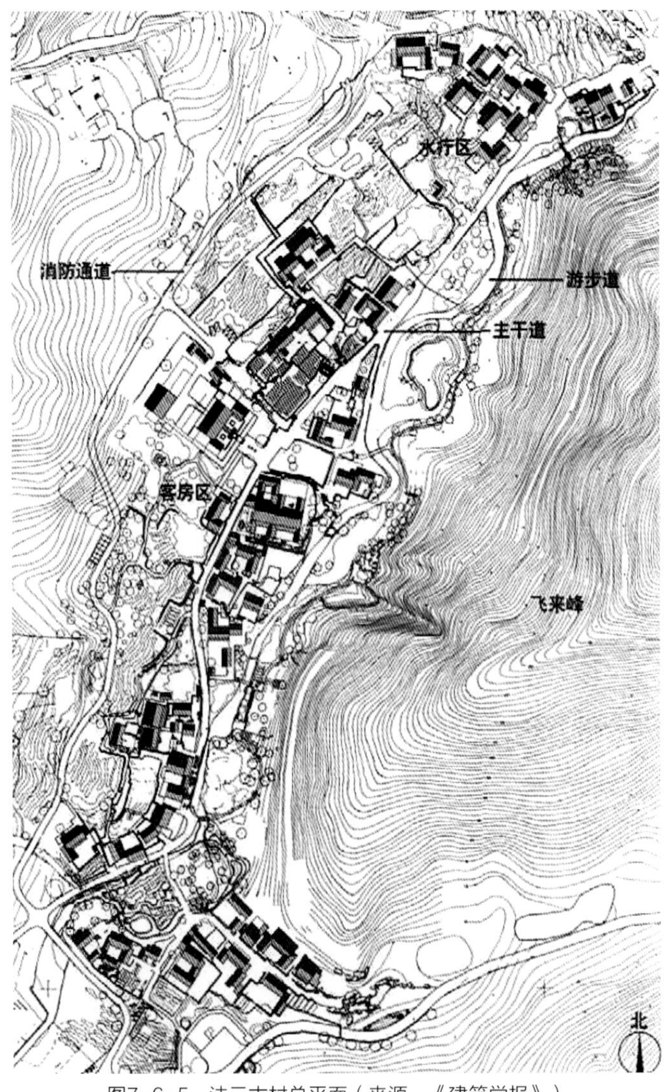

图7-6-5　法云古村总平面（来源：《建筑学报》）

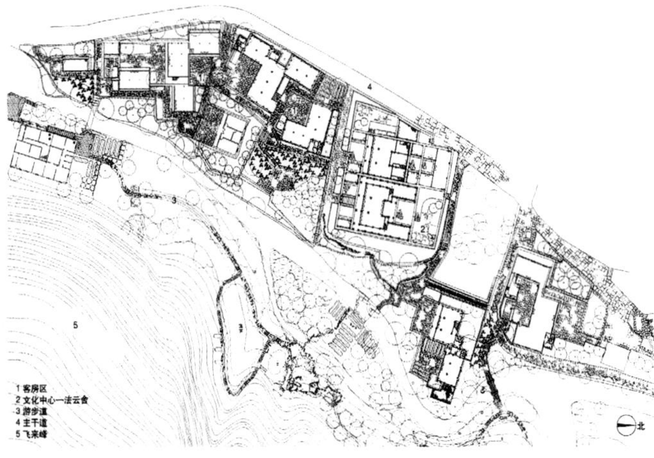

图7-6-6　客房组团平面（来源：《建筑学报》）

图7-6-7　法云古村沿飞来峰山脚由西向东铺陈而去（来源：《建筑学报》）

图7-6-8　错落的屋盖与生动的山峦背景（安缦酒店客房区）（来源：《建筑学报》）

图7-6-9　村落组团内部错落曲折的空间（安缦酒店水疗区）（来源：《建筑学报》）

图7-6-10　村落组团内部的场院空间（安缦酒店）（来源：《建筑学报》）

图7-6-11　大堂外无边界水池一角（来源：《建筑学报》）

图7-6-12　村落海鲜餐厅及村落客房外景（来源：《建筑学报》）

图7-6-13　半岛客房外景（来源：《建筑学报》）

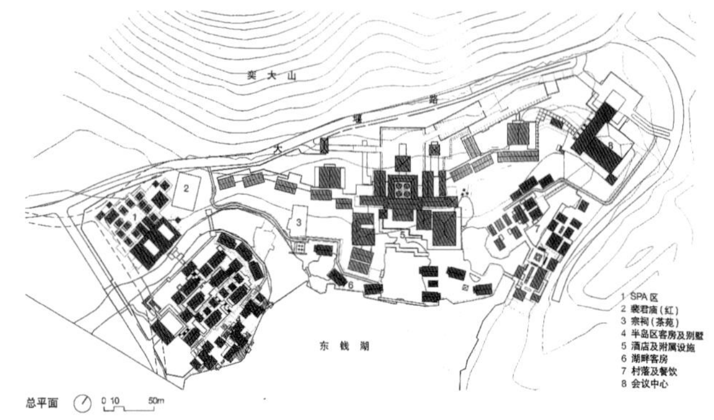

图7-6-14　总平面（来源：《建筑学报》）

水乡的记忆，在动迁时保留了很多相对完好的老房材料，柱础、石板、老瓦老砖、旧罐旧缸等，在酒店室内，随处可以发现这些质朴原始的材料所呈现的艺术表现力。完整保留的宗祠与裴君庙，改造成酒店的茶苑和戏台娱乐空间。度假村内的园林景观在设计上强调与周边自然风光浑然一体，并力求精致。尤其用茶树修剪的梯田，与绿树掩映的黛瓦粉墙交错衬托，使建筑群成为江南风景的一部分（图7-6-11~图7-6-14）。①

杭州西溪湿地艺术集合村J地块会所（建筑师：张雷），由5组单元构成，每组800平方米大小的单元由一个大Y型和两个小Y型体量组合而成，小Y型的尺度恰为大Y型长、宽、高各缩小一半。依据基地四周地形地貌的景观特质，大小Y型采用1+2的组合模式沿周围灵活布置，面对湿地采用6米×6米和3米×3米的大尺度无框景窗，获取最大的自然接触面，形成了既遵从生态秩序又有自然变异功能的离散式树状聚落结构，通过有机生长的方式与湿地景观互动，从而形成富有张力的结构和视觉关联。大Y型为白色水泥和乳白色阳光板表面；小Y型则采用整体玻璃幕墙外饰乳白色半透明阳光板，似灯笼漂浮在树林湿地之间。乳白色阳光板因其漫反射和半透明的物理属性，极大地削弱了建筑的

① 尹筱周，宁波柏悦酒店[J]建筑学报，2013（05）：58-65.

几何体量感，J地块湿地深处也因此洋溢着烟雨朦胧的江南意蕴（图7-6-15、图7-6-16）。[①]

传统聚落中自然有机的形态肌理，来自于其内部结构与外部环境之间互动与协调之下生长演变的过程。杭州的九树山庄（建筑师：David Chipperfield），地处钱塘江畔的一个小山谷中，整体由12个独立的建筑体量组成，从棋盘式布局开始，因为适应地形的需要，通过微微旋转各单体的角度，从而在整体上形成了相对自然而有机的肌理，并且创造出一种流动的空间景观（图7-6-17~图7-6-19）。[②]

以上几例是地处郊野之中对传统村落的秩序与肌理的模

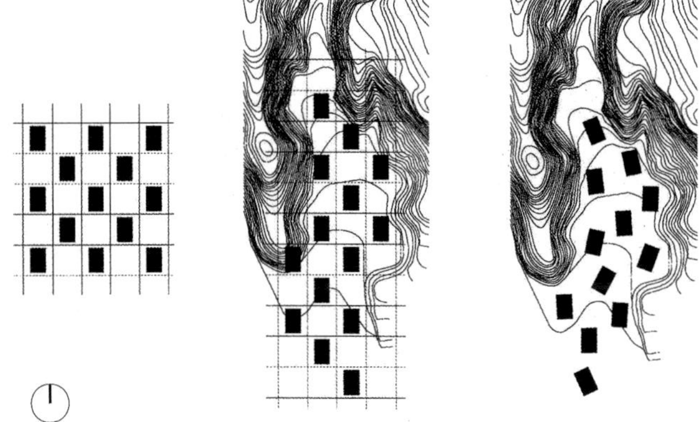
图7-6-17　概念示意图（来源：《世界建筑》）

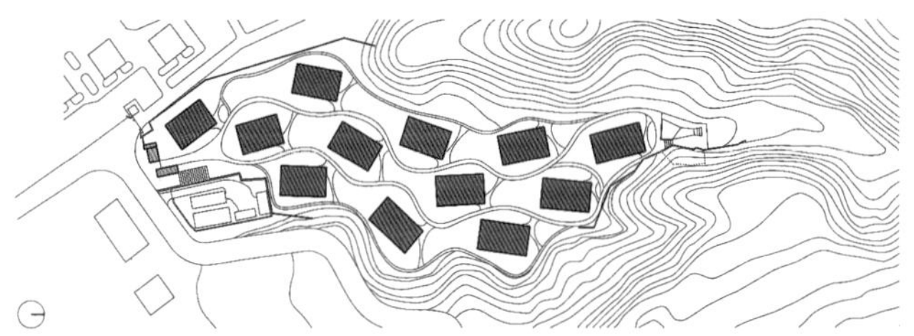
图7-6-18　总平面图（来源：《世界建筑》）

图7-6-15　模型（来源：《世界建筑》）

图7-6-16　外景（来源：《世界建筑》）

图7-6-19　透视图（来源：《世界建筑》）

① 张雷联合建筑事务所.西溪湿地三期工程艺术集合村J地块会所，杭州，中国[J].世界建筑，2011（04）：44-49.
② 王小玲译.九树山庄，杭州，中国[J].世界建筑，2007（05）：72-77.

仿与传承案例，而宁波老外滩（建筑师：马清运）则是在城市中，对传统老街坊秩序与肌理的传承与再创造，经历了从原状保持，到原状诠释，到原型转型，再到脱离原型，又到反抗原型。而这些策略又跟场地的具体位置密切相关。整个场地从甬江开始向内分成三个区段，将上述对历史风貌试图作不同的诠释。从严格的历史风貌保护，到对历史风貌的引申，再到创新性的设计，每个地段、每个街区都作了精密的布置（图7-6-20~图7-6-22）。[①]

杭州的白色墙屋（建筑师：陈浩如），其主要特征来自于高银街上筑起高耸的白色实墙。“墙屋”保留了原有建筑的院落布局，由老墙作为基本定位，将新空间与新功能进行合理收敛。新建筑的整体构架为外围的白色实墙拔地而起，在内部包裹了若干的黑色玻璃盒子，并推托而出，玻璃体宛如山中的黑色巨石（图7-6-23~图7-6-28）。[②]

图7-6-20 总平面图（来源：《建筑学报》）

图7-6-22 内街街景（来源：《建筑学报》）

图7-6-21 宁波江北外滩鸟瞰（来源：《建筑学报》）

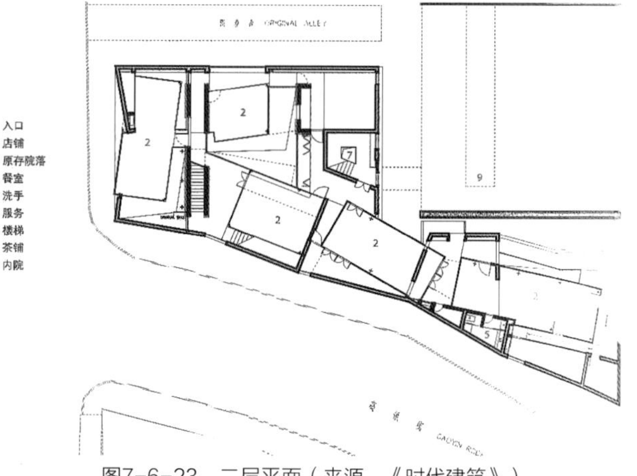

图7-6-23 二层平面（来源：《时代建筑》）

① 马清运，宁波老外滩，建筑学报，2006（01）：41-43

② 王飞. 墙之诵——杭州南宋御街“墙屋”解读[J]. 时代建筑，2013（04）：104-111.

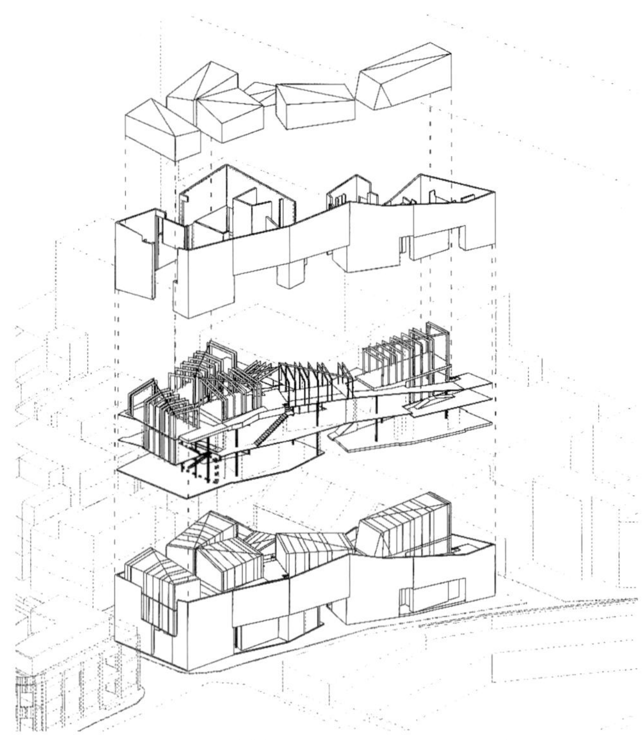
图7-6-24　分解轴测图（来源：《时代建筑》）

图7-6-25　夜景（来源：《时代建筑》）

图7-6-26　老墙（来源：《时代建筑》）

图7-6-27　东北视角（来源：《时代建筑》）

图7-6-28　西北视角（来源：《时代建筑》）

第七节 地域空间路径与游览取向

空间路径，在建筑中起着分隔与连接的作用。它们在功能上虽然属于附属空间，但在建筑的组织结构上却是至关重要的。建筑的情趣与意味，也许就在这些附属空间的体验中产生。

对具有代表性的建筑路径进行拓扑学分析，会发现众多的建筑路径可以归并为3种拓扑结构，它们分别同胚于线型、树型、网型结构。

线型结构：同胚于线型结构的建筑路径有一个起点和一个终点，建筑路径不自交、重合、间断。无论线型路径如何弯曲、曲折、盘旋，在拓扑学中认为线型路径都同胚于直线。

树型结构：路径数是拓扑建筑学中的一种简单而重要的路径网络。路径树的概念与路径网络中许多概念有密切的联系，它是研究复杂的路径网络结构的基础和工具。不含回路的连通路径网络称为路径的树型结构。

网型结构：同胚于网型结构的建筑路径具构筑讲究的网孔构造，网孔呈长方形，多边形或者不规则形。路径网型结构包括方格网型结构、放射网型结构、环状放射性结构。

这些路径结构在建筑空间中所呈现的游览方式通常不是单一的，而是多种结构共同影响的结果，这也是传统园林建筑中所隐含的路径脉络。这一路径思维作为空间设计理念在建筑中完整表述的案例可以坐落于中国美术学院象山校区内的“瓦山”（建筑师：王澍）为典型。其环绕建筑各层级内的立体步道，几乎将整个建筑缠绕起来，从水岸到内庭一直延伸到屋顶，秘而不宣地慢慢进入建筑空间内部，又忽闪忽跳地置于空间之外，增加了游览的趣味性和神秘感（图7-7-1、图7-7-2）。

宁波美术馆（建筑师：王澍）则来自于对原址老航运楼的落架重建，保持了那些和航运楼有关的特定的空间结构以期保持原有的城市记忆。原来主体上的两个登船栈桥，向城市方向穿越主体，一直升到车库顶上的庭院之上，它们将主体锚固在巨大的砖台之上，锚固在一个事件层出的城市事物之中。美术馆拥有五、六种不同的进入方式，就如同中国每座传统城市都有的那座庆典之山，人们因为各种理由，从不同的路径走进去。每一条路径都有细微但决定性的区别，这使这座大房子内含了一个巨大的如植物根茎的迷宫。用于室外的城砖以铺地的形式一直延伸，铺满整个临时展厅，暗示着它向城市无障碍地开放（图7-7-3~图7-7-6）。[①]

图7-7-1 “瓦山”内廊局部（来源：http://img3.douban.com/view/note/large/public/p12352832.jpg）

① 王澍.我们从中认出——宁波美术馆设计[J].时代建筑2006（05）：84-95.

如果说中国美术学院象山校区一期是对于“园”的关注，那么象山二期的关注重点便是——路径。仅从出发点的对比上就可以看出象山一二期的差异。同样是从园林空间中吸取营养与启发，同样是对于传统园林的效法与致敬，然而由于出发点的不同，以及操作尺度的不同，便可以带来如此巨大的变化。从“园”到“路径”的变化，是从“宏观”到“微观”的一次转变，也是从“整体性”向“差异性”的一次转变。“游走”应该是象山二期的一个关键词。每幢建筑单体内部，建筑与建筑之间，建筑与景致之间，景致与景致

图7-7-2　“瓦山”屋顶廊道（来源：朱炜 摄）

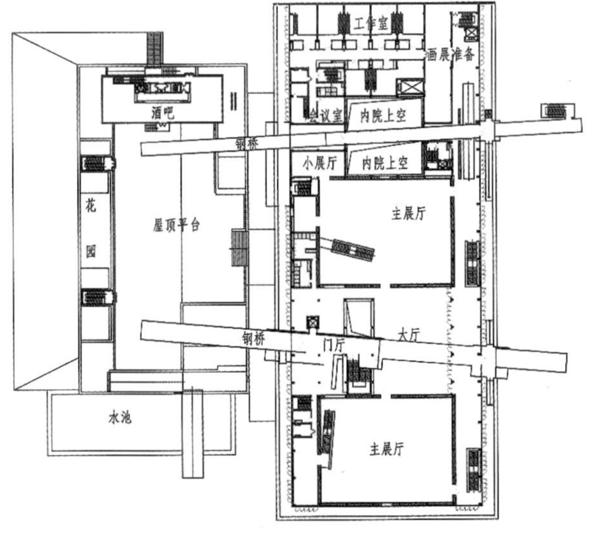

图7-7-3　宁波美术馆二层平面（来源：《建筑学报》）

图7-7-4　宁波美术馆东立面（来源：《时代建筑》）

图7-7-5　高台入口大院，重新设计了原航运大楼的登船栈桥，作为出入口（来源：《世界建筑》）

图7-7-6　从内院可看到保存下来的原航运大楼信号塔（来源：《世界建筑》）

之间，都有了这种“游走”的可能性，可以说在这里获得了真正自由的空间漫步。支持这一疯狂想法走进现实的是一系列相互连穿贯通的坡道，台阶、长廊、平台、院落、越层、大厅，甚至是——屋面。这些连续交织的元素使人们可以在游弋的过程中完成了整个象山二期的参观与使用。选择一个入口，选择一条路径，选择一个方向，沿着它走下去，于是一组组的画面、空间在你面前依次出现，连绵不绝，似乎无止境。在游弋中随着路程的行进展现在你面前的画面具有相当的差异，时而空间狭窄悠长，时而豁然开朗；时而是精致理性的人造空间，时而是雅致感性的自然景色。每一幢单体都有自己独特的空间主体与路径组织，在路径行进中运用了对景、框景、移步换景的手法，使得人们在游弋的过程体会趣味甚至会感到惊喜。11号和18号楼上这种游弋达到了极致，长廊悬挂在外墙表面，围绕着建筑盘旋蔓延，这与在象山的山路上行走形成一种呼应（图7-7-7~图7-7-12）。①

在杭州的中山路改造项目（建筑师：王澍）中，建筑师认为这个街道的特质就在于其多线索共存的差异性和多样

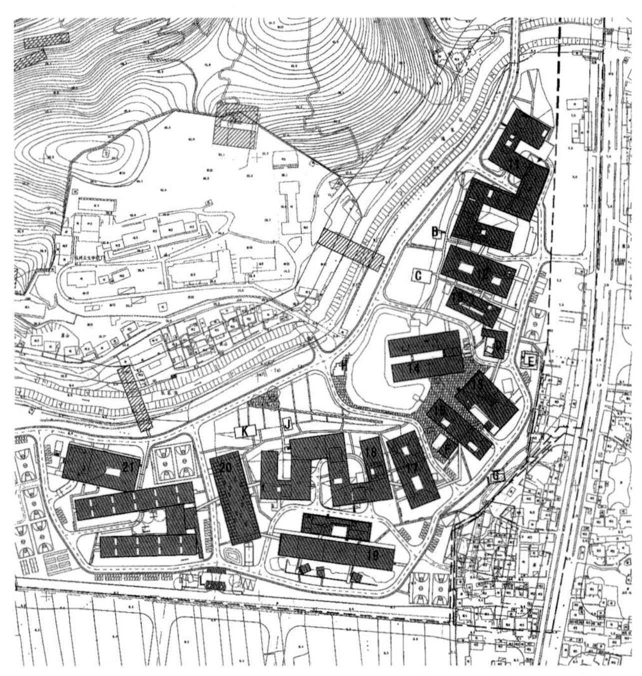
图7-7-7 中国美术学院象山校区二期总平面图（来源：《时代建筑》）

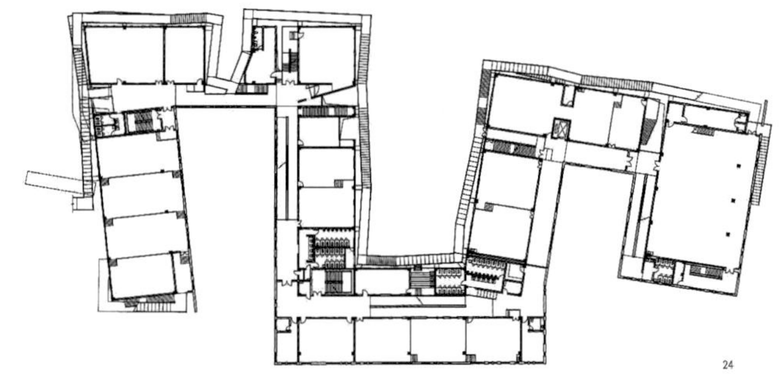
图7-7-8 11号楼的二层平面（来源：《世界建筑》）

图7-7-9 11号教学楼（来源：《世界建筑》）

图7-7-10 11号教学楼西立面（来源：《世界建筑》）

图7-7-11 18号教学楼（来源：《世界建筑》）

① 凌洁，李宝童.尺度·漫步——中国美术学院象山一二期工程比较[J].室内设计与装修，2008（03）：50-60.

性，不能简单地用某种设计概念去简化它。设计中，将道路分成步行段，慢性交通段和混合交通三段。在步行段引入一种景观系统，以园林、院落的剖面状态向街道开放，建造若干石作高台式的景观建筑，取1000年前宋代山水立轴的意味，抽象成某种新建筑，把街道和那座“吴山”联系起来。园林不用常见的曲折池岸和奇异假山，而是从宋代绘画上抽取一种简约的大型方池构成水景。用一种宋代街边用于排水和消防的浅沟方式引水入街，用吴山上传统的石墙砌筑方式转化出一种道路铺砌方式。在坊巷分界处，在路上构筑坊墙片断，整条路通过十几处坊墙形成一种街/院混合的空间，使整条街具有一种中国传统章回式的叙事结构（图7-7-13~图7-7-15）。[①]

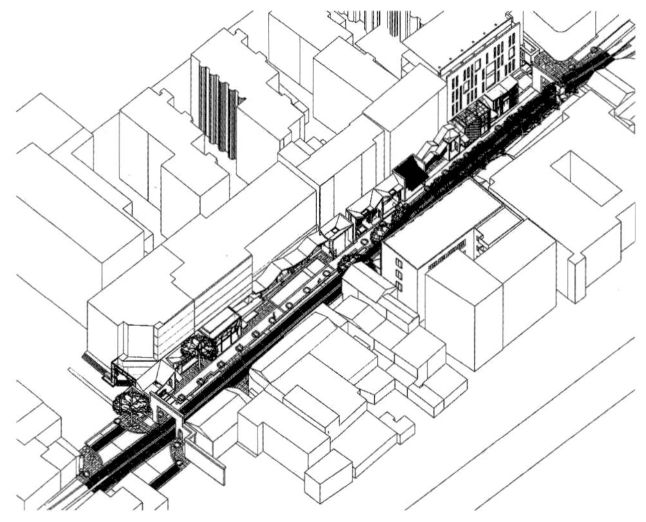
图7-7-14　步行街沿街小建筑片段轴测图（来源：《世界建筑》）

图7-7-12　18、19号楼的对话（来源：《世界建筑》）

图7-7-13　步行街中的坊墙（来源：《世界建筑》）

图7-7-15　步行街边的浅沟（来源：《世界建筑》）

① 王澍，中山路：一条路的复兴与一座城的复兴，杭州，中国，世界建筑，2012（05）：114-121

图7-7-16 武义县电力调度中心主楼（来源：姚欣 摄）

图7-7-17 武义县电力调度中心湖面景观（来源：姚欣 摄）

武义县电力调度中心主楼（建筑师：王燕、姚欣）看似完全现代的建筑手法，却依稀呈现出独具地域特征的空间意境，而这一意境的产生与进入建筑的路径关系紧密。建筑组团呈现两两对望的关系布局于湖岸边，之间由曲折的木栈道和平台联系，并以路径引导进入中空的建筑主体庭院内，院落之间与湖岸又呈现对视关系，将传统园林的游览路径在现代建筑布局中完美地再现并传承下来（图7-7-16、图7-7-17）。

第八节 针对“微观场地”的空间布局取向

任何建筑都不可避免地具有特定的基址，并与特定的环境发生关系，不管是积极的还是消极的。建筑环境是一个相当宽泛的概念，包括了具体的物质环境与社会、文化、生态等环境问题。此处我们单指其物质环境，是与基址相联系的一个概念。

场地环境可以分成宏观、中观与微观三个不同的层级。宏观通常是指城市整体性的结构或者特性层面，在这个层面上通常需要考虑城市结构、城市景观、地域条件这方面的问题，要使得建筑与整个城市结构产生一个整体性的呼应关系。中观层面通常是指在基址相邻周边，城市街区的尺度范围之内的一种外在空间关系，需要考虑周边环境的影响，形态上的制约，地形地貌等自然要素的特性等。而微观层面则是指具体的建设场地内的相关环境层面。不同的环境层面具有不同的意义，需要合理、全面地思考基地的环境要素。①

西班牙建筑师莫内欧（R.Moneo）在《基地的低语》一文中写道：“在我对基地角色的理解中，关键的一点是我坚信，建筑属于基地，建筑应该与基地相适应，应该通过某些方式承认基地的那些属性。建筑师在开始思考一个建筑时，第一步就要解读基地的这些属性，听听这些属性是怎样讲述它们自己的。要描述这一过程并不简单。我认为，学着试图倾听一个基地的私语是建筑教育中一种最必要的体验。辨别该保留什么、基地上原来存在的什么东西能够渗透到新的存在之中去，并在此后建造出来的不可移动的物质实体身上浮现出来，这样一种能力对任何一个建筑师来说都是至关重要。而能够理解基地的现有条件上有什么东西可以被忽略、被减除、被抹掉、被添加、被改变等，是建筑实践中更本性的东西。……人们对有生命在场的任何一处土地进行改造和创造……一栋建筑物的建造——并不是对一处基地被动和机械的反应。在一处基地和基地之上建造行为之间不可避免的对话，通过改造基地和建筑物的出现，最终带来的是一种新的现实感的‘建筑的浮现’。……建筑要归属于基地。”②

① 张建涛.基地环境要素分析与设计表达[J].新建筑，2004(05):57-59.
② Mone R. The Murmur of Site. In:El Croquis.Rafael Moneo 1967/2004. Madrid:Fernando Mar quez Cecilia y Richard Levene,2005.634 转引自：刘东洋.基地呀，基地，你想变成什么？[J].新建筑，2009(04):4-7.

一、适宜形态表述

在现代设计过程中，由于技术手段较之以往有超乎想象的提升，因而在对应微观地域环境的过程中，破除传统建构逻辑，以尊重环境、维护环境、重塑场地的方式，形成新的地域性建筑特征，是对地域性观念的更新和发展。这种设计取向是在当代技术手段和环境脉络的语境下，对风土观的新的理解，是未来地域性建筑发展的重要而积极的方向。

杭州的西湖博物馆（建筑师：余健），地处西湖景区中心区域，故整个建筑以考古发掘探沟和探方的形态，将大部分建筑设置在地下。以进入地下部分的探沟为界，划分左右两大功能区域。这一设计构想源自于对地块环境的解读，以及对博物馆建筑本身所蕴含的历史挖掘的意向表达。并且以一道紧邻新建筑北端古典的红墙，实现了传统形式的钱王祠与现代形态的西湖博物馆之间的衔接与转换。两者形式的新旧对比，使其既有明确界限，又相得益彰（图7-8-1~图7-8-5）。[①]

杭州萧山跨湖桥遗址博物馆（建筑师：王伟、鞠治金、鲁立强、郑佩文、袁琳）的基址位于大片的水面，而遗址本身也是在湖中，整个建筑仿佛隐隐飘在湖面之上，在应和水环境的同时，也创造了具有独特意味的情感特征，让远古的地域性在现代的语境下缓缓叙述，如此动听（图7-8-6）。

中国湿地博物馆（建筑师：矶崎新）在项目的立意、造型的选择、空间的展示等方面做了诸多有益的探索，对于存在与地域之中的绿色建筑的营建、建筑节能与环境控制提出了一些创新性思路，引入并发展了"有机"的理念。博物馆成为鸟瞰西溪湿地景观的绝佳地点，其本身又是湿地公园内的一个点景之处和点睛之笔（图7-8-7、图7-8-8）。

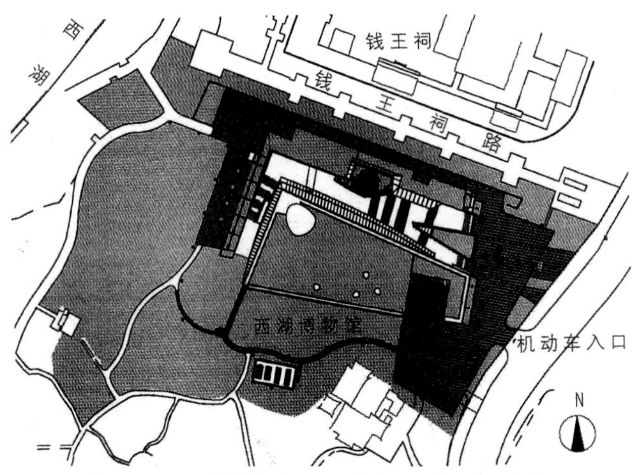

图7-8-1　西湖博物馆平面图（来源：《新建筑》）

图7-8-2　西湖博物馆鸟瞰图（来源：《新建筑》）

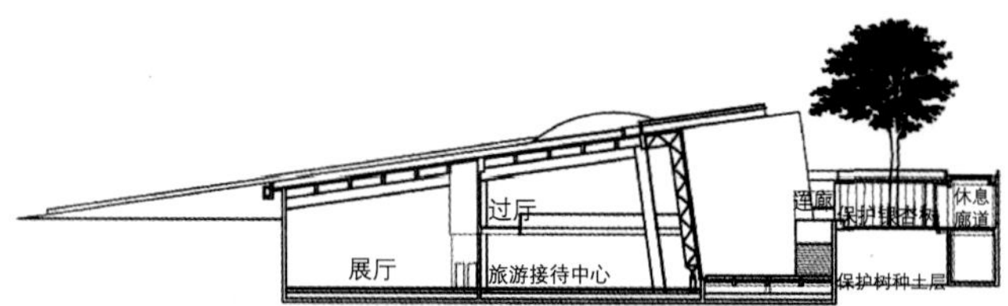

图7-8-3　西湖博物馆剖面图（来源：《新建筑》）

图7-8-4　西湖博物馆下沉通道（来源：《新建筑》）

① 曾勤、王雷、黎冰，杭州西湖博物馆，新建筑2006（02）：24-28

图7-8-5 西湖博物馆屋顶（来源：《新建筑》）

图7-8-6 杭州萧山跨湖桥遗址博物馆（来源:《建筑学报》）

二、建构细节与场所精神

好的建筑应该是从环境里有机生长出来的，环境孕育着它所承载的建筑，必然形成与该环境相合或相对的某些特质。有些相对比较特殊的环境也通常更易于产生灵感，激发创造力。

位于杭州市西郊的中国美术学院象山校区有着中国古村落的清幽环境，又有着现代建筑的时尚风格。美院的总体设计形象模仿中国古村落的庭院式布局，一些细部装饰也是吸取古村落的样式（如途中的瓦屋顶、木质的窗户）等。建筑的色彩仍然是很清新的白色和土黄色，白色的纯净符合周围山林环境的安逸气息，土黄色（基地土的色彩）的立面给建筑注入了活力。建筑立面上的现代建筑开窗方式又让人感到这个建筑的现代感。

从校园的整体规划开始,王澍将中国传统设计思想融合进规划手法之中。设计者建立起一个以“回”字为基点的场所模式,“回”即合院,从此出发，遵循一种减法原则，所有校园建筑都是“回”的某种削减结果，如汉字的偏旁部首。而聚合的形态，直接来自对象山原有自发性山地建筑聚落形态的直觉把握。为保持这种文化上的连续性，规划方案中选择了两组旧农舍，建议迁而不拆，就地改造。我们看到远处田野中的高压线铁架,成了视觉中的灭点，真是绝妙。设计者营造出了一个半人工的缓坡谷地,与现代大学较大体量的建筑对应，不用传统的小桥流水程式,而是选用类似与庆元、龙泉一带的廊桥跨越谷地和象山北麓的艺术工作室群相连。

图7-8-7 博物馆湿地观景台（来源：《城市+环境+设计》）

图7-8-8 中国湿地博物馆（来源: http://s1.lvjs.com.cn/uploads/pc/place2/2015-03-19/7bb91c9c-5304-4de8-9f70-414ee1d26d38.jpg）

以“野趣、清幽、闲逸”的意境和“一曲溪流一曲烟”的典型江南水乡湿地风光而著称。利用湿地自然环境特征，注重对当地乡土题材的应用，整理分析人文背景、内涵所具有的特征并加以发挥，探索传统山水画中的风景建筑和诗意景观在湿地环境中的演绎，将传统的隐逸文化通过“梵、隐、俗、闲”四大主题性文化景点表达在美好的自然生态中（图7-8-9）。

在浙江大学之江校区基础教学楼（建筑师：沈济黄、李宁、丁向东）的设计中，建筑师通过在空间组合中以分散的院落式平面布局避开十几棵名贵的大树，减小体量，尤其在西侧庭院的处理中，庭院围绕一棵树冠直径约18米的大樟树展开。墙面采用特制红砖砌筑清水砖墙，并且采用拱券来与周围的历史建筑相协调，达成了传统建筑文化在之江校区的传承(图7-8-10、图7-8-11)。[①]

当代建筑的环境观是建筑融入环境，环境衬托建筑。浙江的山，一概而论的话，山体不高、延绵不广，如吴山、宝俶山，均属此类。可用于建设的山体更是如此。要使得山地建筑或近山体的建筑不破坏作为景观的山体，必须遵循的原则就是减小建筑的体量，避免对山体景观的破坏。具体而言，其一，可将大体化为小体块，并与周围的山体景观结合，天台山济公院就是典型。

在天台山济公院（建筑师：齐康）的设计中，紧密结合地形，将济公院的前后山门、洞殿敞厅、茶室、接待、小卖部等，共约200余平方米的建筑，分别散置在6个不同高程的台地上，逸散自若。建筑群体之间则以游廊和展廊穿透交接。由于体块、基面、空间等诸要素的复杂性，设计中取其相近、围合、重叠等拓扑关系，予以结合。这种既无先入之见、又无明确的几何性要素之间的关系，能更好地顺应这组群体与其所处的山势地形等客体条件，展现了建筑整体图形与山体峭壁为背景的对比、统一和协调，构成一副如画的景

图7-8-9 中国美院象山校区一期建筑群（来源：朱炜 摄）

① 沈济黄，李宁.建筑与基地环境的匹配与整合研究[J].西安建筑科技大学学报，2008(03):376-381.

观（图7-8-12~图7-8-14）。①

在这一原则下，位于西湖风景区周边的建筑同样表现出对微观场地的敬意，如浙江大学科技园对山体主峰开洞借景，采用建筑体量消减的处理方式（图7-8-15）。

“林霭漫步”景观茶室（建筑师：章明）为了顺应杉树林中原有树木的种植位置以切割体块的方式，掩映在西湖边的秀美环境中。建筑以完全放松的姿态接纳人与自然，从不同的视角与方位构图出别样的美景，充满了意想之外的变化与景象，却丝毫未有影响树林原有的气氛（图7-8-16~图7-8-18）。

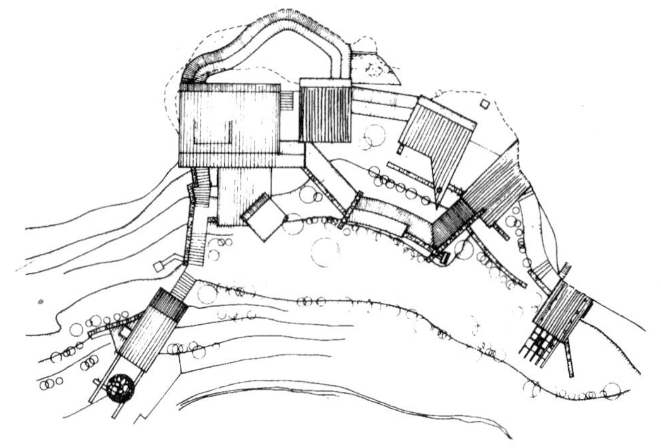

图7-8-12 天台山济公院平面图（来源：建筑学报，1990（06）：32）

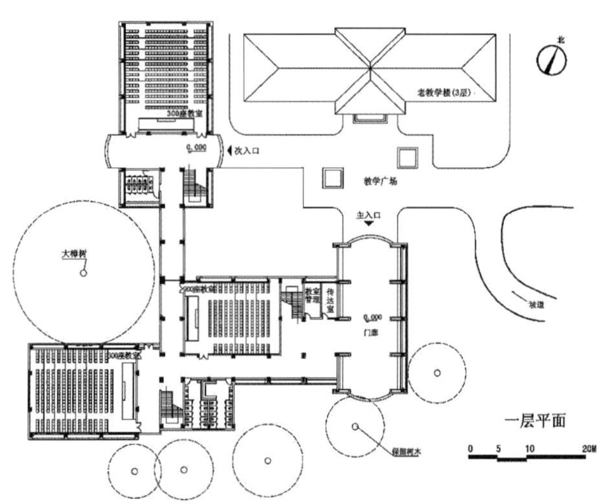

图7-8-10 浙江大学之江校区基础教学楼一层平面图（来源：《西安建筑科技大学学报》）

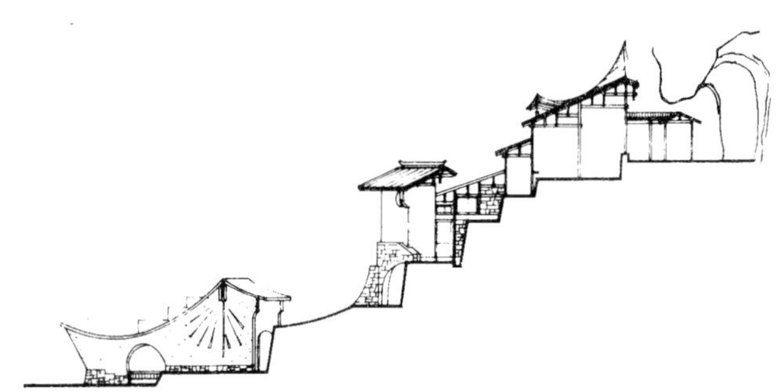

图7-8-13 天台山济公院剖面图（图片来源：建筑学报，1990（06）：32）

图7-8-11 浙江大学之江校区基础教学楼（来源：《建筑学报》）

图7-8-14 天台山济公院（来源：建筑学报，1990（06）：35）

① 齐康，陈宗钦.景点·乡土·风貌——天台山济公院的设计构思[J].建筑学报，1990（06）：31-34.

图7-8-15　浙江大学科技园（来源：http://m2.quanjing.com/2m/chineseview042/214-1720.jpg）

图7-8-16　“林霭漫步”总平面图（来源：时代建筑2003（03）：62）

图7-8-17　“林霭漫步”室外平台（来源：时代建筑2003（03）：62）

图7-8-18　林霭漫步茶室（图片来源：时代建筑2003（03）：62）

第九节　回应气候条件的建筑特征取向

对气候条件的回应不光是当今国际建筑界逐步重视建筑空间与场地环境的可持续发展关系，也是如何规避国际式现代建筑风潮的过度影响，寻求地域传统与时代特征的结合点，力图创造融合了风土观和现代感的新型地域性建筑范式。在地区经济与技术水平不高的情况下,人们的生产生活都直接依赖于自然气候环境得以维持。而在当代回应自然气候依然成为营造行为的出发点：其一是尽可能地减少对自然生态环境的破坏。这种取之自然而回报自然的观念,客观上维护了生态环境；其二是营造行为对自然气候环境的协调与适应。

比如充沛的降水为浙江提供了一个常年葱郁、四季飘香的优美生态环境。但由于季风强度出现的时间年际变化较大，也会出现旱、涝、洪渍、高温、低温等自然灾害，如何更好地利用浙江的地域性气候优势，将灾害的影响降到最低，通过建筑的设计手段尽可能减弱气候的不利因素对使用的影响，成为当下建筑需要重点关注的方面。

越来越多的当代建筑创作不再局限于外观的传统要素表达，而是更多地关注建筑所处的气候环境。当代本土建筑是一种有效整合生物气候的建筑，是呈现出对地域的环境适应性，甚至呈现一种对应当地环境的自适性，成为一种回应气候的创作取向，主要从日光照明、通风流向、降雨降雪等三方面表现尤为明显。

（一）日照与光影

建筑哲人路易斯·康（Louis I. Kahn）曾充满诗意地写道“……这一团被称为物质的实体投下了阴影，而阴影属于光。因此光其实是所有存在物的来源……”[①]光，给建筑赋予了鲜活的生命，而色彩同样也塑造了空间的性格。

色彩与光影的形态特征：

（1）建筑的光源色和材料色。任何一种建筑材质，都有其特定的固有色，在不同的光环境之下，也会产生不同的色彩效果，比如，在强烈的阳光下，将会产生强烈的阴影效果；而到了晚上，建筑内部有灯光，又会呈现出不同的效果。

（2）建筑的表面色与透过色。关于材质的色彩，一般的材料，比如砖石，只是具有表面色；但是玻璃，不仅具有表面色，还有透过色、反射色，如镀膜玻璃。另外，材料的表面色，一方面是材料的自然色，如大理石的天然色泽，混凝土的灰色等，体现了材料本身的自然属性；而另一种，常见的如涂料、色漆，完全是人工调配的，覆盖在自然色上面，灵活、自如。

（3）建筑的色彩与材料的质地。不同质地的建筑材料，在色彩上是有区别的。同一种颜色，涂在清水砖墙和混水砖墙上的感觉是不同的。同样道理，色彩在不同质感的情况下也是不同的。尤其是当色表面的纹理和组织有更大的改变或区别时，对色彩的影响更是显著。比如，同样属性的色彩对于不同质地的石材和木材，感觉是有差别的，这种差别使我们易于分清他们的种类。色彩感觉的变化，多在明度和彩度上，而色相变化较小。如经过磨光处理的大理石，比质地粗时要稳定，显得结实硬朗，刺激力大，彩度和明度都有增加，对光的反光能力增强。所以大理石变“白”了。

强烈的阳光与阴影呈现出戏剧性的效果，而相反，对于均质性的追求则让作品很少出现戏剧性的光影，让人感觉到的是温和和渐变的匀质光。建筑表皮材料、图案、肌理的变化只有在这种匀质光的效果下表现出细微的差异。

兰亭书法学院（建筑师：余健），校园平面肌理和建筑形体于秩序井然中透出传统的内敛意向，建筑表面采用白墙与黑色金属窗框，简洁的黑白关系与传统的白墙黑瓦以及项目的主题——书法之间达成了某种意象上的关联（图7-9-1~图7-9-3）。[②]

宁波市东海中学（建筑师：周冬）在立面上针对不同受光面的采光需求，进行不同类型和大小的窗洞设计，在大面积玻璃幕墙上设置和立面相适应的百叶格栅，以达到合理利用和规避过度光照的双重目标（图7-9-4）。

杭州的中国刀剪剑博物馆（建筑师：郑捷）的入口设有硕大的檐廊和雨篷，整体上使用木质格栅铺设于整个顶部，并以地域性的形式创造出花格造型，在光照下形成富有韵律的遮阳空间（图7-9-5、图7-9-6）。

中国美术学院象山校区的教学楼中，采用现代钢架上铺设小青瓦的方式对建筑外立面形成全方位的遮阳，也形成了独具本土特征的立面形式。建筑局部向阳面以虚空的立面形式达到遮阳效果（图7-9-7、图7-9-8）。

湖州古木艺术馆（建筑师：郑捷）内部展厅的顶棚外部是完全透空的天窗，拥有非常出色的自然光照，但正值正午时过于强烈的阳光使内部过热，也影响光照效果，于是设计

① [美]约翰·罗贝尔著.静谧与光明——路易斯·康的建筑精神[M].成寒译，北京：清华大学出版社，2010:28.
② 石铁矛、王常伟编著，建筑与色彩［M］，辽宁科学技术出版社，1992年4月第一版，P3

师在内侧设置了密致的百叶帘，在不同的光照条件下调节不同的日光效果（图7-9-9）。

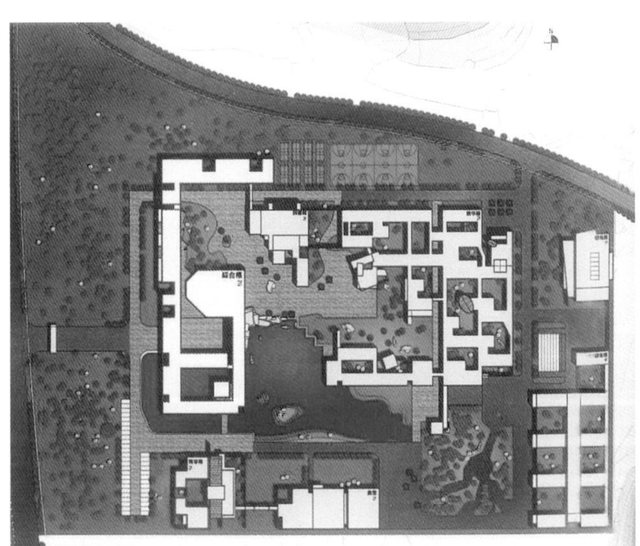

图7-9-1　兰亭书法学院总平面（来源：《世界建筑》）

图7-9-2　兰亭书法学院书法展览馆入口（来源：《世界建筑》）

图7-9-3　兰亭书法学院书法展览馆内景（来源：《世界建筑》）

图7-9-4　宁波市东海中学（来源：宁波市民用建筑设计研究院有限公司）

图7-9-5　中国刀剪剑博物馆风雨连廊（来源：中国美术学院风景建筑设计研究院）

图7-9-6　中国刀剪剑博物馆入口（来源：中国美术学院风景建筑设计研究院）

图7-9-7　中国美术学院象山校区建筑遮阳立面（来源：朱炜 摄）

图7-9-8　中国美术学院象山校区一期建筑遮阳披檐（来源：朱炜 摄）

图7-9-9　湖州古木艺术馆（来源：中国美术学院风景建筑设计研究院）

（二）风象环境的应对

浙江季风交替规律显著，因濒临海洋，温、湿条件比同纬度的内陆季风区优越。良好的风象条件，如何在建筑空间上进行合理的利用，以提高空间中的通风效应，并成为规避过度日照带来的不利影响的有力措施。

而每年夏秋交替时海洋上所产生的台风却成为影响浙江最严重的自然灾害之一，每年的财产损失不计其数，更有不少人员伤亡的事故。如何在建筑设计中应对台风的灾害，保全人民的生命和财产，成为浙江全省特别是沿海地区最主要的地域性设计要点。

浙江省人民大会堂（建筑师：林士茂、冯惠芳、朱黎炜、徐晓雷）建筑采用以铝合金材料为屋面的曲面形态和石材幕墙、玻璃幕墙相结合的立面造型。曲面的屋顶很好地顺应了由西湖群山而来的风向（图7-9-10）。

温岭会展中心（建筑师：陈清）处于台风多发地区的浙江沿海，建筑师将会展中心的入口挑檐设计成分散的若干体块，在保证整体造型统一性的同时，规避了过大表面对风的阻力，同时造型上的切削也削弱了风对建筑本体的直接对抗（图7-9-11）。

（三）降水条件的应对

位于江南地区的浙江省，雨量充沛，每年的春夏交接时节又是独有的梅雨季节，而酷热的夏季，又会出现长时间的高温少雨天气。于是，在传统的地域性建筑中，我们的先人就已学会并掌握了如何通过建筑的设计手法，来应对这些问题。如古代民居采用具有曲率的坡瓦屋面，一方面将雨水快速地飘离屋面以防止雨水渗漏，另一方面将雨水汇集于合院天井中。而古时的天井常会设置一个水池或水井，将雨水汇集沉淀过滤后用于日常的生活和防火。这种规避过多雨水的同时又合理利用雨水资源的作法，实为优秀的地域性建造特征。

在现代建筑设计中，如何更好地完成排水，防止渗透漏水，又能将自然水资源合理利用，是可持续绿色建筑的发展方向，具有良好的前景。虽然在外形上已不见传统建筑的视觉特点，但对地域性气候条件的回应依然是建筑设计的基本要求，并以更为现代的设计手法进行表述。

江南多风雨，夏日又炎热，故在江南园林中，设计长廊以避暑避雨。湖州师范学院医学院实验楼和生命科学学院实验楼（建筑师：叶志锋、王学攀）均由南、北楼组成，而且主要通过东、西连廊进行连接，形成风雨走廊，整个建筑雨雪天不用打伞，毒日之下不用戴帽。而风雨廊的围合，又使建筑群间形成几个不同特色的开放院落（图7-9-12）。

在一些现代商业建筑中，在沿街部分考虑浙江夏日暴晒和梅雨季节的气候特点，设计供行人过往的连续骑楼，除解决了气候对行人的不利影响外，也为沿街商铺带来了足够的人流，提升了店铺的商业价值（图7-9-13）。

图7-9-10　浙江省人民大会堂（来源：浙江省城乡规划设计研究院）

图7-9-11 温岭市会展中心（来源：浙江省城乡规划设计研究院）

图7-9-12 湖州师范学院 生命科学学院实验楼（来源：浙江省城乡规划设计研究院）

图7-9-13 杭州湖滨国际名品街骑楼（来源：http://file.saygoer.com/pic/seeing/7acb0a46f21fbe092c030bf96a600c338644adfa.jpg）

第十节　结构与构造技术的地域性建构

结构是关于建筑中处理关系的一套体系或原则的、抽象的和一般的概念。在传统的建筑形式语言中，结构与技术相对比较隐逸。现代建筑技术与结构体系的发展，促使建筑形式日趋多样化的同时，自身也开始展示建筑形式的表现力。

建筑形态要忠于结构，符合并且体现静力学，揭示结构物如何抵抗地心引力。此外，建筑的建造技术，不应该被视为纯技术，因为它的意义超越了简单揭示其剖面或者表现其框架结构，而往往能够从物质功能而上升为一种艺术形式，以满足人对美的要求。

杭州市中山路御街博物馆（建筑师：王澍），整个建筑为一个木构瓦面的多折大棚覆盖，它对中山路遗迹周围建筑都呈开放状态。考虑到尽可能多地保护地面以下的古御街，设计借鉴了浙江南古廊桥的编木拱结构，具有跨度大，用料小、支点少的特点，而且据史料考证，这是宋代就已有的结构形式。然而现在的做法是古廊桥从未有过的，用现代结构规范也难以验证，因此，建筑师和结构工程师共同研究，使用局部隐藏的钢结构小构件解决了这个问题。该结构能够构建出赋有力度的动态曲折屋顶，丰富了中山路的第五立面。参观者从入口进入就能感受到编木拱的连续结构，给人以极强的视觉感受（图7-10-1~图7-10-7）。[①]

在传统营建系统中，竹子也是较为常见的一种材料。在杭州临安的太阳公社的猪圈设计中（建筑师：陈浩如），即采用了竹构进行尝试。竹子、茅草和卵石都是就地取材，附近的农民中也有很多竹匠。在搭建的时候，利用原有地面和排水沟，不再动土开挖，更是完全不做地基，只放置了10个1米宽、1.2米高的卵石墩子作为竹构的地面支撑，在此之上直接放置竹构的落点。传统建筑中将木柱直接放置于夯实地面的石墩上，其屋面结构的连接吸收了土地沉降带来的不稳定性。在一片未经过处理的农田里，整个巨型青竹构筑连成一个自我稳定的结构体，如同一只大鸟落在溪坑卵石砌成的矮墙上。石墩就像大鸟的爪子，紧紧抓住泥土。大片茅草铺成的倾斜屋顶高高耸立，犹如大鸟宽大有力的羽翼，随时准备振翅而飞。结构由8米见方的基本单元组成，每个

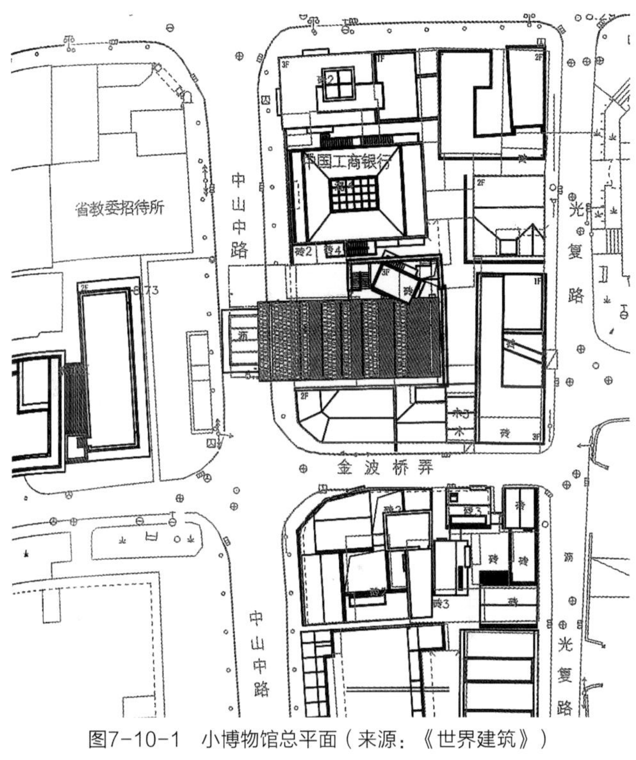

图7-10-1　小博物馆总平面（来源：《世界建筑》）

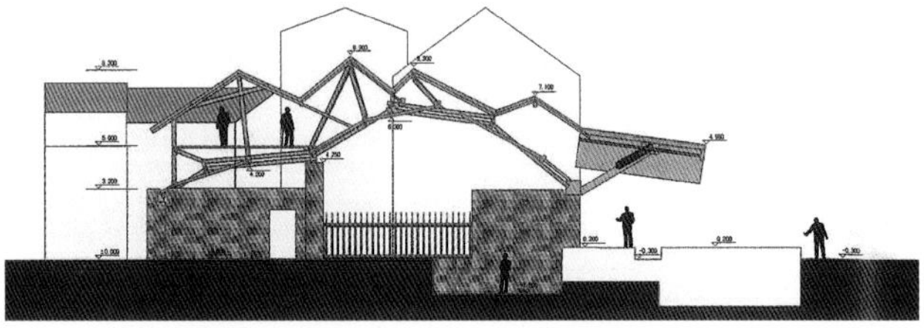

图7-10-2　小博物馆纵剖面，传统廊桥木结构被发展成双层中空做法（来源：《世界建筑》）

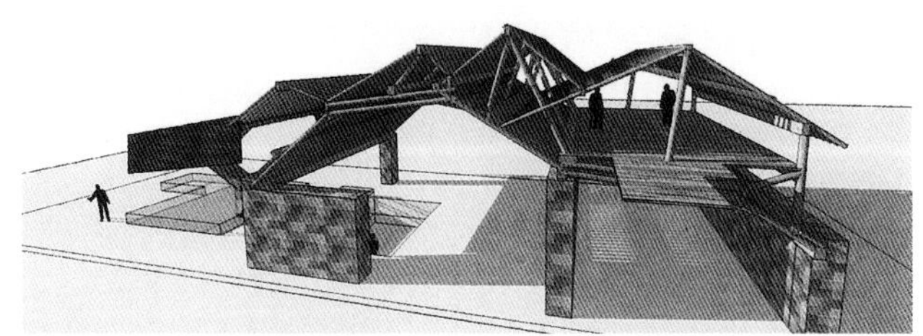

图7-10-3　小博物馆屋盖结构（来源：《世界建筑》）

① 王澍.杭州市中山路御街博物馆，杭州，中国[J].世界建筑，2012（05）：122-127.

基本单元由4根主龙骨撑起一组稳定的金字塔结构，四边再撑起两个方向延伸的屋面结构，遂发展出一个空间单元。由于跨度的需要，单元的高度为4米左右。加上1米左右的矮墙，尺度和邻近的小山呈和谐的状态。在场地中，搭建了4个单元。竹构跨度为8米，4个单元长32米，前后挑出2米。两侧的开口利用竹构形成4个宽8米、高4米的三角形空洞，让自然风流动。作为主龙骨的竹子是直径15厘米以上的粗

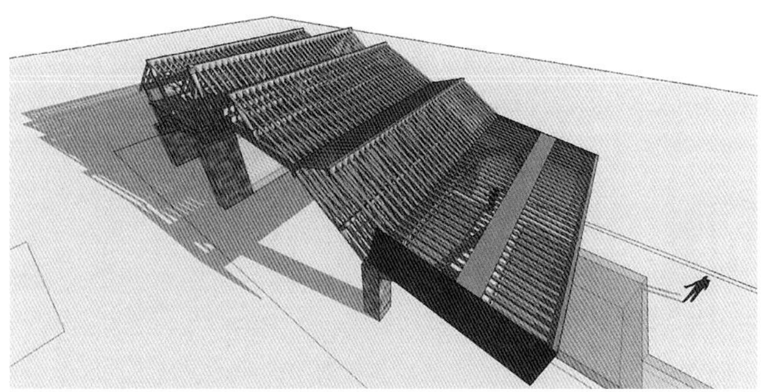

图7-10-4 小博物馆屋盖结构（来源：《世界建筑》）

图7-10-5 浙江南部的木构廊桥，小料大构的杰作（来源：《世界建筑》）

图7-10-6 在小博物馆木构屋盖下（来源：《世界建筑》）

壮青竹，以大于45度的趋势向上支撑起近6米高的整个庞大竹构。从内部看，竹构像是10个倒置的金字塔，顶上相互连接，由上至下收紧，形成纯净的，高大通透的空间，整齐交错的几何形序列，层层展开，重复推向巨大的竹构深处，仿佛可以无限伸展。茅草因内部实心坚硬而成为传统屋面防水材料。在编织时考虑水势方向，和瓦片方向类似，同时保留着透气的传统。“可呼吸性”是传统建筑中的重要法则，自然材料形成室内外毛细血管状的空气流通系统，气流得以从建筑内部上升流出屋面，在雨后加速吹干茅草，并且可以

图7-10-9　猪圈轴测爆炸图（来源：《时代建筑》）

图7-10-7　小博物馆入口（来源：《世界建筑》）

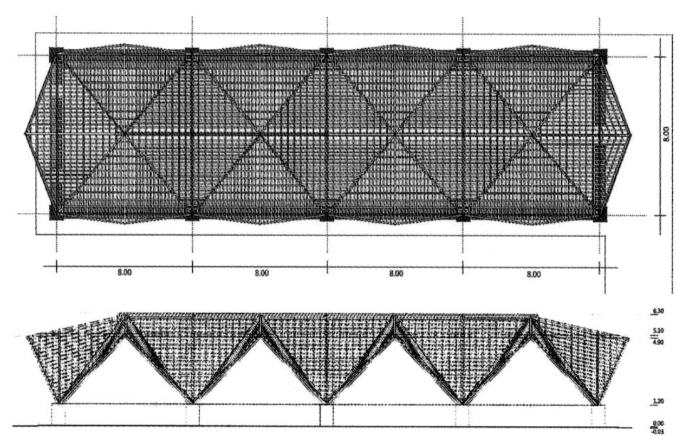

图7-10-10　竹构顶视图和正立面（来源：《时代建筑》）

图7-10-8　从西北山坡俯瞰（来源：《时代建筑》）

图7-10-11　猪圈内景（来源：《时代建筑》）

图7-10-12 茅草顶施工过程（来源：《时代建筑》）

保存相当程度的温度和弹性使建筑物得以持久（图7-10-8~图7-10-12）。[①]

本章小结

纵观浙江当代建筑创作实践，设计师对待风土建筑的视角各不相同，有的注重形式，有的着眼于空间，也有人偏好地域性的材料和建构技术的应用，其地域性特征取向各异，形式丰富。

在地域性建筑语言的分析转换过程中，基本上经历了具象模仿、抽象转换和意象隐喻三个并行的过程。

在具象建筑语言模仿取向中，以“原型”的语言要素成为建筑本土化表现的重要媒介。其模仿目标主要有三类原型：第一类是以传统明清官式大屋顶为原型，第二类以宋代官式建筑造型为原型，第三类以现存明清本土民居为原型。在具体模仿设计手法上又主要分为全形模仿和风貌表征两个方面。

在抽象建筑语言的转换取向中，其抽象转换过程也经历了从简单的拾取拼接，到精细化创新运用，再到转换重构的过程。

而意象隐喻不再单纯表现建筑地域性要素的直接视觉形象，而是更多地关注其内部所隐含的地域信息，通过意象隐喻来传达的地域信息有些是单方面要素的隐喻，有些则是多方面要素的共同特征表达所呈现的混合意象。这些地域性要素所体现的创作取向主要包括：形式与空间的回应、表皮与材料的地域性隐喻、文化与象征的地域性表述、地域性秩序与肌理脉络、地域空间路径与游览5个方面。

针对“微观场地”的空间布局而言，从适宜形态表述，建构细节与场所精神两个方面出发，体现了建筑创作中对设计环境的关注。

此外，回应气候条件的建筑特征、结构与构造技术的地域性建构作为地域建筑创作的另外两个方面，也被认为是浙江当代建筑地域性特征的重要取向。

① 陈浩如.乡野的呼唤——临安太阳公社的自然竹构[J].时代建筑，2014（04）：132-135.

第八章 浙江地域建筑传承总体思路与策略

浙江地域建筑的传承与发展有很长的路要走，不能为了某种目的一蹴而就，不仅在全国传统地域文化传承的大目标下需要继续努力，更应寻求一条属于浙江本土地域的传承发展之路。纵观浙江当代建筑地域性实践发展状况，可以从观念层面、认识层面、方法层面和操作层面归纳其存在的问题和误区，值得管理者、设计师及其他相关人士的思考。在此提出了风土、营造与文脉三个方面的传承原则与策略，对建筑功能类型、高度体量、色彩等方面做出管控建议，进行地域性的引导，并指出技术体系、视觉体系、知觉表达、情感表达四个方面的实践方向。

第一节 浙江当代建筑地域性实践存在的问题与误区

一、观念层面——文化不自信导致主张传承者少

20世纪80年代的时候，国内理论界产生很多对中国传统建筑文化的研究与探讨，比如缪朴先生发表在《建筑师》上的《传统的本质中国传统建筑的十三个特点》影响深远。其后，国外建筑理论思潮开始被大量引入中国，经典的现代主义还没有参悟透，又一波接一波相继引入了后现代主义、解构主义、建筑的语言学、建构诗学等理论思潮，吸引了国内学者与学子们的关注力，并且同时影响着建筑设计，不管是理论界还是设计界，均有一些言必称希腊的味道。这些在建筑文化上的不自信，影响了我们对于传统建筑文化的态度，导致了主张传承者的稀少。

二、认识层面——对建筑形式的依恋

在不自信而导致主张传承者稀少的同时，作为某种程度上的悖论，不管是建筑师还是大众，对那些“看上去很美”的传统建筑形式表达出某种欣赏与依恋的文化情节。去古村落寻古探幽、走街串巷，已经成为一种较为普遍的旅游休闲度假的方式。

而对乡村居民而言，对外界丰富多彩的城市生活的向往，使得自上而下的“时尚化”、“化妆式”建筑形式不断渗入到村庄的营建当中，大量不加分析的建筑形态移植过来。一些地方政府集中财力、物力和人力树起综合典型，出现了搞绝对化、搞模式、搞一刀切的标准，并不同程度地引发了各地农村不顾实际的攀比，很多村庄建筑形式混乱，甚至怪异；盲目照抄照搬城市建设模式，或简单复制传统的形态，大搞形式主义、形象工程，村庄建筑呈现普遍的营造技术粗糙现象。已经使农村远离了清新的乡土气息、旷野的田园风光的面貌，并导致农村住居形态的衰落及良好社会生活网络的丧失。

三、方法层面——对传统建筑文化精髓挖掘的不足

对传统建筑文化的传承，传承什么？这需要我们对于传统建筑文化精髓进行理解与挖掘。从日本的建筑经验而言，大致分了两个阶段。第一阶段是以丹下键三等建筑师的对日本传统建筑的形式进行提炼与模仿阶段，这主要集中在“形”的把握上；第二阶段是以安藤忠雄为主的建筑师，以极为现代的建筑形式，来体现和模仿日本传统建筑的气质与氛围，这主要集中在“神”的把握上。而反观我们的研究与设计实践，在这两方面上都对传统建筑文化的精髓挖掘得不够。

四、操作层面——形态或概念过度抽象成为“奇奇怪怪”的建筑

也有一些情况下，建筑的形态或者概念过度抽象或者曲解，成了一类似乎像体现传统建筑文化的意味，却演变成为扭曲的“奇奇怪怪”建筑。此类建筑以形式的异化为表现方式，多见于缺失了文脉的城市区域，为了迎合某种意向，往往通过建筑造型直白地传达出来。如李叔同纪念馆，为了附和李叔同的佛教意向，把建筑设计成一朵莲花，造型却有些笨拙，显得非常古怪。

随着城镇化发展，乡村的建造技艺也逐渐由传统营造方法转向快速的城市建造手法，从而出现混乱的村庄建筑形式，缺失了适宜的建筑营造技术体系和建筑模块选型体系。这在一定程度上归结于在操作层面没有相应的建设标准与设计规范可以执行，导致整体关系呈现出一定程度的无序与混乱，造成农村建筑形式的“现代化”，而人居环境质量标准却依然低下的状况。

村庄建设缺乏适宜的营造技术体系，以及适宜的建筑设计、施工、验收等方面的规范及规程。一方面传统技术已经无法完全满足现今农民的生活要求；另一方面，城市中相对完整的规划设计、材料、工艺、节能环保技术等科技支撑体

系，无法完全适应村庄建设。[①]导致村庄建筑的技术应用混乱、集成度低，缺乏适宜的规范、规程和图集。

第二节　浙江当代建筑之传承原则与策略

一、风土传承：习俗关注下的“微观地域”及生态优先原则

风土由风与土组成。风为环境之意，土为土壤之意，引申为乡土、故乡之意 。所以风土为土地山川风俗气候的总称。沈从文的“边域”、巴金的“家”、“春”、“秋”，永恒的魅力是所在时代、所在地的“风土”。[②]自中唐起白居易、刘禹锡等就有风土词的创作，各地的自然及人文环境往往显现出独特的地缘性特征与地域化色彩，古代文人笔下的各地风土相应的呈现出多姿多彩的风貌。[③]唐宋风土词中关于空间的审美主要分为两类：一类是词人对自然空间（环境）的歌咏；另一类是词人对人类活动空间的歌咏。这也正是 20 世纪后半叶建筑人类学里开始引入的习俗影响下的场景、仪式与建筑关系的研究。

风土具有稳定性，一方风土成一方建筑，传统建筑都有其生成风土。风土建筑应是地域建筑中注重风俗及其使用变迁的支系概念，我们不妨称之“微观地域”。风土建筑是指城乡中那些具有很强风俗性、地域性和历史性特征，并且在现实生活中沿用着的老建筑。主要构成了一个地方传统聚居结构及其外部环境，是一个地方文明进程最重要的空间见证。这些都是不可再生的城乡遗产资源。风土建筑最基本的特征，就在于其真实地反映了当地的环境气候条件和风俗习惯。风土建筑既然是环境和风俗的产物，并且又与现实生活相关联，它应该得到发展，这与形式上的仿古毕竟意义不同。在 A · 罗西的建筑类型学和类似城市的理论里，试图找到生活赖以存在的恒久空间形式，即所谓“基本原型”。欧洲建筑界总有一批人喜欢用“类似的”、“类型的”这样的词汇来形容那些具有当地传统空间形式的新建筑。而决非简单意义上的所谓传统形式的继承，类型学的思想在风土建筑保护与发展的探索中，的确是一种很有启发性的方法论。[④]路易斯 · 康曾说“未来源于融化的过去”，提出从制度和习俗的层面反思建

图 8-2-1　宁波万科慈城会所（来源：http://www.ikuku.cn/wp-content/uploads /user/u0/POST/p28686/13813936349362-wanke-cicheng-huisuo-shanshuixiu-818x511.jpg)

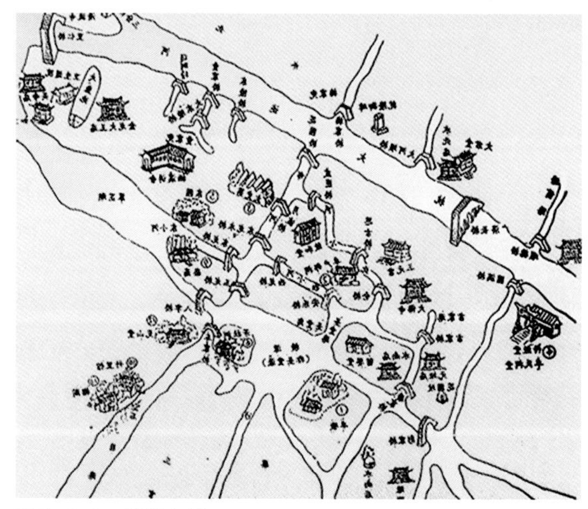

图 8-2-2　塘栖古镇

① 王竹，王韬.浙江乡村风貌与空间营建导则研究[J].华中建筑.2014（09）：94.
② 张在元.风土城市与风土建筑[J].建筑学报.1996(10)：32.
③ 张嘉伟.两宋风土词研究[D].河北师范大学.2011：57-58.
④ 常青.风土建筑保护与发展中的几个问题[J].时代建筑.2000(09)：25-26.

筑形式的起源。弗兰姆普敦(Kenneth Frampton)则看到了地理和习俗之于建筑的极端重要性（图8-2-1、图8-2-2）。

近十年来，中国社会及中国建筑界出现一些不可思议的超常现象：对传统的复制导致传统的僵化甚至没落，对现代的仿制由于技术及工艺的不足造成品质的蜕化。总之，各地建筑都出现了“风土流失”现象，建筑生态失去平衡。自20世纪80年代以来，国际建协每隔三年所授予设计金奖的建筑师，他们获奖的基本理由是立足本地域、推出了具有时代感和地域性的“风土建筑”。[①]

建筑的风土传承策略应是习俗关注下的“微观地域”及生态优先原则。先人们秉承天人合一的世界观，创造了与自然和谐相处的建成环境，与传统建筑建造的时代相比，当下的历史阶段，环境要素发生了很大的退化，生态成了首先需要关注的问题。在建筑设计与建造之初，在建筑选址、规模控制，与周边环境相协调的问题上首先要尊重环境，建立生态优先的原则；注重生态环境保育，以“绿色”的思想，对传承建筑的生态循环进行架构和疏导，实现工作成果的效益持续性。

秉承生态优先需要从这几个方面梳理：①地形地貌，气候特征。②用地环境肌理与风貌。③当地建筑材料。④地方色彩。⑤地方特色构件。⑥习俗与原型。⑦生态与原型。

本书的上篇对浙江省传统建筑的上述特征都进行了解分析。阿摩斯·拉普卜特先生的代表作《宅形与文化》是建筑人类学的奠基作品之一，通过对世界各地的大量原始性和风土性住宅形态的特征分析，探讨了宅形与其所属的各自不同文化之间的关系。书中的宅形并非泛指住宅的外观形式或风格，而是特指与居住生活形态相对应的住宅空间形态，包括了布局、朝向、场景、技术、装饰和象征等方面内容。[②]对建筑师考虑风土建筑中的“习俗与原型”也很具启迪意义（图8-2-3）。

地区建筑原型中所隐含着原生的生态学思想与人们对客

图8-2-3 宅形的当代转译（来源：王竹 摄）

① 张在元.风土城市与风土建筑[J].建筑学报.1996(10)：33.
② 龙彬，姚强.传统民居与当代宅形的结合点探析[J].南方建筑.2011(12)：38.

观世界最本真的认识，仍然在当前的地区建筑创作中是最具有活力的。我们挖掘地区建筑原型中蕴含着的朴素的生态原理与各种适用的地域技术，从地域乡土的智慧与现代的科学技术中寻找蹊径，建构适宜于地区发展的建筑策略。[①]

二、营造传承：浙江传统建筑的显性特征和隐性特征

“营”：“四周垒土而居”，营造被指代古代所有建造活动，如：营国、营园、营缮司、兴造、变造等。中国古代分类体系中没有“建筑”，建筑属于外来语。在中文中只有宫室、庭院之类的词语，非“建筑”起来而为“营造”方式，方式有垒土、砌墙、铺瓦、掇山、理水、抬梁、穿斗、井干、小木作等，“造”又具有中国木构体系由间而架的线性思维。宋代的《营造法式》、梁思成的《清式营造则例》都规范了官式营造背后的制度与等级（图8-2-4）。

当代建筑思潮中又出“营建”、“建构”等词汇，都无法如“营造”般传达出古代文化、政治制度、传统技术、空间性格和场所细节。由于“营造”一词的历史属性，它承载了：①中国传统建筑内向性的性格特征。②与井田制度相配套的“城－坊－院”城镇空间结构与肌理。③“夫宅者，乃天地之枢纽、人伦之轨模”的礼制规范与生活模式。④抬梁式、穿斗式为主的木构承重体系与营墙、隔扇、版门的围护体系的分离。⑤古典私家园林中的微空间的营造与写意自然。⑥设计与营造的线性思维。⑦传统材料、传统工艺与构造营造出的中国古典之场所精神细节。

近代有朱启钤先生的营造学社，宗旨在于“方今世界大同，物质演进，兹事体大，非依科学之眼光，作有系统之研究，不能与世界学术名家公开讨论”，是对古代营造的系统研究。近代新的建筑类型又有里弄石库门建筑、独

图8-2-4　杭州钱江时代（来源：http://img5q.duitang.com/uploads/item/201202/28/20120228181501_3Tymt.thumb.700_0.jpg）

图8-2-5　富春山居度假村（来源：http://image.mt-bbs.com/data/attachment/forum/201301/03/181715r2eih27wqbzbqshe.jpg.thumb.jpg）

① 魏秦，王竹.建筑的地域文脉新解[J].上海大学学报（社会科学版）.2007(11)：150.

立式别墅和医院、银行、图书馆、火车站、厂房等公共建筑，用瑞士近代著名的儿童心理学家让·皮亚杰先生的“格局－同化－调节－平衡”模式来分析的话，是外来新的功能类型、格局方式、建造技术和当地的营造思维发生同化与被同化的过程，而产生出具有明显地域特征的近现代建筑（图8-2-5）。

故此，我们的营造传承策略，应立足于对浙江传统建筑之显性特征和隐性特征梳理，以概念的手法创新传承之。如浙江，灵山多秀色，空水共氤氲，就有披檐下的氤氲与帘幔；瓦当滴水营造出的雨帘，挂冰；合院内向性性格里的四水归堂。

三、文脉传承：用现代的表现来提纯与演绎

文脉狭义的意义上，它是一种文化的脉络。美国人类学家克莱德·克拉柯亨把“文脉”界定为“历史上所创造的生存的式样系统”。制度规范、琴棋书画、习俗、古典园林、市井宅院等都是我们古代典型的文化表现式样系统。克莱德·克拉柯亨认为：“人类所创造的一切物质与精神财富，如艺术品、文学作品与建筑物等都是文化的外显式样；而哲学、审美、思维方式等都是内隐式样。在两者的关系上，后者为文化发展的内在的主导机制，前者则是后者控制下的形态表征。”

今天的地域建筑决不仅仅因与生态毫无应对的符号与地域材料的简单拼贴，就被冠以所谓的“地域建筑”与“新乡土主义”头衔，我们应该承认文化发展过程中那些与时代发展无法对话的建筑传统的损耗与失落，正是体现地域建筑与时俱进的进化趋势。①《北京宪章》中指出“文化是历史的积淀，存留于建筑间，融汇在生活里，对城市的营造和市民的行为起着潜移默化的影响，是城市和建筑的灵魂（图8-2-6）。”②

我们的文脉传承策略注重对各种物质文化与非物质文化

图8-2-6 文化事件：修褉绍兴流觞渠，提纯与演绎（来源：http://gb.cri.cn/mmsource/images/2006/02/10/ra060210014.jpg）

图8-2-7 跨湖桥遗址独木舟遗迹（来源：跨湖桥[M].北京：文物出版社，2004，彩版九）

① 魏秦，王竹.建筑的地域文脉新解[J].上海大学学报（社会科学版），2007(11)：150.
② 王宝卓.从当代中式建筑典型案例分析看中国风的兴起[D].同济大学，2007：2.

的关注，有别于风土传承策略中对文化习俗和生态的侧重。文脉传承策略下的建筑任务是通过形态的转化与现代表现来提纯与演绎文脉。如当今建筑表皮技术与分形分维非线性计算机辅助设计思维发展的情况下，很多建筑师通过解读中国山水画来塑造建筑形体与组合空间（图 8-2-7）。

制度规范、琴棋书画、习俗、古典园林、市井宅院、聚落形态等都是我们古代典型的文化表现式样系统，亦都可以为建筑中表现文脉传承的素材。而就建筑本身的分类而言，中国古代的分类并不如现代建筑学一样分为居住建筑、公共建筑、宗教建筑、市政建筑、防御建筑等。从认识及本体而言，分类不是纯粹的一种客观，而是主客观共同作用的结果。中国古典建筑的分类与生活状态相关，也直接表达此形此景，如：

[唐] 欧阳询《艺文类聚》

宫、阙、台、殿、坊；

门、楼、橹、观、堂、城、馆；

宅舍、庭、坛、室、斋、庐、路。

[宋] 李诫《营造法式》

宫、阙、殿、楼、亭、台榭、城。

刘致平《中国建筑类型及结构》

楼、阁；

宫、室、殿、堂；

亭、廊、轩、斋、馆、舫；

门、阙；

桥。

宫　《尔雅》：“宫谓之室，室谓之宫。”

《易》：“上古穴居而野处，后世圣人易之以宫室，上栋下宇，以待风雨。”

室　《说文》：“室，实也。”

《释名》：“室，实也；物满实其中也。”

殿　《说文》：“殿，堂之高大者也。”

《释名》：“殿，典也。”

堂　《说文》：“堂，殿也。”

《释名》：“堂，犹堂堂；高显貌也。”

堂皇：《汉书》：“坐堂皇上。室而无四壁，曰皇也。”

楼　《尔雅》：“狭而修曲曰楼。”

《说文》：“楼，重屋也；櫟，泽中守草楼也。”

台　《尔雅》：“观四方而高曰台，有木曰榭。”

古乐楼：能够把古建筑当作原料之一在设计中使用，对建筑师来说无疑是一件奢侈的事。古乐楼就是这样一个项目。一位古建藏家拿出 8 栋从皖、浙、赣收藏的明清老宅，由业主在朱家角古镇西段的漕港河北岸建造这座“古乐楼”，容纳这些古宅，并请谭盾担任艺术总监植入音乐演出（图 8-2-8）。

六百年前，“元四家”之首的黄公望在秀丽的富春江畔

图 8-2-8　古乐楼（来源：http://www.ikuku.cn/wp-content/uploads/user/u1497/POST/p32735/13897700002596-zhujiajiao-guyuelou-shanshuixiu.jpg）

图 8-2-9　富春山居图剩山图（来源：东方博物 [J].2009（09）：120）

图 8-2-10　中国美术学院象山校区瓦山（来源：朱炜 摄）

隐居十年，完成了其代表作《富春山居图》（图 8-2-9），图中峰峦旷野、丛林村舍、渔舟小桥，布局疏密有致，或雄浑，或飘逸，流露出一种天人合一的意境。如今在其原址，一处融于山水的度假胜地以另一种存在形式延续了《富春山居图》之意境，这便是富春山居度假村。①

象山山貣水环，风景充满诗性迷蒙，美院象山校区的设计者从中国传统造园思想出发，对山水进行整理，这种思想隐含的一个重要意思是人的房屋不应是最重要的，在江南的弱势山水中，房屋应该质朴而谦逊，避免过分夸张的建筑体量与造型表现，建筑首先应考虑隐退。走在美院象山校区，经常会有一些似曾相识的风景跃入眼中，最妙的是在一个院子里，一回头，透过那个大门框，竟然可以看到类似《溪山行旅图》的镜头（图 8-2-10）。②

在文脉传承过程中，往往会出现对环境中既有建筑的不合理对待，这些既有环境中的构筑物可能不是重要建筑、历史建筑，但同样要给予充分的尊重。可以说当下城市景观的混乱不是既有建筑平淡无奇造成的，而是新建建筑过分“追求新奇、个性”所致，当走到苏州老城、罗马旧城使人油然而生的“地域特色”并非建筑之间的争奇斗艳产生而是相互尊重所致，尊重过去就是尊重历史，所以“建筑单体的和谐和无特色反而城市会有特色”。这也是世界新城市环境主义所倡导的建筑观。当然这需要我们的城市建筑的管理者、设计者和大众转变要“超越时代”或为自己“树碑立传”的观念，不以某个建筑单体的新、奇、大来看待城市，而是从城市、区域景观的整体视角审视每个建筑。

第三节　浙江现代地域建筑风貌管控要点

一、管理控制要素

1. 建筑风格

对地域建筑特征风貌的延续，重点是风景区建筑、水域、水系周边建筑以及历史地段及街区的建筑风貌控制。

2. 景观版块

针对浙江省内各大风景名胜区，老城区，特别是主要历史街区的景观风貌建筑，以及各大城市新区的资源和特色挖掘、分析，营造和而不同的城市景观版块（单元）。

3. 色彩指导

主要包括城市的总体色彩、不同城市的区域色彩以及景观单元的色彩等。

4. 建筑界面

建筑底部功能与城市的界面空间之间的关系，建筑立面形式中历史信息的传递、解码与创新。

① 于芳，邱文晓. 解读杭州富春山居度假酒店设计[J]. 山西建筑.2007(11)：58.

② 王宝卓. 从当代中式建筑典型案例分析看中国风的兴起[D].同济大学2007：35.

5. 标志建筑

地标性现代建筑的地域特色创新与城市文脉的延续。

6. 视觉走廊

凸现自然风景与历史人文气息，保留建筑、道路与山、水、湖景的对景关系，确保城市区域内新旧标志间的对话，如杭州的六和塔、保俶塔、雷峰塔、城隍阁等历史建筑与新建地标建筑之间的视觉通廊。

二、地域建筑的评价与要素构建层次

对地域建筑的评价主要有如下几个方面：

（1）建筑风格：同构中执白——新浙江传统建筑风格；

（2）建筑性格特征：顺应自然、外秀内敛、规整典雅、简练朴雅；

（3）对于不同场地的建筑均追求与景观的和谐融洽。宁静、柔和、婉约、典雅、清秀和不拘法度；

（4）建筑立面、体量特征——肌理细密、精致宜人；

（5）群体空间组织要素延续——建构“街—巷—院”三级空间延展，重点在于院落空间的拓扑变化。

其要素的构建又呈现如下三方面的层次：

（一）传统地域建筑符号语言的提炼与应用

典型历史建筑立面；

历史建筑立面代表性细部构成；

各代表性细部构件特征；

地域性历史建筑细部图则构成。

（二）现代建筑语言的地域化与创新——吸收地域传统建筑形式语言、进行精致构造设计

根据自然景观的差异性的“场地适宜性”， 融建筑于景——与山对话、水交融、建筑是自然景观的语素而非本体。

适应气候——遮阳、避雨灰空间。

鼓励现代高技术与地域建筑形态表达结合——结合现代建筑语言的地域性表达。

现代地域性建筑的材质色彩表征及运用——“灰砖、白墙、黛瓦、深色玻璃”的运用，特别是以其面积、比例适宜性控制为重点。

（三）以城市肌理的延续和建筑尺度的和谐来统一城市景观

城市的整体和谐不可能也不必要以某种历史或现代的风格来演绎达成，从许多建筑成功案例以及江南的古城镇建筑形态的和谐统一，我们可以得出的认识是城市建筑形态的和谐统一除了建筑风貌的和谐外，城市肌理的延续、建筑体量、细部尺度的统一恰恰是城市整体风貌和谐的重要原因。

三、建筑“类型”与风貌的理性控制

在中国，传统的地域建筑往往存在一些不易克服的难点，例如受层数、结构形式的局限，与现代建筑的功能、体量、空间等方面的适应性较差。所以，在地域传统风貌的控制方面应理性对待，分型考量。

功能类型：从住宅建筑设计和公共建筑设计两个“类设计”方面入手，住宅和小型公共建筑更宜采用的地域性建筑风格。

高度体量：建筑的时代性与地域性问题在设计中广泛受到关注，通过具体建筑类型的分析，我们认为：从城市风貌的角度来看，传统地域建筑与大体量、超高层建筑在形式语言上差异很大，所以，现代高层与大体量建筑在地域性建筑形式表达方面总体淡出，也不宜采用先前某些城市强制性“穿衣戴帽”式的管控。我们可以力争在某些建筑类型，如多层、低层建筑以及高层建筑底层上有所作为，多元共处、显示特色、营造地域建筑风貌等。但是我们从上海金茂大厦、浙江钱江时代的高层建筑设计来看，也有地域特色建筑创新的发展空间，应引导此类建筑转变地域

设计观念和方法，走与地域自然、文化、技术结合创新的路子。

所以，我们认为，建筑风貌的“类型”理性控制点主要在以下三个方面：

（1）高层——近人尺度，以1~3层为宜；

（2）多层——采用色彩、材料、体量穿插、竖向分段等设计手段；

（3）低层——传统形式，折衷主义与现代语言的地域化。

四、建筑色彩设计的地域性引导

北京举行的“色彩中国”颁奖大会上，在其中的“色彩城市”大奖上浙江落选。多少可以反映浙江建筑为张扬个性和追求现代样式，建筑色彩不一、任意而为，主要道路边的色彩失调，红、黑、黄、绿等各种颜色都有，却没有一个主次关系和主导基调，可以说是杂乱无章，影响了浙江城市形象。因此，规划相宜的建筑色彩成为我们必须关注的问题。

为了更好地从整体上把握建筑色彩设计、塑造良好的城市形象以及解决“千城一面”等诸多问题，设计者应该更多地考虑色彩的地域性、民族性和时代性因素，并使这些因素恰当地融入设计之中，服务于城市的形象塑造。

（一）浙江的建筑色彩究竟是什么

首先是传统色彩的延续，从上面历史建筑浙江特征的分析可见，浙江古城色彩曾以“黑－白－灰”三色为基调（屋面黛色，内外墙和屋面内砖为白色，木柱为棕黑色，门、窗、梁、椽子为栗色，砖雕、砖壁等均为青灰色），即常说的粉墙黛瓦，形成了淡雅、素静的主色调，展现了江南水乡特有的文化风貌。同时，浙江又有四季常绿的自然色彩，使得浙江应该探索以山水国画色为主调的城市色彩、建筑环境和建筑色彩。

此外，回答浙江的建筑色彩究竟是什么的问题，尚需从近年来浙江在地域化城市建设中形成的、既定城市色彩中寻求答案，特别是近年来背街小巷改造形成的城市色彩基调。

（二）城市色系总体搭配的考虑

（1）总体色彩搭配

城市空间系统的客体要素种类繁多，千姿百态。如果从要素的属性角度出发，可以简略地将其分为绿色、蓝色、灰色、紫色四种。

绿色、蓝色、灰色、紫色要素在城市中表现出各种形态，四者的融合又衍化为许多新的城市色彩景观，如绿色建筑（灰色与绿色的共生）、人工水景（灰色与蓝色的复合形态）、[①]水城（灰色与蓝色的共生）、山水城（灰色、绿色与蓝色的复合形态）、历史文化名城（灰色与紫色的复合）等。

图8-3-1 吴冠中《桥》（来源：http://img.11665.com/img03_p/i3/15955029012777873/T1NtvAFh4gXXXXXXXX_!!0-item_pic.jpg）

① 金俊. 理想景观：城市景观空间系统建构与整合设计[M]. 南京：东南大学出版社，2003：56.

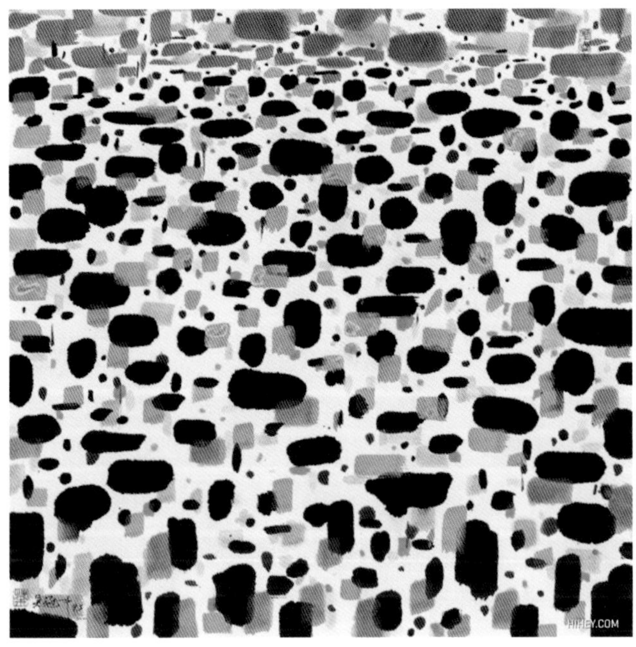

图 8-3-2　吴冠中《中国城》（来源：http://www.hihey.com/images/201306/big_img/8926_big_P_1371599890977.jpg

浙江城市从整体到局部色彩的确定还应考虑上述客体要素色彩的总体搭配的合理性问题（图 8-3-1、图 8-3-2）。

（2）考虑气候影响下的城市色彩适宜性问题

建筑色彩处于不同的气候区，要受到一些气候因素的影响。这些气候因素包括温度、湿度、日照、风象、雨、雪、雾等。在一定程度上它们与建筑色彩有关。建筑色彩在使用时，必须考虑这些气候因素的影响。[①]

浙江气候因素分析可见浙江的天气多云、雨、雾，日照天数相对较少，在这种气候背景下的建筑色彩设计，除了从城市整体遵循灰、白、黛的基调外，还应考虑人在这种色彩环境下的感受，如温暖或冰冷、低沉或明快等观感的人文关怀。所以，浙江进行色彩设计时应注意从气候特点和人本主义出发，将建筑所处的自然环境、植被色彩等颜色的搭配一并考

图 8-3-3　杭州丁桥大型居住区（来源：http://www.hzjgnews.com.cn/ztbd/dzzxq/img/attachement/jpg/site2/20120521/002511e0f840112421b05b.jpg）

① 谢浩.建筑色彩与地域气候条件的适应性分析[J].广西城镇建设.2003(10)：90.

图 8-3-4 杭州春江花月小区（来源：http://pic11.nipic.com/20101116/2192982_195608200000_2.jpg）

虑在区域“色彩单元”的总体设计之中，建筑色彩宜适当加入少量鲜明的色彩，以引起人与环境的共鸣。

（三）色彩引导建议

（1）根据以上对地域建筑色彩的分析，今后的浙江建筑风貌总体上应以继承传统为主导，确定以灰白为主色调、黛色为配色，在局部建筑或建筑局部、细部门窗线脚等配以明度较低的黑色、赭红、木黄、栗色为对比协调色。巩固既有的立面整治、背街小巷改造等形成完整的城市色彩系列（图 8-3-3）。

（2）采用科学方法，编制以视觉可识别为依据的区域性“景观单元”色彩搭配的依据指标体系，作为建筑景观版块的色彩控制依据（图 8-3-4）。

五、风貌管控小结

营造浙江传统建筑特征的切入点：包括古建筑街区、文化区、自然景区、街道风貌、河道水系。

关键点：传承和现代融合——要素，特色与多元共存——区域，语义和语境和谐——细部处理，具体包括：

（1）地域建筑评价标准——以浙江历史与现代地域建筑特征为依据；

（2）再造浙江现代水乡文化和重塑人文历史精神；

必须以水韵、浙魂为核心，集湖泊、运河、江河、湿地和海域于一身，体现动静结合、刚柔并济、外扬内蓄的总体特征。挖掘水文化内涵，体现灵活应变、玲珑剔透的内在特征，营造充满灵性的城市氛围；

（3）以地域建筑特征为营建形式趋向，协调建筑风格，营造精致和谐的建筑群体环境，塑造充满灵性的城市景观；

（4）地形与气候的再适应：地形和气候是地域主义建筑的本源，尤其是原生地域建筑，很大程度就是受到地形和气候的影响而形成的。[①]现代浙江传统建筑的营建应从中汲取营养，倡导新地域建筑的创新与发展。

第四节 浙江建筑地域性实践方向

在全球化浪潮的背景下，地域结构的异变被迅速地放大而强化。源于人们与生俱来的领地意识被重新释放，与建筑本土化相关联的主体意识形成了潜意识中不自觉的对外界同化的拒绝。一方面衍生为对外部异质要素的消极对抗，摒弃一切可能改变本土质素的途径；另一方面衍生为对异质要素的合理接纳，其本土性诉求在消弭现代建筑价值同一性和风格雷同方面具有积极的当代意义。因此，建立当代建筑本土性价值，反观中国及浙江建筑的“传统”风格表述，重塑结合浙江特殊地域文化语境下的当代建筑风土观，呼吁重构浙江当代建筑的地域性知觉表达，具有重要的时代意义。

现代建筑地域性问题的提出有一个背后的潜台词，就是全球化背景下的国际建筑。全球与地域原是两个互相衍生的概念，全球与地域的关系在本质上是空间性、地域性的关系。全球这一术语指的是一种进程（如经济、政治、社会及文化进程等），而不是指几何学意义上的地球。全球

① 胡华，李彦广.地域建筑之原生与创新[J].中外建筑.2005（06）：58-59.

性大于国家或地区，对它进行最抽象的描述也许可以将它归于任何非地域的东西。基于对地域性的理解，现代地域建筑的概念可以理解为现代建筑创作中，具有地域性的设计创作思想与理念，并且在形态上体现出了一个地区的典型地域性特征的现代建筑。①

浙江当代建筑的地域性实践方向必然是建立在现时的综合性“人－地”关系的风土语境基础之上。从前述的浙江当代风土建筑的特征取向和对地域性实践问题的回应中可以看出，虽然现阶段对建筑风土观的理解尚不够深入，地域性创作实践的过程依然存在多种不合理取向，但整体创作实践的方向呈现向自觉化传承的目标转向，主要表现为以下四个方面。

一、建立传统技艺与现代科技结合的技术体系

技术往往是具有自然与人文双重生态意义的建构能力，以本土原本的生产技术方式生产现代建筑显然是不符合时代需求的。在现代的建筑生产工艺中，这些材料以及工艺被完全废弃不用，既不符合就地取材的资源原则，更割裂了建筑的传统。因此，现代本土建筑往往在局部的建造工艺中将传统的材料融合进去，以充分发挥其传统文化意象的艺术表现力。我们之所以提倡适宜设计，除了它是一种符合当前社会经济技术条件的建筑技术集成的经济手段之外，还在于这种适宜是一种整合文化与资源的策略，承担着保持和发展民族文化的任务，即技术附带了文化的信息。②

在技术全球化的推动下，浙江当代建筑的实践产生了很大的变革，新型技术与材料改变了原有的营造方式。但另一方面先进的建造技术和不同文化间的碰撞交合，丰富了建筑的创作视野，同时全球化的现代技术带来了高效便捷、丰富多彩的生活。由此，形成现代建筑技术与本土文化要素间的相互作用机制，生成在现代技术环境下的地域性建筑技术性耦合，从而弱化由现代技术的同质化带来的片面效应。

现代建筑技艺要结合传统建筑的风貌特征，同时传统建筑风貌以现代建筑材料和建造手法为转译。现代建筑技艺融合传统营造技术，以传统营造手法为建造逻辑，采用现代建筑的技术表现，既具有现代感的形式逻辑，又具有本土精神。并在一定程度上复活一些被人认为过时，但实际上价廉物美的传统做法，像砖花格墙、混凝土砌块等，将这些极其普通的建筑元素精心组织达到整体上的技术要求和艺术效果。③无论是本土技术的适宜化，还是适宜技术的本土化，其最终的目的都在于寻求本土技术、材料与进行经济合理建造之间的最佳平衡点，就是以最低的环境代价换取最高的社会、人文与经济的综合效益。

现代建筑技艺在表达传统材料的时候，一个主要途径是建筑材料与技术的本土化，也就是充分利用中国本土特有的、普遍的、因地制宜的结构体系、材料和施工技术。④传统材料的运用通常指材料的构造形式、材料肌理表现以及材料的现代应用。

此外，随着当代建筑的发展，建筑技术与人文的结合已成为重要的趋势。技术理性与人文精神相结合是当代建筑发展中建筑地域性表达的较为重要的方法，⑤同时这也为解决当代环境与社会问题提供了更为综合和合理的途径。高技术建筑地域化的基本构成主要有自然环境因素、地域文化因素和技术因素等。自然环境因素包括对自然环境的保护，对自然素材的利用等；地域文化因素包括对地域文化的把握，对地域历史传统的兼顾，以及对地域文化的创新；技术因素则要求在选择使用高新技术的同时，关注传统技术的使用，并

---

① 李蕾.建筑与城市的本土观[D].同济大学.2006：18-19.
② 李娴.乡土景观元素在现代园林中的运用[D].南京林业大学.2008：53-54.
③ 靳克之. 廊空间在南方建筑设计中的应用研究[D]. 湖南大学.2006：55.
④ 靳克之. 廊空间在南方建筑设计中的应用研究[D]. 湖南大学.2006：55.
⑤ 沈中伟;马志韬.走向技术与人文结合的地域建筑[J].西南交通大学学报(社会科学版).2005(12)：43-46.

促使适宜技术的回归。[①]从再现与抽象、对比与融合、隐喻与象征、生态与数字化等“高技乡土”建筑的设计手法及其美学特征，走“高技建筑地域化”与“乡土建筑现代化”这两种设计策略及其互融。所以，传统地域性建筑的“升级换代”，关键是要提高技术含量，使地域性和技术性并进，[②]如环境技术、智能技术、生态技术等。

二、建构地域性传统空间符号与现代建筑契合的视觉体系

在进行现代建筑的创作过程中，通常需要对地域性建筑的空间符号进行转译，建立地域性的传统空间与现代建筑要求相契合的视觉体系。首先需要建立类型效应的传统与现代空间转译，提炼符合地域性传统的空间特征要素、色彩要素、尺度要素，并将这些要素进行解构分析，以便建立新的符合现代特点的视觉体系，建立新的地域性建筑视角。

浙江本土文化的底片是江南文化。在建筑实体形态处理上，设计师需要表达出传统江南民间建筑的那种气质，因为今天的江南市井文化仍然折射出这种倾向，而这样做的前提是设计师对地域文化的深刻理解和恰如其分的把握。具体来说设计师通过 4 个方面的努力来塑造建筑的“江南气质”。首先是“精细”，无论是整体造型还是细部构造，无不体现出江南地区所孕育的精巧、细致的品质；其次是“轻灵”，主要表现在南方气候中建筑构件特有的尺度及视觉印象；再次是“凝练”，指的是江南建筑传统中暴露结构体系（如少用顶棚）及强调材料本质（如少用粉饰）的特点，而“淡雅”延续了江南建筑“非庙堂”的在地色彩体系。建筑造型上的白色粉刷墙，强调“线”型构图的清水混凝土框架，本色木格栅等构件和配件均可以表达这种地域性的江南气韵。

此外还基于环境心理对传统空间流线的转译。一个具有地域性特征的空间不光具有静态的表观形象，更需要在流动的空间行进过程中展现的动态视觉体系。更多的关于地域的情感产生，是人们在空间流线中动态地展现出来的，碎片化的记忆、传统的点滴就是在路径的行进过程中串联起来，由原先的断点、只言片语，渐渐地形成贯穿的虚线，从而完整地表述出地域性空间的情感脉络。

邹德侬在《中国地域性建筑的成就、局限和前瞻》中对比中国和印度地域性建筑的特点时，指出两者在艺术处理上的差异：印度表现为形式与传统有较大差异，随机处理形式，体现多样性和现代性；中国则表现为形式与传统差异不大，多有建筑符号的继承或更新，形式本位影响较深。显然，传统形式的影响力在中国地域性占据了主导地位，形式本位的问题有许多学者都提出过，它是束缚地域性建筑创作形式的主要因素。[③]可以说，对于传统建筑形式模仿及其语言的简单拾取和建筑立面拼贴既有意义但也有局限。而正确的方向应是坚持在地域化批判之上的建筑创新——保护历史、保持风貌，坚持现代地域化和地域建筑的现代化，使地域性传统空间与现代建筑互相契合，只有这样，当我辈成为历史后，也可为后人留下一些我们这个时代的印记，才不会永远躺在历史的摇篮里，停滞不前。

三、重构“地方经验—本土路径—地域模式”的知觉表达

在当今城镇化的快速建设进程中，过多地追求速度和产量，忽视了传统建构的意义，或抛弃了上千年以来的传统经验。面对原有本土性的延续和发展，以及通过再阐释获得现时和未来意义的新地域性的双重任务。因此，除了一种缘地性内涵，本土性还更加强调时代性与文化性。强调源于社会的时代精神和源于自然的创新精神，其形式是新时代的建筑技术和生活方式以及文化的综合反映。[④]

① 黄琼.医疗建筑改扩建研究[D].天津大学.2006：153.
② 许海燕. 查尔斯・柯里亚地域建筑设计手法探析[D].天津大学.2004：54.
③ 徐菁;殷新;董志国. 当代苏州地域性建筑创作的表现及分析[J].江苏建筑.2006（02）：5-7.
④ 李蕾.建筑与城市的本土观[D].同济大学.2006：20.

这就需要挖掘、保留并完善地方传统经验。虽然这些地方经验在科技发达的当今已略显落后和反复，但它作为非物质文化遗产的同时对当代技术的运用具有重要意义。现代的科技如何发展，都需要建立在原有的脉络基础上，需要通过本土路径来建立新的地域模式，从而完成由过去到未来的传统存续。

同时地域文化的传承一定是一项全民参与和地域经验共同凝结而成的活动，所谓的少数建筑设计精英，是无法缔造一个文化时代的，只有引导具有地域经验的民众的参与与投入，以“民主”的方式，表达民众的实际需求和地方经验，融入民众本土化的生活形态，反映建筑文化的地方特色与意象，强化归属感、认同感和地方意识，从而实现工作成果的社会认同性。

在这种范式下，地域性的适用价值需要不断强化，建筑的地域性也需与现时需求以及未来导向相适应，使得在知觉上呈现地方本土性建构与现代技术相结合，将本土性与工业化和国际式相抗衡的技术劣势转换为当代地域性与后工业文明相融合的技术优势。

建筑文化传承是一项创造性活动，分辨建筑文化传承之间的差异，以“个性”的要求，对建筑文化传承的内容进行分类与分项，实现工作成果的特色针对性。并强调传承过程中功能、景观、卫生环境、生活水准等多项内容的同步性，以“综合”的调控，防止走进片面化的外观形式化误区，实现工作成果的效用全面性。

四、体现地域记忆、乡土情感与建筑意境营造相结合的情感表达

历史学家庞朴将文化分为三个层次，分别是“心”、中间层次和“物”，其中“心”是与人的意识、情感相关的精神文化，心理层面的影响是决定性的，它影响着中间层次并决定“物”的本质。①在建筑与人的行为关系上，表现为心理意识影响人们的营造行为，从而营造行为所传达的空间信息又反映出人的心理意识。当代建筑空间的意境能够呈现出某种情感上的风土特质，情感所归属的心理特质，通过个体经验和群体体验来展现。

人对空间场所的直觉体验，来源于记忆情境的再现。情境的空间再现包括了事件与空间的契合、意识在场所中的循环往复、持久记忆的片段再生等。

对空间的情感表达是心理归属感所产生的潜意识表现，是在刹那间所完成的，而意境的传达是体现此类地域记忆和乡土情感的关键所在。与个体记忆相关联的地域性建筑通常表现为单一场景、个体元素与符号。而与群体记忆相关联的地域性建筑表现，则常表现为空间场景的意境转译，是对整体风貌与空间布局的潜意识反应。

在情感上，文化传承是一项严肃而持续性的事业，过热或过冷的波动都是不正常的现象。只有持之以恒地倾注文化情感，才能将我们的建筑文化从过去到未来形成一个连续的文化机制。遵循建筑文化传承的有机发展方式，以“前瞻”的视野，建立起符合建筑持续发展与更新的风貌营建空间规划，从而实现工作成果的长期适用性。

一个地域的建筑文化是通过不断的发展成熟并长期的孕育而成的，它所隐含的文化内涵是理念性的。它的产生、发展、成熟离不开本土自然的、社会的各种环境的共同影响。浙江山清水秀、景色宜人的自然风土，再加地域明显的生活、审美观念，已经形成了纯朴、清新而与自然和谐的地域性建筑文化内涵。在创作中体现同时代的建筑文化，把握住文化传统的“根”，需要对传统的继承而不是简单的模仿套用。它是一种文化精神和价值观上的继承，以及一种有生命力的反馈和理念。我们应当正确评价建筑文化传统，恰当理解其价值和观念，抓住其同时代性和现在性，来继承传统的优点。

① 庞朴.文化结构与近代中国[J].中国社会科学.1986(05):87-89.

本章小结

本章从浙江当代现有建筑地域性实践中，指出其中存在的问题，认为在观念层面是自身对文化不自信导致主张传承者少；在认识层面更多地是对建筑形式的依恋；在方法层面则是对传统建筑文化精髓挖掘的不足；在操作层面使形态或概念过度抽象成为"奇奇怪怪"的建筑。于是，笔者从风土传承角度提出习俗关注下的"微观地域"及生态优先原则；从营造传承角度提出继承概念浙江传统建筑之显性特征和隐性特征；从文脉传承角度提出用现代的表现来提纯与演绎。

对现代建筑实践而言，如何把握浙江的整体地域建筑风貌，需要对其风貌特征进行必要的规划层面的管控。从建筑风格、景观版块、色彩指导、建筑界面、标志建筑和视觉通廊等六个方面的管控要素出发，建立浙江地域建筑的评价体系及要素的构建层次，从建筑的功能类型、高度体量出发进行风貌的理性控制，通过建筑色彩设计进行地域性引导。

于此，笔者提出浙江建筑的地域性实践方向，一是建立传统技艺与现代科技结合的技术体系，二是建构地域性传统空间符号与现代建筑契合的视觉体系，三是重构"地方经验—本土路径—地域模式"的知觉表达，四是体现地域记忆、乡土情感与建筑意境营造相结合的情感表达。从而建立浙江当代地域建筑的本土价值，重塑浙江特殊地域文化语境下的当代建筑风貌，重构浙江当代建筑的地域性知觉表达体系，具有现实的时代意义。

第九章　结语

在“全球化”的大背景影响下，中国建筑文化发生了不同于传统的转向，城市与建筑领域，文化趋同与多元化、建筑与环境的可持续发展、建筑的地方性传承与创新等成为现今热点问题。此外，美丽中国与城乡建设的愿景、新型城镇化的建设热潮为传统建筑的传承与创新提供了良好的研究契机。于是如何解决“传统与传承”问题的宏观政策导向，并解决在当代建筑创作中两极化的“传统与传承”误区成为其中的关键，从而更好地把握城乡建设中传承地域风貌提升需要的品质化。

本书具有重要的理论意义，首先，揭示地域建筑特色与形成机理之间的关系。其次，建构的地域建筑特色营造的分析和编制框架将对未来建筑创作与建设提供重大的指导价值。其实践意义为，首先，将提升地域建筑创作与建设的中的品质。其次，重塑地域建筑的场所精神，传承地域建筑文脉。再次，本书具有地区性案例实证的样本意义。从而达成三方面的目标：一是从理论层面归纳地域建筑特色形成的机理。二是从实践层面揭示地区性建筑创作中的地域性的策略问题。三是构建地区地域建筑创作的管控与引导框架、方法与技术体系。

本书以浙江省域为研究范围，尤其是具有传统人居环境特性的区域，重点强调传统地域建筑有关形式特征语义的内容讨论，以及现代地域建筑批判地域主义的探讨。包括探究浙江建筑地域特征和传承方式的认识论（基本理论）问题，从基址与环境、意义与象征、秩序与肌理、形式与空间、材料与构造、机制与管理等六个方面建构认识论体系。本书核心内容分上下两篇：上篇对浙江传统建筑地域特征进行研究，从自然环境特征、人文环境特征、建造技术渊源三方面进行归纳，并从聚落—公共建筑—民居三个层面进行分析，建构完整的浙江省传统建筑地域特征体系；下篇提出浙江现代建筑地域特征传承创作实践取向，探讨浙江当代建筑地域性特征的生成机制，提取浙江当代建筑地域化创作的语言要素取向、场域表述取向、回应气候取向等。

总观浙江省域，可从四个方面体现浙江传统地域建筑的特征。一是族群构成决定了建筑的基本类型，形成堂室之制、庭院之制；二是高温多雨的气候条件决定了建筑的基本特征，包括干阑式、穿斗架等；三是农业范式辐射出建筑的分布格局，如跟山走、跟水走、跟着田地走；四是儒雅、发达的文化条件孕育出了传统建筑内省品质、崇饰居的文化特色。

以时间为序，纵观浙江地区现当代建筑创作的历程，大致可分为 1949 年以前的现代地域性探索、50 ~ 70 年代的民族主义风潮、80 ~ 90 年代的折衷地域化风潮、新世纪以来地域性建筑多元化探索四个主要阶段。

由于设计师对待地域建筑的视角各不相同，有的注重形式，有的着眼于空间，也有人偏好地域性的材料和建构技术的应用，其地域性特征取向各异，形式丰富。

在地域性建筑语言的解析转换过程中，基本上经历了具象模仿、抽象转换和意象隐喻 3 个并行的过程。在具象建筑语言模仿取向中，以“原型”的语言要素成为建筑本土化表现的重要媒介。在抽象建筑语言的转换取向中，其抽象转换过程也经历了从简单的拾取拼接，到精细化创新运用，再到转换重构的过程。而意象隐喻不再单纯表现建筑地域性要素的直接视觉形象，而是更多地关注其内部所隐含的地域信息，通过意象隐喻来传达的地域信息有些是单方面要素的隐喻，有些则是多方面要素的共同特征表达所呈现的混合意象。此外，针对“微观场地”的空间布局，回应气候条件的建筑特征、结构与构造技术的地域性建构作为地域建筑创作的另外两个方面，也被认为是浙江当代建筑地域性特征的重要取向。

在浙江当代现有建筑地域性实践中存在一些现实问题，在观念层面——自身对文化不自信导致主张传承者少；在认识层面——更多的是对建筑形式的依恋；在方法层面——则是对传统建筑文化精髓挖掘的不足；在操作层面——使形态或概念过度抽象成为“奇奇怪怪”的建筑。于是，从风土传承角度，提出习俗关注下的“微观地域”及生态优先原则；从营造传承角度提出继承浙江传统建筑的显性特征和隐性特征；从文脉传承角度提出用现代的表现来提纯与演绎。

对现代建筑实践而言，把握浙江的整体地域建筑风貌，需要对其风貌特征进行必要的规划层面的管控。从建筑风格、景观版块、色彩指导、建筑界面、标志建筑和视觉通廊等六个方面的管控要素出发，建立浙江地域建筑的评价体系及要素的构建层次，从建筑的功能类型、高度体量出发进行风貌的理性控制，通过建筑色彩设计进行地域性引导。

于此，本书提出浙江建筑的地域性实践方向，一是建立传统技艺与现代科技结合的技术体系，二是建构地域性传统空间符合与现代建筑契合的视觉体系，三是重构“地方经验—本土路径—地域模式”的知觉表达，四是体现地域记忆、乡土情感与建筑意境营造相结合的情感表达。从而建立浙江当代地域建筑的本土价值观，重塑浙江特殊地域文化语境下的当代建筑风貌，重构浙江当代建筑的地域性知觉表达体系。

参考文献

Reference

[1] 段进军，姚士谋，陈明星等. 中国城镇化研究报告[M]. 苏州: 苏州大学出版社，2013.

[2] 吴良镛. 建筑学的未来[M]. 北京: 清华大学出版社，1999.

[3] 朱丽东主编. 简明浙江地理教程[M]. 武汉：武汉大学出版社，2012.

[4] 朱启钤，杨永生，刘敦桢. 哲匠录[M]. 北京：中国建筑工业出版社，2005.

[5] 张富祥译注. 中华经典藏书梦溪笔谈[M].北京：中华书局，2009.

[6] 余如龙，保国寺古建筑博物馆. 东方建筑遗产 2007年卷[M]. 北京：文物出版社，2007.

[7] 王国平主编. 西湖文献集成，附册，海外西湖史料专辑[M]. 杭州：杭州出版社,2004.

[8] 浙江省文物局编，浙江省第三次全国文物普查新发现丛书 摩崖石刻[M]. 杭州：浙江古籍出版社，2012.

[9] 黄续，黄斌.婺州民居传统营造技艺[M].安徽:安徽科学技术出版社,2013.

[10] 娄承浩，薛顺生. 老上海营造业及建筑师[M]. 上海：同济大学出版社，2004.

[11] 汪坦主编. 第三次中国近代建筑史研究讨论会论文集[M]. 北京: 中国建筑工业出版社，1991.

[12] 宁波市政协文史委员会编. 汉口宁波帮[M]. 北京: 中国文史出版社，2009.

[13] 顾希佳，何王芳，袁瑾. 杭州社会生活史[M]. 北京: 中国社会科学出版社，2011.

[14] 李南. 莫干山，一个近代避暑地的兴起[M]. 上海: 同济大学出版社，2011.

[15] 吴松弟，刘杰主编. 走入中国的传统农村 浙江泰顺历史文化的国际考察与研究[M]. 济南: 齐鲁书社.

[16] 张锦鹏. 南宋交通史[M]. 上海: 上海古籍出版社，2008.

[17] 陈桥驿. 中国运河开发史[M]. 北京: 中华书局，2008.

[18] 李勇主编, 中国地理[M]. 哈尔滨：黑龙江科学技术出版社，2013.

[19] 温州市政协文史资料委员会编. 温州文史资料 第7辑[M]. 1991.

[20] 中国建筑设计研究院建筑历史研究所编，浙江民居（第二版）[M]. 北京:中国建筑工业出版社，2007.

[21] [意]布鲁诺·赛维（zevi B）著. 建筑空间论–如何品评建筑[M]. 张似赞译，北京: 中国建筑工业出版社，1985.

[22] 邵汉名. 中国文化研究二十年[M]. 北京: 人民出版社，2006.

[23] [美]约翰·罗贝尔著. 静谧与光明——路易·康的建筑精神[M]. 成寒译，北京:清华大学出版社，2010.

[24] 石铁矛，王常伟. 建筑与色彩[M]. 沈阳: 辽宁科学技术出版社，1992.

[25] 金俊. 理想景观：城市景观空间系统建构与整合设计[M]. 南京：东南大学出版社，2003.

[26] 郑时龄. 全球化影响下的中国城市与建筑[J]. 建筑学报，2003(2).

[27] 方创琳，刘晓丽，蔺雪芹. 中国城市化发展阶段的修正及规律性分析[J]. 干旱区地理，2008(7).

[28] 姚士谋，李广宇，燕月等. 我国特大城市协调性发展的创新模式探究[J]. 人文地理，2012(05).

[29] 常青. 序言：探索我国风土建筑的地域谱系及保护与再生之

路 [J]. 南方建筑，2014(05).

[30] 卜菁华，吴璟. 风景环境感悟——杭州金溪山庄创作体验[J]. 建筑学报，1999（05）.

[31] 孙田. 美丽洲堂[J]. 时代建筑，2012（02）.

[32] 方志达，田钰，孙航.依旧创新——杭州湖滨商贸旅游特色街区一期工程创作随笔[J]. 时代建筑，2004（01）.

[33] 金方，卜菁华，崔光亚. 熟悉而陌生的空间体验——杭州历史博物馆建筑设计回顾[J]. 建筑学报，2004（03）.

[34] 李凯生. 形式书写与织体城市——作为方法和观念的象山校园[J]. 世界建筑，2012（05）.

[35] 业余建筑工作室. 中国美术学院象山校园一、二期工程，杭州，中国[J]. 世界建筑，2012（05）.

[36] 龚革非，孙蓉. 嘉兴江南 · 润园[J]. 城市建筑，2010（1）.

[37] 陈皞，回归秩序[J]. 同济大学学报，2003（2）.

[38] 莫洲瑾，叶长青. 内敛的复杂 丽水文化艺术中心的适应性表达[J]. 建筑学报，2012（02）.

[39] 章翔鸥. 丽水文化艺术中心[J]. 建筑学报，2012（02）.

[40] 陈立超. 匠作之道，宛自天开——“水岸山居”夯土营造实录[J]. 建筑学报，2014(01).

[41] 王澍. 我们需要一种重新进入自然的哲学[J]. 世界建筑，2012（5）.

[42] 王澍. 自然形态的叙事与几何——宁波博物馆创作笔记[J]. 时代建筑，2009（03）.

[43] 徐甜甜. 茶园竹亭，松阳，浙江，中国[J]. 世界建筑，2015（02）.

[44] 庄慎. 莫干山庾村蚕种场，湖州，浙江，中国[J]. 世界建筑，2015（02）.

[45] 李晓东.The Screen，宁波，中国[J].世界建筑，2014（09）.

[46] 程泰宁，王大鹏. 通感 · 意象 · 建构——浙江美术馆建筑创作后记[J]. 建筑学报，2010（06）.

[47] 齐康，张彤. 内在的地方——对镇海海防历史纪念馆设计创作的思考[J]. 建筑学报，1997（03）.

[48] 程泰宁，吴妮娜.语言与境界——龙泉青瓷博物馆建筑创作思考[J].建筑学报，2013（10）.

[49] 罗丹青，赵辰. 低层高密度住宅的居住物理指标研究——基于传统城市肌理保护的思考[J]. 新建筑，2010（03）.

[50] 郑捷，陈坚. 心相的呈现——浙江杭州灵隐景区法云古村改造设计[J]. 建筑学报，2012（06）.

[51] 尹筱周. 宁波柏悦酒店[J]. 建筑学报，2013（05）.

[52] 张雷联合建筑事务所. 西溪湿地三期工程艺术集合村J地块会所，杭州，中国[J]. 世界建筑，2011（04）.

[53] 王小玲译.九树山庄，杭州，中国[J].世界建筑，2007（05）.

[54] 马清运. 宁波老外滩[J]. 建筑学报，2006（01）.

[55] 王飞. 墙之诵——杭州南宋御街“墙屋”解读[J]. 时代建筑，2013（04）.

[56] 王澍. 我们从中认出——宁波美术馆设计[J]. 时代建筑2006（05）.

[57] 凌洁，李宝童. 尺度 · 漫步——中国美术学院象山一二期工程比较[J]. 室内设计与装修，2008（03）.

[58] 王澍. 中山路：一条路的复兴与一座城的复兴，杭州，中国[J]. 世界建筑，2012（05）.

[59] 张建涛. 基地环境要素分析与设计表达[J]. 新建筑，2004（05）.

[60] Mone R. The Murmur of Site. In:El Croquis.Rafael Moneo 1967/2004. Madrid:Fernando Mar quez Cecilia y Richard Levene,2005.634 转引自：刘东洋，基地呀，基地，你想变成什么？[J]. 新建筑，2009（04）.

[61] 崔愷等. 杭帮菜博物馆，杭州，浙江，中国[J]. 世界建筑，2013（10）.

[62] 王小玲译. 良渚文化博物馆，良渚文化村，浙江，中国[J]. 世界建筑，2007（05）.

[63] 曾勤，王雷，黎冰. 杭州西湖博物馆[J]. 新建筑，2006（02）.

[64] 王伟. 杭州萧山跨湖桥遗址博物馆[J]. 建筑学报，2011（11）.

[65] 沈济黄，李宁. 建筑与基地环境的匹配与整合研究[J]. 西安

建筑科技大学学报，2008（03）.

[66] 齐康，陈宗钦. 景点 · 乡土 · 风貌——天台山济公院的设计构思[J]. 建筑学报，1990（06）.

[67] 章明，张姿. 一场关于建筑的自问自答[J]. 时代建筑，2003（03）.

[68] 王澍. 杭州市中山路御街博物馆，杭州，中国[J]. 世界建筑，2012（05）.

[69] 陈浩如. 乡野的呼唤——临安太阳公社的自然竹构[J]. 时代建筑，2014（04）.

[70] 王竹，王韬. 浙江乡村风貌与空间营建导则研究[J]. 华中建筑，2014（09）.

[71] 张在元. 风土城市与风土建筑[J]. 建筑学报，1996（10）.

[72] 常青. 风土建筑保护与发展中的几个问题[J]. 时代建筑，2000（09）.

[73] 龙彬，姚强. 传统民居与当代宅形的结合点探析[J]. 南方建筑，2011（12）.

[74] 魏秦，王竹. 建筑的地域文脉新解[J]. 上海大学学报（社会科学版），2007（11）.

[75] 于芳，邱文晓. 解读杭州富春山居度假酒店设计[J]. 山西建筑，2007（11）.

[76] 谢浩. 建筑色彩与地域气候条件的适应性分析[J]. 广西城镇建设，2003（10）.

[77] 胡华，李彦广. 地域建筑之原生与创新[J]. 中外建筑，2005（06）.

[78] 沈中伟，马志韬. 走向技术与人文结合的地域建筑[J]. 西南交通大学学报(社会科学版)，2005（12）.

[79] 徐菁，殷新，董志国. 当代苏州地域性建筑创作的表现及分析[J]. 江苏建筑，2006（02）.

[80] 庞朴. 文化结构与近代中国[J]. 中国社会科学，1986（05）.

[81] 李蕾. 建筑与城市的本土观[D]. 同济大学，2006.

[82] 张嘉伟. 两宋风土词研究[D]. 河北师范大学，2011.

[83] 王宝卓. 从当代中式建筑典型案例分析看中国风的兴起[D]. 同济大学，2007.

[84] 李娴. 乡土景观元素在现代园林中的运用[D]. 南京林业大学，2008.

[85] 靳克之. 廊空间在南方建筑设计中的应用研究[D]. 湖南大学，2006.

[86] 黄琼. 医疗建筑改扩建研究[D]. 天津大学，2006.

[87] 许海燕. 查尔斯 · 柯里亚地域建筑设计手法探析[D]. 天津大学，2004.

后　记

Postscript

“风土的建筑因需而生，因地而建，那里的人们最清楚如何以‘此地人’的感受获得宜居。”美国建筑大师赖特（Frank Lloyd Wright）以清晰的语义表明了“人—地”关系在建造中的表达。然而随着城镇化建设的快速推进，无论是城市还是乡村，其特有的格局遭受着前所未有的“脱胎换骨”般的改变而变得面目全非。此外，“全球化”建设的浪潮也以风云变幻般的速度涌入，使原先不同地域的城镇变得趋同而单一，原先的地域性特征逐渐褪去，从而导致地域性文化背景的丧失。

浙江地形丰富多样，如浙北的江南水乡格局、浙西的丘陵盆地格局、浙南的丘陵山地格局、浙东沿海的滨海格局，各自呈现出浙江特有的地域特征。这些特征使得各区域形成了不同的地域传统，并成为浙江地域性建筑风貌营造的依据和创作的源泉。建筑物作为当地文明演进的产物，各个历史阶段留存至今，均有着不同的文脉与传承方式，这种传承正是一个地区的时空存续和文明发展的活力源泉。

随着时代的发展，城市与建筑领域，文化趋同与多元化、建筑与环境的可持续发展、建筑的地方性传承与创新等成为现今讨论的焦点，越来越受到专家学者和政府当局的关注，特别是有关地域文化的传承和延续方面成为当下的研究热点。2014年浙江省住房和城乡建设厅委托浙江大学与浙江工业大学相关专家承担了《浙江省传统建筑解析与传承研究》课题。以此为契机，课题研究组对浙江省域范围内的地域建筑特征及传承状况进行了广泛调研和深度解析。

成书的过程历时两年，但研究过程远远不止，研究总体上分为传统建筑特征和近现代建筑传承两大内容，传统地域建筑实地调研、文献典籍查阅和优秀近现代建筑实例调研等三块内容同步进行，并对调研成果做系统的深度评析。调研的过程是繁杂而艰辛的，特别是前往各地古村落进行传统建筑考察的老师同学，更是克服了路途的奔波与环境条件差等困难，采集到第一手的资料。

在采集调研浙江省优秀近现代建筑实例过程中，为转变全省各地设计院、设计工作者对地域建筑传承的错误认知，充分调动参与地域建筑传承研究的积极性，打破以往设计思维，提升浙江省整体设计水平，由浙江省住房和城乡建设厅牵头，进行了一次较大规模的浙江省优秀现代建筑案例调查，本次调查显现了浙江省地域建筑特征的当代传承状况，特别是一些地方情况，可谓喜忧参半。这反映出现阶段浙江省对地域建筑传承实践方面所做的努力，也暴露了不足，“前路漫漫，吾将上下而求索。” 这也从一个侧面说明本研究的重要性。

课题在研究及成书过程中得到了多方的帮助。课题研讨过程中得到了浙江省住建厅领导，以及浙江工业大学孟海宁教授对研究成果的指导和建设性的建议，让研究组倍感鼓舞。同时，在撰写传统建筑特征部分，研究组有幸得到丁俊清先生的悉心指导，并提供多年来积累的宝贵资料作为本研究的基础材料，特别是其与杨新平等编著的《浙江民居》书稿为本书提供了极大的帮助，特此表示由衷的感谢。

此外在调研过程中还受到全省各地设计院的大力协助，共有近20家设计院提供了逾50份案例。在书中选取的案例来自于各地设计院、设计事务所、工作室等，在此同样表示感谢，分别有：浙江省建筑设计研究院、浙江大学建筑设计研究院、浙江工业大学工程设计集团有限公司、浙江省城乡规划设计研究院、中国美术学院风景建筑设计研究院、汉嘉设计集团股份有限公司、杭州市建筑设计研究院有限公司、浙江绿城建筑设计有限公司、浙江南方建筑设计有限公司、中国新型建材设计研究院、中联筑境建筑设计有限公司、中国建筑设计研究院、宁波市民用建筑设计研究院有限公司、浙江嘉华建筑设计研究院有限公司、金华市城市规划设计院、温州设计集团有限公司、浙江恒欣建筑设计股份有限公司、浙江宏正建筑设计有限公司、浙江华恒建筑设计有限公司、浙江鸿翔建筑设计有限公司、嘉兴市千业建筑设计有限公司、齐欣建筑设计咨询有限公司、业余建筑工作室、山上建筑事务所、原作设计工作室、李晓东工作室、DnA建筑事务所、阿科米星建筑设计事务所、张雷联合建筑事务所、马达思班建筑师事务所、日本隈研吾及其合伙人事务所、德国戴卫·奇普菲尔德建筑事务所等。部分案例未能准确查明来源，其设计院或设计师姓名未能在文中一一列出，在此致以诚挚的歉意，并同样表示感谢。

本书的顺利付梓也离不开北京建筑大学李春青副教授，以及中国建筑工业出版社陈仁杰编辑的指导和帮助，在此一并表示感谢。

本书的编写得以顺利完成，与研究组各成员的相互照顾和辛勤劳动密不可分。本书为合作编写，各章撰写分工为：裘知，第一章；沈黎，第二、三章；张玉瑜，第四章；于文波、朱炜，第五、六章；于文波、浦欣成、朱炜，第七章；于文波、陈惟，第八章。

本书虽已交稿，但研究没有结束，依然任重而道远。手握厚厚的文稿，回望过往，依然存有不少疑惑有待进一步研究和探讨，本书只能算是对过往研究的一个总结。书中很多方面的问题依然没有深入探究，将留待以后的研究去拓展和解决。此外，仓促的编撰及研究小组知识水平的局限，必然存在很多失误和遗漏，希望专家、读者能批评指正。